测 量 学

（第2版）

姬玉华　夏冬君　主编

哈尔滨工业大学出版社

内 容 提 要

本书较详细地介绍了测量理论、测量技术与方法及最先进的测量仪器,具有较强的实用性。全书共分12章,主要内容为:地面点位的确定、水准测量、角度测量、距离测量与直线定向、小区域控制测量、大比例尺地形图的测绘、地形图的应用、建筑工程测量、线路工程测量,以及全站仪及其应用、全球定位系统等内容。

本书可作为高等学校土木工程、给水排水工程、环境工程、环境科学、环境设备工程、城市规划、建筑工程管理、道路工程、桥梁工程和交通工程等专业的本科生教材,也可供相关专业的工程技术人员参考。

图书在版编目(CIP)数据

测量学/姬玉华,夏冬君主编. —2版. —哈尔滨:
哈尔滨工业大学出版社,2008.8(2016.1重印)
ISBN 978 - 7 - 5603 - 2034 - 2

Ⅰ.测… Ⅱ.①姬…②夏… Ⅲ.测量学 Ⅳ.P2
中国版本图书馆 CIP 数据核字(2008)第 089646 号

责任编辑	贾学斌
封面设计	卞秉利
出版发行	哈尔滨工业大学出版社
社　　址	哈尔滨市南岗区复华四道街10号 邮编150006
传　　真	0451—86414749
网　　址	http://hitpress.hit.edu.cn
印　　刷	黑龙江省地质测绘印制中心印刷厂
开　　本	787mm×1092mm 1/16 印张 15.75 字数 370 千字
版　　次	2004年6月第1版 2008年8月第2版 2016年1月第6次印刷
书　　号	ISBN 978 - 7 - 5603 - 2034 - 2
定　　价	28.00元

(如因印装质量问题影响阅读,我社负责调换)

前 言

随着计算机技术、电子技术、通信技术等先进技术的迅速发展,测量学在技术手段、方法和理论上发生了质的飞跃,为满足工程建设对新技术的需要,本书较详细地介绍了最先进的测量仪器、测量理论、测量技术与方法,具有较强的实用性。全书共分12章,主要内容为:绪论、地面点位的确定、水准测量、角度测量、距离测量与直线定向、小区域控制测量、大比例尺地形图的测绘、地形图的应用、建筑工程测量、线路工程测量,以及全站仪及其应用、全球定位系统等内容。系统地介绍了测量的基本知识、基础理论、控制测量、地形图测绘、地形图应用等普通测量的内容,以及建筑工程测量、线路工程测量等工程测量的相关内容,并在有关章节中分别介绍了电子水准仪、电子经纬仪、电子求积仪、地理信息系统、地籍测量、数字化测图等测量新仪器和新技术。对电子全站仪和全球定位系统GPS作为单独章节进行较详细介绍,以满足教学和工程实践的需要。

本书由哈尔滨工业大学测量教研室教师结合多年教学及实际工程经验编写,参加编写的人员有:夏冬君(第1、4、12章)、姬玉华(第2、10章)、张立群(第3章)、王世成(第5章)、邱志贤(第6章)、孔凡玉(第7、9、11章)、陶泽明(第8章)。全书由姬玉华、夏冬君主编。

本书可作为高等学校土木工程、给水排水工程、环境工程、环境科学、环境设备工程、城市规划、建筑工程管理、道路工程、桥梁工程和交通工程等专业的本科生教材,也可供相关专业工程技术人员参考。

由于编者水平有限,书中难免存在疏漏及不妥之处,谨请广大读者批评指正,提出宝贵意见。

编 者
2004年4月

目 录

第1章 绪 论 ... 1
1.1 测量学概述 ... 1
1.2 测量学的发展概况 ... 2
1.3 地面点位的确定 ... 3
1.4 用水平面替代水准面的限度 ... 7
1.5 测量工作概述 ... 8
思考题与习题 ... 10

第2章 水准测量 ... 11
2.1 水准测量的原理 ... 11
2.2 水准测量的仪器和工具 ... 11
2.3 DS_3 级微倾式水准仪的使用 ... 15
2.4 普通水准测量 ... 17
2.5 微倾式水准仪的检验与校正 ... 23
2.6 精密水准仪与水准尺 ... 25
2.7 电子水准仪简介 ... 27
思考题与习题 ... 30

第3章 角度测量 ... 32
3.1 水平角测量原理 ... 32
3.2 光学经纬仪 ... 32
3.3 水平角测量 ... 36
3.4 竖直角测量 ... 42
3.5 经纬仪的检验与校正 ... 44
3.6 电子经纬仪简介 ... 47
思考题与习题 ... 48

第4章 距离测量与直线定向 ... 50
4.1 钢尺量距 ... 50
4.2 视距测量 ... 57
4.3 电磁波测量距离 ... 60

4.4 直线定向 ·· 65
4.5 罗盘仪及其使用 ·· 68
思考题与习题 ··· 69

第5章 测量误差的基本知识 ·· 71
5.1 测量误差概述 ·· 71
5.2 偶然误差的特性 ·· 72
5.3 衡量精度的指标 ·· 74
5.4 误差传播定律 ·· 75
5.5 等精度直接平差 ·· 78
思考题与习题 ··· 81

第6章 小区域控制测量 ·· 82
6.1 概　述 ·· 82
6.2 导线测量外业 ·· 84
6.3 导线测量内业 ·· 85
6.4 高程控制测量 ·· 90
思考题与习题 ··· 95

第7章 大比例尺地形图的测绘 ··· 97
7.1 地形图的基本知识 ··· 97
7.2 大比例尺地形图的测绘 ·· 109
7.3 地籍测量 ··· 116
思考题与习题 ·· 118

第8章 地形图的应用 ··· 119
8.1 地形图的识读和基本用法 ·· 119
8.2 面积量算与电子求积仪 ·· 123
8.3 土地平整时的用地分析 ·· 125
8.4 地理信息系统简介 ·· 127
思考题与习题 ·· 130

第9章 建筑工程测量 ··· 131
9.1 测设的基本工作 ··· 131
9.2 建筑场地的施工控制测量 ·· 136
9.3 民用建筑的施工测量 ··· 140
9.4 工业建筑的施工测量 ··· 146
9.5 大坝施工测量 ··· 150

  9.6 建筑物的变形观测 …………………………………………………… 154
  9.7 竣工测量 …………………………………………………………… 159
  思考题与习题 ………………………………………………………………… 161

第10章 线路工程测量 …………………………………………………… 163
  10.1 概 述 …………………………………………………………… 163
  10.2 中线测量 …………………………………………………………… 163
  10.3 线路纵横断面测量 ………………………………………………… 173
  10.4 道路施工测量 ……………………………………………………… 178
  10.5 大型桥隧工程测量 ………………………………………………… 182
  10.6 管线工程测量 ……………………………………………………… 188
  思考题与习题 ………………………………………………………………… 190

第11章 全站仪及其应用 …………………………………………………… 192
  11.1 全站仪概述 ………………………………………………………… 192
  11.2 全站仪的各种功能 ………………………………………………… 199
  11.3 全站仪数字化测图 ………………………………………………… 208
  11.4 全站仪在工程测量中的应用 ……………………………………… 212
  思考题与习题 ………………………………………………………………… 215

第12章 全球定位系统 ……………………………………………………… 216
  12.1 全球定位系统的组成 ……………………………………………… 216
  12.2 坐标系统和时间系统 ……………………………………………… 219
  12.3 GPS卫星定位的基本原理 ………………………………………… 221
  12.4 GPS绝对定位和相对定位 ………………………………………… 225
  12.5 差分GPS定位原理 ………………………………………………… 229
  12.6 GPS测量的实施 …………………………………………………… 231
  12.7 GPS测量数据处理 ………………………………………………… 237

附录 …………………………………………………………………………… 241
  附录一 水准仪系列的主要技术参数 ……………………………………… 241
  附录二 经纬仪系列的主要技术参数 ……………………………………… 242

参考文献 ………………………………………………………………………… 243

第1章 绪 论

1.1 测量学概述

1.1.1 测量学的定义

测量学是一门研究地球形状和大小以及确定地面点位的科学。其主要内容包括测定和测设两大部分。测定是指运用测量仪器和测量方法,通过测量和计算,获得地面点的测量数据,或者把地球表面的地形按一定比例缩绘成地形图,供科学研究、国民经济建设和规划设计使用。测设(也称施工放样)是将规划图纸上设计好的建筑物、构造物的位置(平面位置和高程)用测量仪器和测量方法在地面上标定出来,作为施工的依据。

测量学按照所研究的领域和服务对象的不同,分为以下几个分支学科:①大地测量学,是研究和确定整个地球形状和大小,解决大地区控制测量和地球重力场等问题的科学。大地测量学又分为常规大地测量学、天文大地测量学、重力大地测量学和卫星大地测量学等。②普通测量学,是研究地球表面小区域的测量理论、技术和方法的科学。③摄影测量学,是研究利用遥感和摄影相片来测定物体的形状和大小的科学。摄影测量学又分为航空摄影测量学、地面摄影测量学和卫星遥感测量学等。④工程测量学,是研究工程建设在勘测、设计、施工和管理各阶段中的各种测量的科学。⑤地图制图学,是研究如何利用各种地图投影方法,将测量成果资料编绘和制印成各种地图的科学。⑥海洋测量学,是研究海洋和陆地水域的测量和绘图的科学。

1.1.2 测量学的任务和作用

测量学的任务就是用各种测量仪器、测量技术和方法来确定地面点的位置,为国民经济各部门服务。测绘信息是国民经济建设中最重要的基础信息之一,测绘科学被广泛应用于国民经济和社会发展规划中。

测绘科学在土建类各专业工程建设中有着广泛的应用。例如,在城镇规划、建筑工程、道路与桥梁工程、交通工程和管道工程的勘测设计阶段需要测绘各种比例尺的地形图,供规划设计用。在施工阶段,必须用测量仪器采取一定的测量方法将规划图纸上设计好的建筑物、构造物、道路、桥梁及管线的位置(平面位置和高程)在地面上标定出来,以便进行施工。在工程结束后,还要进行竣工测量,供日后维修和扩建用,对于一些大型或重要建筑物和构造物还需要定期进行变形观测,确保其安全。

对于土建类各专业的学生,通过学习本课程,要求掌握普通测量学的基本知识和基础理论,以及工程测量学中的相关理论和方法;学会经纬仪、水准仪等常规测量仪器的使用方法;掌握大比例尺地形图测绘的原理和方法;具备地形图应用的能力;掌握工程测量中各种测设数据计算和测设的方法。

1.2 测量学的发展概况

测量学是一门古老的科学,与人类赖以生存的地球密切相关。人类通过对天体运行规律的观测和对地球的实地测量,逐渐认识到地球是一个圆球体。

1687年牛顿根据自己发现的万有引力定律,提出了地球为椭球的理论,指出,地球在离心力的作用下,应该是一个两极处略扁的扁球,其形状与一个椭圆绕其短轴旋转而成的旋转椭球体极为接近。我国从1708年开始进行的大规模天文大地测量,结果发现纬度越高,每度子午线弧长越长。法国科学院1735~1741年测量子午线弧长,其结果是高纬度处的曲率半径较低纬度处的大。这些事实都证明了牛顿学说的正确性。牛顿旋转椭球体的学说,为地球形状和大小的研究奠定了基础。

测绘科学可分为三个部分:大地测量、摄影测量和地图制图。这三门学科自身都有着很长的发展过程,有的经过几百年,有的甚至经历了上千年的发展过程。

大地测量是从17世纪开始逐渐形成的,从1615年荷兰人斯奈洛首先用三角测量网做弧度测量算起,迄今已有300多年的历史。在此期间,随着生产力的发展和科学技术的进步,人们发明了望远镜,使测量仪器发生了非常大的变化,提高了测量结果的精度。大地测量学在理论和技术上也取得了很大的进步。1806年法国数学家勒让德提出最小二乘法理论,1810~1826年德国的数学家、大地测量学家高斯陆续发表了5种著作,将最小二乘法理论用于测量平差,使得测量平差中的许多问题得到解决。但在20世纪50年代以前,大地测量在进行地面控制测量方面,仍按经典的三角测量方法进行。1948年和1957年先后发明了光电测距仪和微波测距仪,大大提高了距离测量的精度。地面控制测量由经典的三角测量发展为边角网测量和导线测量等。20世纪80年代以后,全球定位系统(GPS)以全天候、高精度、自动化、高效益等显著特点,在大地测量、工程测量等许多领域中得到广泛应用,也为今后的大地测量提供了广泛的发展空间。

摄影测量发展开始于1873年摄影技术发明以前,总共也有200多年了。随着航空技术的发展,摄影测量发展为航空摄影测量阶段,将测量的部分工作由地面发展到空中,极大地减轻了测量业的工作量,提高了测量制图的工作效率。在20世纪90年代,摄影测量进入数字摄影测量时代,摄影测量实现了自动化。空间技术的发展带来了摄影测量技术的飞跃,发展成为卫星遥感(RS)技术。

在地图制图领域,我国古代的地图早在二三千年以前就出现了,有记载的最早古地图是西周初年的洛邑城址的地形图。现在能见到的古地图是长沙马王堆汉墓出土的古长沙地图。西晋时裴秀创立了地图编制理论——《制图六体》,此后,我国历代都编制过各种地图。在制图领域有重大影响的是高斯横椭圆柱体分带投影理论,解决了大范围制图时的投影方法和投影变形控制问题。至今,该理论仍然应用于测量数据的处理和地图制图工作中。在最近二三十年中,由于计算机技术和信息技术的发展,已经将纸上的地图纳入到计算机中,成为数字地图,从而发展为电子地图等产品,并最终发展为地理信息系统(GIS)技术。

1.3 地面点位的确定

1.3.1 地球的形状和大小

测量工作是在地球的自然表面上进行的,而地球的自然表面是非常不规则的,有陆地和海洋,其中陆地约占29%,海洋约占71%。陆地部分有平原、丘陵、高山和盆地等复杂的地形变化,其最高处是我国的珠穆朗玛峰,高出海水面8 844.43 m。海洋中海底的最低处位于马里亚纳海沟,低于海水面11 022 m。两者高低之差约20 km,但这与地球的平均半径6 371 km相比是很小的。因此,德国的数学家、大地测量学家高斯和物理学家李斯丁先后提出用大地水准面来表示地球的形状,即把地球的形状视为静止的海水面并向陆地内部延伸形成的闭合曲面所包围的形体。将这个由静止的海水面并向陆地内部延伸形成的闭合曲面,称为水准面。由于地球的自转运动,地球表面上任意一点都同时受到地球引力和离心力的作用,这两个力的合力称为重力。通常将重力作用的方向线称为铅垂线。铅垂线是测量工作的基准线。水准面上各点同样受到重力的作用,因此,水准面是一个处处与铅垂线方向垂直的连续曲面,并且是一个重力场等位面。由于潮汐变化等因素的影响,使得水准面有无数个。将平均海水面向陆地内部延伸形成的闭合曲面,称为大地水准面。大地水准面有明确的物理意义,在地球上实际存在,在很大程度上能反映地球的真实情况,因而被沿用至今。大地水准面是测量工作的基准面。将大地水准面所包围的地球形体,称为大地体。

由于地球内部质量分布不均匀,使地球表面上各点的铅垂线方向产生不规则变化,因而大地水准面实际上是一个十分复杂的和不规则的曲面(图1.1(a)),是无法在其上面进行测量和数据处理的。

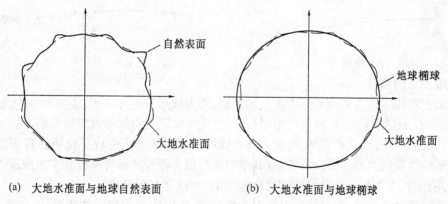

(a) 大地水准面与地球自然表面　　　(b) 大地水准面与地球椭球

图1.1　地球形状示意图

为了测量和制图方便,根据牛顿地球为椭球的理论,测量学中通常选择一个和大地水准面非常接近的椭球体来代替大地体。这个椭球体称为地球椭球体,简称地球椭球(图1.1(b))。地球椭球是一个由旋转轴与地球自转轴重合的椭圆绕其短轴旋转而形成的几何形体,因此又称为旋转椭球或参考椭球。如图1.2所示,地球椭球的大小由其长半轴a和扁率α确定。长半轴a、短半轴b和扁率α之间的关系为

$$\alpha = \frac{a-b}{a}$$

目前我国采用的椭球元素为

长半轴(m)　　　　$a = 6\,378\,140$

扁率　　　　　　　$\alpha = 1:298.257$

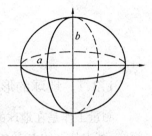

图 1.2　参考椭球

并在陕西省泾阳县永乐镇确定了我国的大地原点,建立了全国统一的坐标系,称为"1980 年国家大地坐标系"。

由于地球椭球的扁率很小,当测区范围不大时,可将地球椭球近似为圆球,其平均半径为 $R = 6\,371\ \text{km}$。

1.3.2　确定地面点位的方法

测量工作的基本任务是确定地面点的位置。在测量工作中,地面点的位置通常需要用三个量来表示,如图 1.3 所示,将地面点 A、B、C、D 等沿铅垂线方向投影到大地水准面上,得到 a、b、c、d 等相应的投影点。则地面点 A、B、C、D 的位置,可以用 a、b、c、d 点在大地水准面上的坐标以及 A、B、C、D 点沿铅垂线方向到大地水准面的距离 H_A、H_B、H_C、H_D 来表示。

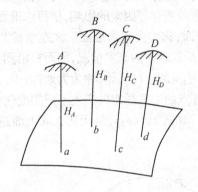
图 1.3　地面点的位置

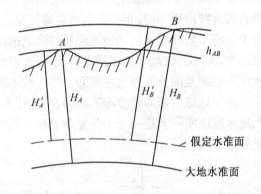
图 1.4　高程与高差

1.地面点的高程

地面点沿铅垂线方向到大地水准面的距离,称为该点的绝对高程,或称为海拔。如图 1.4 所示,H_A、H_B 分别表示 A、B 两点的绝对高程。由于海水面受潮汐等因素的影响,是一个动态的曲面。我国在青岛设立验潮站,对黄海海水面的高低起伏变化进行了长期的观测记录,取其平均值作为我国大地水准面的位置(其绝对高程值为零),并在青岛设立了水准原点,测得其绝对高程为 72.260 m。这就是我国目前采用的"1985 年高程基准"。

在相对独立的测区,当引测绝对高程有困难时,也可以采用假定高程系统,即选择任意一个假定水准面作为高程基准面。地面点沿铅垂线方向到假定水准面的距离,称为该点的相对高程,也称为假定高程。如图 1.4 中 H'_A、H'_B 分别表示 A、B 两点的相对高程。

地面上两点之间的高程之差,称为高差。如图 1.4 所示,A、B 两点之间的高差为 h_{AB},则

$$h_{AB} = H_B - H_A = H'_B - H'_A \tag{1.1}$$

由式(1.1)可知,两点之间的高差与高程基准面无关。

2.地面点在投影面上的坐标

(1) 地理坐标。地理坐标一般用经度和纬度表示,分大地经纬度(L,B)和天文经纬度

(λ, φ)。大地经纬度以过地面点的椭球面的法线为依据。天文经纬度则以过地面点的铅垂线为依据。过地球表面上一点与地球南北极的平面,称为子午面。子午面与地球表面的交线,称为子午线。过英国格林威治天文台的子午面,称为首子午面。首子午面与地球表面的交线,称为首子午线。过地球表面上一点的子午面与首子午面之间的夹角,称为经度。自首子午面起,向东 0°~180° 为东经,向西 0°~180° 为西经。过地球表面上一点的铅垂线或法线与地球赤道面之间的夹角,称为纬度。自赤道面起,向北 0°~90° 为北纬,向南 0°~90° 为南纬。

(2) 独立平面直角坐标系。当测量区域较小(半径小于 10 km)时,可以过测区中心点 A 在大地水准面上的投影点 a 作一个切平面,如图 1.5 所示,用切平面作为测量区域的投影面。在平面上建立一个平面直角坐标系,地面点在投影面上的位置可以用平面直角坐标 (x, y) 表示。测量学中建立的平面直角坐标系,如图 1.6 所示。x 轴方向指向北方,y 轴方向指向东方,平面直角坐标系中的象限按顺时针方向编号。测量学中建立上述平面直角坐标系的目的是测量定向方便,同时还可以将数学中的计算公式不需要作任何变换直接应用到测量计算中。平面直角坐标系的原点 O 一般选在测区的西南角,使测区内各点的坐标均为正值。

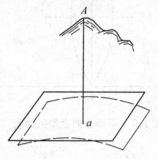
图 1.5 小区域测量

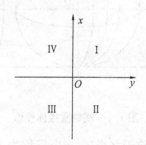
图 1.6 平面直角坐标系

(3) 高斯平面直角坐标系。当测区范围较大时,就不能把地面点直接投影到切平面上。必须将地面点先投影到椭球面上,然后在按照地图投影的方法,将椭球面上的点投影到平面上。测量工作中通常采用的地图投影方法是高斯投影方法。

为了控制投影变形,高斯投影采用分带投影的方法,如图 1.7 所示,即从东经 180° 子午线起,按经差每 6° 为一带,将整个地球椭球自西向东划分成 60 个带,称为 6° 带。6° 带的带号用阿拉伯数字 1,2,3,…,60 表示。位于每个投影带中央的子午线,称为该带的中央子午线。各带的中央子午线经度为

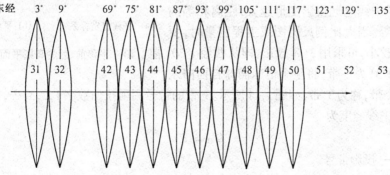
图 1.7 6° 带投影

$$L_0 = 6°N - 3° \quad \text{或} \quad L_0 = 6°(N - 3°) - 3° \tag{1.2}$$

式中 N—— 投影带号。

高斯投影是设想用一个平面制成一个空心的椭圆柱体,并将其横着套在地球椭球体的外面,使椭圆柱体的中心轴线位于赤道面内并通过地球椭球的中心,同时将投影带的中央子午线与椭圆柱体相切,如图 1.8 所示,按照等角投影条件,将该投影带内地球椭球面上图形投影到椭圆柱面上,然后,将椭圆柱面沿过两极的母线剪开,并展开成平面。中央子午线投影展开是一条直线,作为坐标纵轴,即 x 轴;赤道线经投影展开后也是一条直线,且与坐标纵轴垂直,将其作为横轴,即 y 轴;交点为原点 O,将这个坐标系称为高斯平面直角坐标系(图 1.9)。

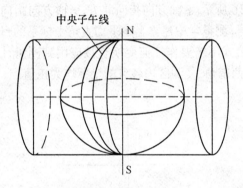

图 1.8 横椭圆柱体投影　　图 1.9 高斯平面直角坐标系

我国位于北半球,x 坐标均为正值,y 坐标则有正有负。如图 1.10(a)所示,设 A、B 两点的 y 坐标为:$y_A = 183\,520$ m,$y_B = -201\,235$ m。为避免横坐标出现负值,我国规定将坐标纵轴向西平移 500 km,如图 1.10(b)所示。则平移后 A、B 两点的 y 坐标 $(x,\square y_\text{原} + 500)^*$ 分别为

$$y_A/\text{m} = 500\,000 + 183\,520 = 683\,520$$

$$y_B/\text{m} = 500\,000 - 201\,235 = 298\,765$$

在高斯投影中,离中央子午线越近投影变形越小,离中央子午线越远投影变形越大,距离相等的变形系数相等。当大比例尺测图或工程测量时,要求投影变形较小,可采用 3° 带投影,即从西经 1°30′ 起,按经差每 3° 为一带,将整个地球椭球自西向东划分成 120 个带,称为 3° 带,如图 1.11 所示。3° 带的带号用阿拉伯数字 1,2,3,…,120 表示。各带的中央子午线经度为

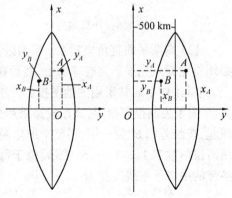

(a) 平移前坐标系　　(b) 平移后坐标系

图 1.10 平移前、后的高斯平面直角坐标系

$$L'_0 = 3°n \tag{1.3}$$

式中 n—— 投影带号。

---

* $\square$ 表示带号。

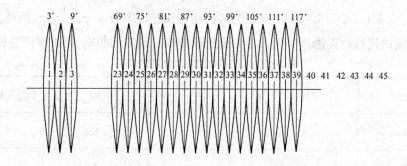

图 1.11 3°带投影

在进行地形图测绘和编制过程中,不同比例尺地形图有不同的精度要求。为保证测量和制图的精度,控制投影变形,当测绘或编制 1∶25 000 或更小比例尺地形图时,通常选用 6°带投影。在进行 1∶10 000 或更大比例尺地形图测绘和工程测量时,应采用 3°带投影。

1.4 用水平面替代水准面的限度

在相对较小的范围内,可以用水平面替代水准面作为基准面,将地面点直接投影到水平面上,在水平面上建立平面直角坐标系,对测量结果进行计算和绘图,这样可以大大简化测量计算和绘图的工作量。下面来讨论用水平面替代水准面的误差影响。

1.4.1 对水平距离的影响

如图 1.12 所示,地面上 A、B 两点,在大地水准面上的投影点为 a、b,过投影点 a 作大地水准面的切平面,则 A、B 两点在水平面上的投影点为 a、b'。设 A、B 两点在大地水准面上的距离为 D,在水平面上的距离为 D',两者之差 $\Delta D = D' - D$,即为水平面代替大地水准面所引起的水平距离差异。在进行公式推导时,将大地水准面近似为半径为 R 的球面,则

$$\Delta D = D' - D = R(\tan\theta - \theta) \quad (1.4)$$

将 $\tan\theta$ 按级数展开为 $\tan\theta = \theta + \frac{1}{3}\theta^3 + \frac{2}{15}\theta^5 + \cdots$ 因为 $\theta = D/R$ 是一个很小的角度,故取前两项代入式(1.4),得

$$\Delta D = R\left(\theta + \frac{1}{3}\theta^3 - \theta\right) = \frac{1}{3}R\theta^3$$

将 $\theta = \dfrac{D}{R}$ 代入上式,得

$$\Delta D = \frac{D^3}{3R^2} \quad (1.5)$$

将式(1.5)两边同时除以 D,得到相对误差为

$$\frac{\Delta D}{D} = \frac{D^2}{3R^2} \quad (1.6)$$

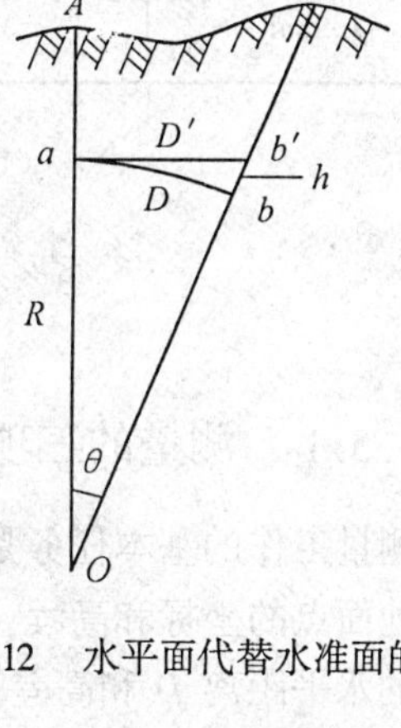

图 1.12 水平面代替水准面的差异

取 $R = 6\ 371$ km,将 D 取不同的值代入式(1.5)、(1.6)得到 D、ΔD 和 $\Delta D/D$ 之间的数量关

系见表1.1。从表1.1中可知,当 $D = 10$ km 时,相对误差 $\Delta D/D = \dfrac{1}{1\,217\,000}$。因此,在半径为 10 km 的范围内进行距离测量时可以不考虑地球曲率对距离的影响,用水平面替代水准面。

表1.1　D、ΔD 和 $\Delta D/D$ 之间的关系

D/km	10	20	50	100
ΔD/mm	8	66	1 026	8 212
$\dfrac{\Delta D}{D}$	$\dfrac{1}{1\,217\,000}$	$\dfrac{1}{304\,000}$	$\dfrac{1}{49\,000}$	$\dfrac{1}{12\,000}$

1.4.2　对高程的影响

如图1.12所示,地面点 B 的高程为 Bb,如果用水平面替代大地水准面,则 B 点的高程为 Bb',两者之差 h,即为用水平面替代大地水准面对高程的影响。由图1.12可知

$$h = Bb - Bb' = Ob' - Ob = R\sec\theta - R = R(\sec\theta - 1) \tag{1.7}$$

将 $\sec\theta$ 按级数展开为 $\sec\theta = 1 + \dfrac{1}{2}\theta^2 + \dfrac{5}{24}\theta^4 + \cdots$,因为 $\theta = \dfrac{D}{R}$ 是一个很小的角度,故取前两项代入式(1.7),得

$$h = R\left(1 + \dfrac{\theta^2}{2} - 1\right) = \dfrac{D^2}{2R} \tag{1.8}$$

取 $R = 6\,371$ km,将 D 取不同的值代入式(1.8)得到 D 和 h 之间的数值关系见表1.2。从表1.2中可知,用水平面代替大地水准面对高程的影响很大,当 $D = 200$ m 时,$h = 3$ mm,已经超出了高程测量的误差要求。因此,在高程测量时,应顾及地球曲率对高程的影响。

表1.2　D 与 h 之间的数值关系

D/m	200	500	1 000	2 000
h/mm	3	20	78	314

1.5　测量工作概述

1.5.1　测量的三项基本工作

测量工作的基本任务是确定地面点的位置,即地面点的坐标和高程。通常并不是直接测量出地面点的坐标和高程,而是通过测量待测边与已知边之间的水平角 β、待定点与已知点之间的水平距离 D 和高差 h,然后经过计算得出地面点的坐标和高程。

因此,水平角 β、水平距离 D 和高差 h 是确定地面点位置的三个基本要素。水平角测量、水平距离测量和高差测量(或高程测量)是测量的三项基本工作。

1.5.2 测量工作的原则和程序

地球表面的复杂形态,总的来说可分为地物和地貌两大类。地球表面上人工或天然的具有一定几何形状的物体,称为地物。如建筑物、构造物、道路、河流、湖泊等。地球表面上高低起伏的变化形态,称为地貌。如高山、丘陵和盆地等。地物和地貌的总称为地形。测量的主要工作之一,就是要将地物的平面位置和高程以及地貌的高低起伏变化形态测绘到图纸上,并按一定的比例缩小,绘成地形图。

对于不同的地物,其轮廓的几何形状虽然多种多样,但总的来说,都是由直线或曲线所构成。这些直线或曲线的形状又是由地物轮廓的一些具有特征性的点所决定的,如建筑物的角点、河流的明显转折点等。测量时只要测出地物轮廓线上的转折点,即可按照规定的图式符号绘出实地地物在地形图上的图形。将能够表示地物轮廓的具有特征性的点,称为地物的特征点。

对于地貌而言,虽然表面形状复杂多样,但都可以分为山头、山脊、山谷、鞍部和盆地等几种基本形态。每种基本地貌形态都可以近似看成由不同方向和不同的倾斜面所组成的曲面。相邻曲面的交线,称为地貌的特征线或地性线。地性线的端点或其坡度变化点,称为地貌的特征点。测量地貌的高低起伏变化,只要确定出这些地貌特征点的平面位置和高程,就可以确定出地貌的形状和大小。

因此,无论是地物还是地貌,他们的形状和大小都是由一些特征点的平面位置和高程所决定。这些特征点也称为碎部点。测图时,主要是测定这些碎部点的平面位置和高程,用规定的图式符号,并按一定的比例缩小,绘成地形图。

为了防止测量误差的积累,提高测量结果的精度,在测绘地形图时,首先应在测区内建立一定数量的控制点,精确地测定这些控制点的平面位置和高程。然后,再以这些控制点为基础,测定其周围的地物和地貌的碎部点的平面位置和高程。各碎部点的平面位置和高程都是根据其附近控制点测定的,因此,各碎部点之间没有直接的关系。因而避免了测量误差的积累和传递,提高了测量结果的精度。所以,在测量工作中必须遵循的原则是,在测量布局方面要"由整体到局部";在测量工作程序上要"先控制后碎部";在测量精度控制方面要"由高级到低级",即先建立控制网,进行高精度的控制测量,再以控制点为基础,进行较低精度的碎部测量。测量工作中,将测定控制点的平面位置和高程的工作,称为控制测量;将测定碎部点的平面位置和高程的工作,称为碎部测量。

在测设工作中,也必须遵循上述原则,即先建立控制网,进行控制测量,再以控制点为基础,将图纸上设计好的建筑物、构筑物的平面位置和高程测设到实际地面上。测设碎部点的平面位置和高程的工作,称为施工放样。

总之,无论是地形图测绘还是施工放样,都必须遵循"由整体到局部","先控制后碎部","由高级到低级"的原则。

思考题与习题

1. 名词解释:测量学、测定、测设、大地水准面、绝对高程、相对高程、高差、特征点。
2. 测定与测设有何区别?
3. 测量学中的平面直角坐标系和数学中的平面直角坐标系有哪些不同之处?
4. 高斯平面直角坐标系是如何建立的?
5. 某点位于东经111°以东91 234.50 m,试计算该点在3°带和6°带中的横坐标各是多少?
6. 确定地面点的三个基本要素是什么?
7. 测量的三项基本工作是什么?

第 2 章 水准测量

高程测量是测量的一项基本工作,也是测量三要素之一。目前,确定地面点高程的方法有:水准测量、三角高程测量、气压高程测量、GPS 高程测量。而水准测量是高程测量中精度较高,最常用的方法。

2.1 水准测量的原理

已知地面 A 点高程 H_A,欲求 B 点高程,则必须测出 A、B 两点之间的高差 h_{AB}。为此,可将水准仪安置在 A、B 两点之间,利用水准仪建立一条水平视线,在测量时用该视线截取已知高程点 A 上所立水准尺之高度 a,称为后视读数;再截取未知高程点 B 上所立水准尺之高度 b,称为前视读数。观测是从 A 向 B 进行,亦称 A 点为后视点,B 点为前视点。由图 2.1 可知两点之间高差 h_{AB} 为

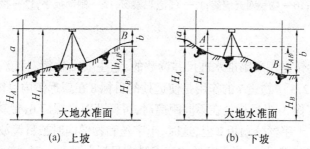

(a) 上坡　　　　(b) 下坡

图 2.1 水准测量原理图

$$h_{AB} = a - b \tag{2.1}$$

即两点之间高差等于后视读数减前视读数。从图中可以看出,当 $a > b$ 时,h_{AB} 为正,当 $a < b$ 时,h_{AB} 为负。根据 A 点已知高程 H_A 和测出的高差 h_{AB},则 B 点高程为

$$H_B = H_A + h_{AB} = H_A + (a - b) \tag{2.2}$$

亦可通过仪器的视线高程 H_i 求得 B 点高程,即

$$H_B = (H_A + a) - b = H_i - b \tag{2.3}$$

式(2.2)是利用高差 h_{AB} 计算 B 点高程的,称为高差法;式(2.3)是通过仪器的视线高程 H_i 计算 B 点高程的,称为仪高法。若在一个测站上要同时测算出许多点的高程,用式(2.3)计算更方便。

2.2 水准测量的仪器和工具

水准测量使用的仪器为水准仪,工具为水准尺和尺垫。水准仪按其精度分为 DS_{05}、DS_1、

DS_3 和 DS_{10} 等几种等级。"D"和"S"是"大地"和"水准仪"的汉语拼音的第一个字母,其下标为仪器本身每公里能达到的精度,以毫米计。建筑工程测量一般使用 DS_3 级水准仪。

2.2.1 DS_3 型(S_3 级)微倾水准仪

图2.2为 DS_3 型微倾水准仪,因水准仪是能提供一条水平视线的精密光学仪器,所以,主要由望远镜、水准器和基座三个基本部分组成。

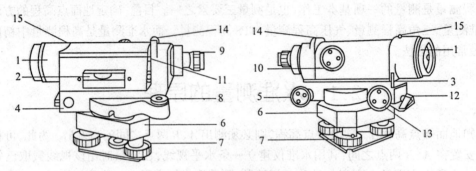

图2.2 DS_3 型(简称 S_3 级)微倾式水准仪

1—望远镜;2—水准管;3—钢片;4—支架;5—微倾螺旋;6—基座;7—脚螺旋;8—圆水准器;9—目镜对光螺旋;10—物镜对光螺旋;11—气泡观察窗;12—制动扳手;13—微动螺旋;14—缺口;15—准星

1.望远镜

水准仪的望远镜是用来瞄准水准尺并读数的,它主要由物镜、目镜、对光螺旋和十字丝等几部分组成。图2.3中物镜7的作用是使远处的目标8在望远镜内目镜1的焦距内形成一个倒立且缩小的实像3。当目标处在不同距离时,可调节对光螺旋6,带动一个凹透镜5使所成的像3始终落在十字丝分划板2上,这时,十字丝和物像同时被目镜放大为虚像4,以便观测者利用十字丝来瞄准目标。当十字丝的交点瞄准目标上某一点时,该目标点即在十字丝交点与物镜光心的连线上,这条连线称为视准轴,也称为视线。十字丝分划板是用刻有纵横十字丝线的平面玻璃制成,装在十字丝环上,再用固定螺丝固定在望远镜筒内,如图2.4所示。

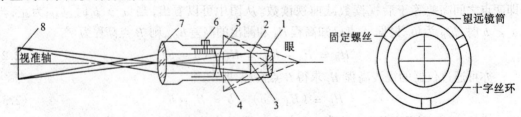

图2.3 望远镜结构示意图   图2.4 十字丝分划板

1—目镜;2—十字丝分划板;3—目标成的像;4—放大后的虚像;5—调焦凹透镜;6—调焦螺旋;7—物镜;8—目标

2.水准器

水准器分管状水准器(水准管)和圆盒水准器两种,它们都是供整平仪器用的。

(1)水准管 水准管是由玻璃圆管制成,其内壁的纵向按一定半径磨成的圆弧。如图

2.5所示,管内注满酒精和乙醚的混合液,加热封闭冷却后,管内形成一个气泡。水准管内表面的中点 O 称为零点,通过零点作圆弧的纵向切线 LL 称为水准管轴。自零点向两侧每隔 2 mm 刻有若干分划。每 2 mm 弧长所对的圆心角称为水准管分划值(或灵敏度),其计算式为

$$\tau = \frac{2}{R} \tag{2.4}$$

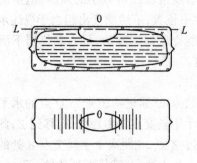

图 2.5 水准管

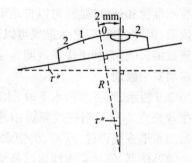

图 2.6 水准管分划值

分划值的实际意义可以理解为:当气泡移动 2 mm 时的水准管轴所倾斜的角度(图 2.6)。式(2.4)说明,分划值越小,水准管灵敏度越高,用它来整平就越精确。S_3 型水准仪的水准管分划值每 2 mm 为 $20''$。

为了提高目估水准管气泡居中的精度,在水准管上方都装有复合棱镜,如图 2.7(a) 所示,这样可使水准管气泡两端的半个气泡影像借助棱镜的反射作用转到望远镜旁的水准管气泡观察镜内。当两端的半个气泡影像错开时表示气泡没有居中(图 2.7(b)),图 2.7(c) 为居中时的示意图。这种水准管上不需要刻分划线。而具有棱镜装置的水准管称为复合水准管,它能提高气泡居中的精度。

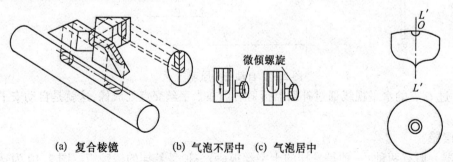

(a) 复合棱镜   (b) 气泡不居中   (c) 气泡居中

图 2.7 复合水准管   图 2.8 圆水准器

(2)圆水准器 圆水准器是由玻璃制成的圆柱状体(图2.8),圆柱体内同样装有酒精和乙醚的混合液。其上部的内表面为一定半径的圆球面,中央刻有一个小圆圈,它的圆心 O 是圆水准器的零点,我们把通过零点和球心的连线(O 点的法线)$L'L'$ 称为圆水准轴。当气泡居中时,圆水准器轴即处于铅垂位置。圆水准器的分划值一般为 $5' \sim 10'$,灵敏度较低,只能用于粗略整平仪器,可使水准仪的纵轴大致处于铅垂位置,以便用微倾螺旋使水准管的气泡精确居中。

3. 基座

基座的作用是用来支撑仪器的上部,并通过架头连接螺旋将仪器与三角架相连接。基

有三个可以升降的脚螺旋。转动脚螺旋可以使圆水准器的气泡居中,将仪器粗略整平。

2.2.2 自动安平水准仪

自动安平水准仪和微倾式水准仪在构造上基本相同,不同的是自动安平水准仪没有水准管和微倾螺旋,而只依靠圆水准器将仪器粗平,尽管视准轴还有微小的倾斜,但借助补偿器来代替水准管和微倾螺旋,可以自动调节视线的水平位置,依然能读出相当于视线水平时的尺上读数。因此,自动安平水准仪可以简化操作并能克服地面震动、风力和仪器下沉等外界条件造成的影响,有利于提高观测速度和读数精度。

1. 自动安平原理

如图 2.9 所示,当视准轴水平时,水准尺上的读数为 a(通过物镜光心 O 点的水平光线落在十字丝交点Z_0处)。当视线倾斜 α(小于 $10'$)时,十字丝交点将由原处 Z_0 移到 Z,此时来自水准尺的水平视线仍过 Z_0 点,为使水平光线能通过 Z 点,在距离十字丝交点 d 处的光路上安置光学补偿器,使水平视线通过补偿器后,偏移一个 β 角,并满足下列条件,即

$$f \cdot \alpha = d \cdot \beta$$

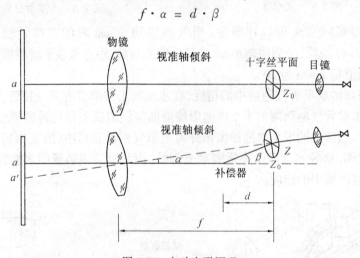

图 2.9 自动安平原理

此时过 O 点的水平视线通过补偿器折射后仍在十字丝交点处成像,这就是自动安平的原理。

2. 补偿器

补偿器一般有两种:一种是悬挂的十字丝板;另一种是悬挂的棱镜组。图 2.10 为悬挂式补偿结构光路示意图。补偿器的屋脊棱镜固定在镜筒内,两个直角棱镜则用交叉金属丝悬吊于屋脊棱镜上,在重力作用下,两直角棱镜与望远镜作相反方向的摆动。

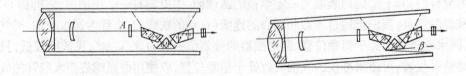

图 2.10 自动安平补偿器

2.2.3 水准尺和尺垫

水准尺是用干燥优质的木材、玻璃钢及铝合金等材料制成。水准尺有塔尺和双面尺(图 2.11)。塔尺(图 2.11(a))一般用在等外水准测量,其长度有 2 m 和 5 m 两种,可以伸缩,尺面分划为 1 cm 和 0.5 cm 两种,每分米处注有数字,每米处也注字或以红黑点表示米数,尺底为零。

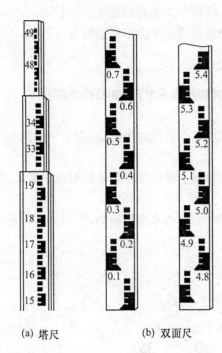

(a) 塔尺　　　　(b) 双面尺

图 2.11　水准尺

双面水准尺(图 2.11(b))多用于三四等水准测量,其长度为 3 m(不能伸缩和折叠的板尺),且两根尺为一对,尺的两面均有刻划,尺的正面是黑色注记,反面为红色注记,故又称红黑面尺。黑面的底部从零开始,而红色的底部一根由 4.687~7.687 m,另一根由 4.787~7.787 m。

尺垫为一个三角形的铸铁(也有用较厚铁皮制作的),上部中央有一个突起的半球体(图 2.12)。为保证在水准测量过程中转点的高程不变,将水准尺立在半球体的顶端。

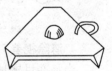

图 2.12　尺垫

2.3　DS$_3$ 级微倾式水准仪的使用

水准仪在一个测站使用的基本工作程序为安置仪器、粗略整平、瞄准水准尺、精确整平和读数五个步骤。

2.3.1　安置仪器

打开三角架,使架头大致水平并使其高度适中,注意把三角架的腿踩入土中,然后将仪器从箱中取出,用连接螺旋将水准仪固连在三角架头上。

2.3.2 粗略整平

为使仪器的竖轴大致铅垂,转动基座上的三个脚螺旋,使圆水准器的气泡居中,即视准轴粗略水平。整平方法如图2.13所示,气泡未居中,用双手向相反的方向(同时向内旋转气泡往右走,反之往左走)同时转动一对①、②两个脚螺旋,使气泡从a走到b,即气泡与圆水准器零点的连线垂直于①、②两个脚螺旋的连线,再用手转动另一个脚螺旋③,使气泡居中。也可以说,气泡移动的方向始终与左手拇指运动的方向一致。

2.3.3 瞄准水准尺

仪器粗平后即可用望远镜瞄准水准尺,其操作步骤如下:

1.目镜对光

将望远镜对向较明亮处,转动目镜对光螺旋,使十字丝调至十分清晰为止。

2.初步瞄准

放松制动螺旋,利用望远镜上部的准星与缺口对准水准尺,然后拧紧制动螺旋。

3.物镜对光

转动望远镜物镜对光螺旋,看清水准尺刻划,再转动水平微动螺旋,使十字丝竖丝贴近水准尺边缘。

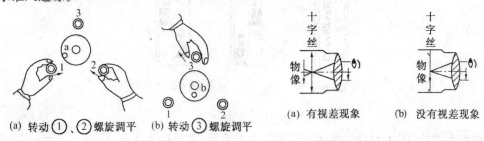

(a) 转动①、②螺旋调平 (b) 转动③螺旋调平   (a) 有视差现象   (b) 没有视差现象

图2.13 水准仪粗平   图2.14 视差现象

4.消除视差

当瞄准目标时,眼睛在目镜端上下移动,若发现十字丝和物像有相对的移动,如图2.14(a)所示,这种现象称为视差。它将影响读数的精确性,必须消除。其方法是再仔细反复调节物镜对光螺旋,直至物像与十字丝分划板平面重合为止,如图2.14(b)所示。

2.3.4 精平

转动微倾螺旋,使水准管气泡精确居中。

2.3.5 读数

当水准管气泡居中并稳定后,说明视准轴水平,此时,应迅速用十字丝中丝在水准尺上截取读数。读数方法如图2.15所示,共读4个数:米、分米、厘米、毫米。若是倒像望远

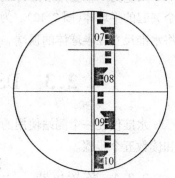

图2.15 水准尺读数

镜应从上往下读,反之从下往上读。无论何种成像望远镜都应先估读毫米,再直读米、分米、厘米(图中读数为0.858 m)。读数后,还需检查一下气泡是否移动了,否则需重新用微倾螺旋调整气泡居中后再读数。需要注意的是,若气泡不居中同样可以读数,但该读数不符合水准测量原理,是错的。

2.4 普通水准测量

2.4.1 水准点

为了统一全国的高程系统和满足各种测量的需要,测绘部门在全国各地埋设了用水准测量方法测定的很多高程点,这些点称为水准点(Bench Mark),简记为 BM。在水准测量中,必须从一个已知高程的地面点出发,求出其他点的高程。水准点有永久性和临时性两种。永久性水准点一般用钢筋混凝土制成,如图 2.16 所示,标石顶部嵌有不锈钢或其他不易锈蚀且坚硬材料制成的半球状标志。测量时将水准尺竖立在该点上作为水准测量的起算点。永久性水准点的金属标志在城镇里或工业区可以镶嵌埋设在坚固稳定的永久建筑物的墙脚上,如图 2.17 所示。

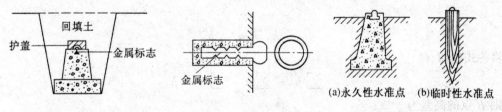

图 2.16 永久水准点　　图 2.17 永久水准点　　图 2.18 土建水准点

土建工程中的永久性水准点一般用混凝土或钢筋混凝土制成,其样式如图 2.18(a)所示;临时性的水准点可以用大木桩打入地面,木桩顶部为半球状的铁钉,如图 2.18(b)所示,作为高程起算的基准。

水准点标石的埋设应选择在稳固且便于长期保存又便于观测的地方,同时应绘出水准点附近的草图,注明水准点的编号。一般在编号前加以 BM(Bench Mark)作为水准点的代号。

2.4.2 实测方法

如图 2.19 所示,已知 A 点高程,欲求 B 点的高程,因两点间距离较远或高差较大,安置一次仪器无法测出 A 至 B 的高差,此时可在两点间加设若干个临时立尺点称为转点 D_{TP}(Turning Point),然后连续多次安置水准仪,测定相邻两点间的高差,最后取各个高差的代数和,便可得到 A、B 两点间的高差。

观测步骤如下:

设 $H_A = 123.446$ m,在离 A 点约不超过 200 m(根据水准测量的等级而定)处选定点 1,在 A、1 两点分别立水准尺。在距点 A 和点 1 等距离的 I 处,安置水准仪。当仪器视线水平后,先读后视读数 a_1,再读前视读数 b_1。记录员立刻分别记录在水准测量手簿的相应表格中

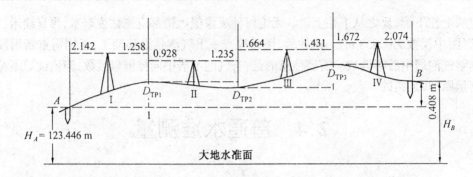

图 2.19 连续水准测量

（见表 2.1），同时算出 A 点和 1 点之间的高差，即

$$h_1 = a_1 - b_1 = 0.884$$

当第一测站测完后，后视尺沿着 AB 方向前进，同样在离开转点约小于 200 m 处选出转点 2，并在其立尺。注意：此时立在 1 点上的水准尺不动，只将尺面翻转过来，仪器安置在距 1、2 点等距离处，进行观测、计算依次类推测到 B 点。求出 A 至 B 的高差 h_{AB}，即

$$h_1 = a_1 - b_1$$
$$h_2 = a_2 - b_2$$
$$\cdots \cdots \cdots$$
$$h_n = a_n - b_n$$

将各式相加，得

$$\sum h = \sum a - \sum b = h_{AB} \tag{2.5}$$

则 B 点的高差为

$$H_B = H_A + \sum h = H_A + h_{AB} \tag{2.6}$$

表 2.1 水准测量手簿

日期_____ 仪器型号_____ 观测_____
天气_____ 地　点_____ 记录_____

测站	测点	后视读数(a)	前视读数(b)	高差/m +	高差/m −	高程/m	备　注
Ⅰ	A D_{TP_1}	2.142	1.258	0.884		123.446	
Ⅱ	D_{TP_1} D_{TP_2}	0.928	1.235		0.307		
Ⅲ	D_{TP_2} D_{TP_3}	1.664	1.432	0.233			
Ⅳ	D_{TP_3} B	1.672	2.074		0.402	123.854	
计算检核		$\sum a = 7.406$ $\sum a - \sum b = 7.406 - 6.998 = + 0.408$	$\sum b = 6.998$	1.117	0.709		123.854 − 123.446 = + 0.408
				$\sum h = 1.117 - 0.709 = + 0.408$			

2.4.3 水准测量的三项检核与成果计算

1. 计算检核

为校核高差计算有无错误,从式(2.5)不难看出,后视读数总和与前视读数总和之差数,应等于高差的代数和(见表2.1)即

$$\sum h = +0.408$$

$$\sum a - \sum b = +0.408$$

上两式相等说明高差计算无误。高程计算是否有误可通过下式检核,即

$$H_B - H_A = \sum h = h_{AB}$$

$$123.854 - 123.446 = +0.408$$

上式相等说明高程计算无误。

2. 测站检核

在连续水准测量中,只进行计算检核,则无法保证每一个测站的高差没有问题,如读错、听错、记错水准尺上的读数,因此,每一站的高差,都必须采取措施进行检核,保证每个测站高差的正确性。通常采用下面两种方法进行测站检核。

(1) 双仪高法:双仪高法又称变动仪高法,就是在同一个测站上用两次不同的仪器高度,测得两次高差进行检核,如图2.20所示,第一次高差 $h' = a' - b'$,改变仪器高将仪器升或降大于10 cm,再重新安置仪器,观测第二次高差 $h'' = a'' - b''$。当两次高差满足下列条件时,即

$$h' - h'' = \Delta h \leq \pm 6 \text{ mm} \quad (2.7)$$

可取平均值作为该测站高差,否则重测。当满足条件后,才允许搬站。($\Delta h \leq \pm 6$ mm 为等外水准容许值)

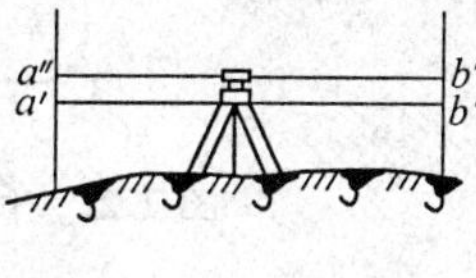

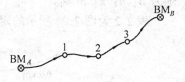

图2.20 双仪高法

(2) 双面尺法:是在每一测站上用同一仪器高,分别在红黑面水准尺读数,然后进行红黑面读数和高差的检核。(见6.4节高程控制测量)

3. 成果检核

计算检核只能发现计算是否有错,而测站检核也只能检核每一个测站上是否有错误,不能发现立尺点变动的错误,更不能评定测量成果的精度,同时由于观测时受到观测条件(仪器、人、外界)的影响,随着测站数的增多使误差积累,有时也会超过规定的限差。因此应对其成果进行检核。

(1) 附合水准路线。图2.21中,A、B 为已知高程的水准点,从 A 点出发,沿1、2、3各欲求高程点进行水准测量,最后附合到另一水准点 B 上。这种水准路线称为附合水准路线。在附合水准路线中,各段的高差总和应与 A、B 两点的已知高差相同,如果不等,其差值为高差闭合差 f_h,即闭合差等于观测值减理论值

图2.21 附合水准路线

$$f_h = \sum h_{测} - (H_B - H_A)$$

或

$$f_h = \sum h_{测} - (H_终 - H_始) \quad (2.8)$$

一般工程测量中,闭合差的容许值为

$$f_{h容}/\text{mm} = \pm 40\sqrt{L} \tag{2.9}$$

或
$$f_{h容}/\text{mm} = \pm 12\sqrt{n}$$

式中　L——水准路线长度,以 km 计(适用于平坦地区);

　　　n——测站数 (适用于山地)。

(2) 闭合水准路线。图 2.22 中,BM_C 为已知水准点,1、2、3 为欲求高程点。在闭合水准路线中,各段高差的总和应等于零,即

$$\sum h_{理} = 0$$

若实测高差的总和不等于零,则为闭合差,即

$$f_h = \sum h_{测} \tag{2.10}$$

(3) 支水准路线。在图 2.23 中,从一个已知水准点出发到欲求一个高程点,沿同一路线进行往测(已知高程点到欲求高程点)和返测(欲求高程点到已知高程点),往、返测高差的绝对值应相等而符号相反。若往返测高差的代数和不等于零即为闭合差,亦称校差(可看成闭合水准路线的特例),则

图 2.22　闭合水准路线　　　　　　　　图 2.23　支水准路线

$$f_h = \sum h_{往} + \sum h_{返} \tag{2.11}$$

支水准路线不能过长,一般为 2 km 左右,其闭合差的容许值与附合水准路线相同,但式(2.9)中路线全长 L 或测站 n 只按单程计算。

4.水准测量成果计算

水准测量的外业测量数据经检核后,如果满足了精度要求,就可以进行内业计算,即调整高差闭合差(将闭合差按误差理论合理分配到各测段的高差中去),最后求出欲求点的高程。

(1) 附合水准路线闭合差的调整及各点高程的计算。

如图 2.24 所示,A、B 为两个水准点,$H_A = 167.456$ m,$H_B = 170.151$ m。各测段的高差分别为 h_1、h_2、h_3 和 h_4。

表 2.2 为图 2.24 所示的附合水准路线平差的实例。

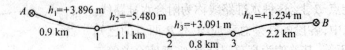

图 2.24　附合水准路线高程

表 2.2 附合水准路线测量数据

测段编号	点名	距离 L/km	测站数	实测高差 /m	改正数 /m	改正后的高差 /m	高程 /m	备注
1	2	3	4	5	6	7	8	9
1	A	0.9		+3.896	-0.008	+3.888	167.456	
2	1	1.1		-5.480	-0.010	-5.490	171.344	
3	2	0.8		+3.091	-0.007	+3.084	165.854	
4	3	2.2		+1.234	-0.021	+1.213	168.938	
∑	B	5		+2.741	0.046	2.695	170.151	
辅助计算	$f_h = +46$ mm $\sum L = 5$ km $-f_h/\sum L = -0.0092$ m/km $f_{h容} = \pm 40\sqrt{L} = \pm 89$ mm $= -9.2$ mm/km							

注:表中给出各测段的距离,说明是平坦地区。

① 高差闭合差的计算:

路线闭合差(mm) $f_h = \sum h - (H_B - H_A)$

容许闭合差(mm) $f_{h容} = \pm 40\sqrt{L}$ (容许闭合差采用等外水准测量)

因 $f_h < f_{h容}$,符合精度要求可进行调整。

② 闭合差调整:根据误差理论,闭合差的调整可按测段的长度或测站数成正比反符号进行分配。设 δ_i 为第 i 个测段的高差的改正数,L_i 和 n_i 分别代表该测段的长度和测站数,则

$$\delta_i = -\frac{f_h}{\sum L} \cdot L_i$$

或

$$\delta_i = -\frac{f_h}{\sum n} \cdot n_i \tag{2.12}$$

为方便计算可先算出每公里(或每站)的改正数 $\delta_{km} = -\dfrac{f_h}{\sum L}$ 或 $\delta_n = -\dfrac{f_h}{\sum n}$,然后再乘以各测段的长度(或站数),就得到各测段的改正数见第 6 栏。改正数总和的绝对值应与闭合差的绝对值相等。第 5 栏加第 6 栏后,得到改正后的高差见第 7 栏。改正后的高差代数和应与理论值 $(H_B - H_A)$ 相等。否则,说明计算有误。

③ 高程计算:从已知水准点 A 的高程推算 1、2、3 各点高程,填入第 8 栏,最后计算 B 点的高程应与理论值 H_B 相等,否则说明高程推算有误。

(2) 闭合水准路线闭合差的调整及各点高程的计算。

闭合水准路线闭合差的调整、各点高程的计算及容许值的大小,均与附合水准路线相同。

(3) 支水准路线闭合差调整及待定点高程的计算。

因支水准路线只求一个点的高程,见图 2.23,其高差闭合差见式(2.13),故只取往返高差的平均值即可。

$$h_均 = (\sum h_往 - \sum h_返)/2 \tag{2.13}$$

2.4.4 水准测量的误差

水准测量中产生的误差包括仪器误差、观测误差及外界条件影响三个方面。

1. 仪器误差

(1) 望远镜视准轴与水准管轴不平行:仪器经过校正后,还会留有残余误差;仪器长期使用或受震动,也会使两轴不平行。这种误差属于系统误差,该项误差的大小与仪器至水准尺的距离成正比,因此,只要在观测时将仪器安置于前后视距离相等处,即可消除该项误差的影响。

(2) 水准尺误差:水准尺误差包括尺长误差、分划误差和零点误差。观测前应对水准尺检验后方可使用,水准尺零点误差可在每个测段中设置偶数站的方法来消除。

2. 观测误差

(1) 整平误差:设水准管分划值为 $\tau = 20''$,仪器距水准尺的距离为 100 m,气泡居中误差一般认为 $0.15\tau = 0.15 \times 20'' = 3''$,则由此带来的读数误差约为 1.5 mm。

(2) 读数误差:由于存在视差和估读毫米数的误差,这与人眼的分辨力、望远镜的放大倍率及视线长度有关,所以,要求望远镜的放大倍率在 20 倍以上,视线长度不超过 100 m,通常按下式计算,即

$$m_v = (60''/v) \cdot D/\rho'' \tag{2.14}$$

式中 v —— 望远镜的放大倍率;

　　　$60''$ —— 人眼的极限分辨能力。

(3) 水准尺倾斜误差:水准尺倾斜其读数总比尺子竖直时大,因此,视线越高,读数越大,则水准尺倾斜引起的误差越大。所以在高差大、读数大时,应特别注意将水准尺扶直。

3. 外界条件的影响

(1) 仪器下沉的影响:由于测站土质松软使仪器下沉,视线降低,从而引起高差误差。减少这种误差可采用后、前、前、后的观测方法。

(2) 转点下沉的影响:仪器在搬到下一站尚未读后视读数的一段时间内,转点下沉,使该站后视读数增大,从而引起高差误差。采用往返测,取其成果的平均值,同时将转点选择在坚硬的地面上,可以消除和减少误差。

(3) 地球曲率和大气折光影响:如图 2.25 所示,用水平视线代替大地水准面在尺上读数产生的误差为

$$C = D^2/2R$$

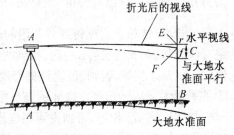

图 2.25　地球曲率和大气折光

一般情况下,由于越靠近地面空气密度越大,视线通过不同密度的介质而产生折射,所以,实际上视线并不水平而呈弯曲状,如图 2.25 中的 AF 使尺上的读数减少了 EF 值,这就是大气折光的影响,用 γ 表示。实验证明,在稳定的气象条件下 γ 约等于 C 的 1/7,即

$$\gamma = C/7 = 0.07(D^2/R) \tag{2.15}$$

地球曲率和大气折光的共同影响 f 为

$$f = C - \gamma = 0.43(D^2/R) \tag{2.16}$$

消除或减弱地球曲率和大气折光的影响，应采取的措施同样为前、后视距离相等。这样在计算高差时可将其消除或减弱。

(4) 温度影响：水准管受热不均匀，气泡向温度高的方向移动。观测时应注意将仪器撑伞遮阳，避免阳光不均匀暴晒。

2.5 微倾式水准仪的检验与校正

根据水准测量原理，在进行水准测量时，水准仪必须提供一条水平视线，才能正确地测出两点的高差。为此，水准仪必须满足下列条件，如图 2.26 所示。

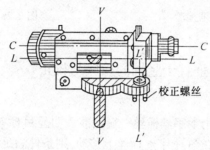

图 2.26 微倾式水准仪轴线关系

(1) 圆水准器轴 $L'L'$ 平行于竖轴 VV；
(2) 十字丝横丝垂直于竖轴；
(3) 水准管轴 LL 平行于视准轴 CC。

仪器在出厂前都经过严格检校，上述条件均能满足，但由于仪器在长期使用和运输过程中受到震动和碰撞等原因，使上述各轴线之间的关系可能发生变化。为保证测量成果的质量，必须对水准仪进行阶段检验与校正。检校的内容如下。

2.5.1 圆水准器轴平行于竖轴的检验与校正

1. 检验方法

转动脚螺旋使圆水准器气泡居中，如图 2.27(a) 所示，此时，圆水准器轴 $L'L'$ 处于垂直位置。将仪器旋转 180°，如果圆水准器气泡仍然居中，则表明条件满足，否则条件不满足，需要校正。

2. 校正方法

如果圆水准器轴 $L'L'$ 不平行于竖轴时，当圆水准气泡居中时，圆水准器轴处于垂直位置，而竖轴却偏离垂直方向 α 角，如图 2.27(a) 所示。将仪器绕竖轴转 180°，此时圆水准器轴偏离垂直方向 2α，如图 2.27(b) 所示。校正时先用校正针拨动圆水准器的校正螺丝使气泡向中心方向移动偏离量的一半，如图 2.28(a) 所示，其余一半用脚螺旋使气泡居中，如图 2.28(b) 所示。这种检验校正需要重复数次，直至圆水准器旋转到任何位置气泡都居中时为止，最后应注意拧紧固定螺丝。

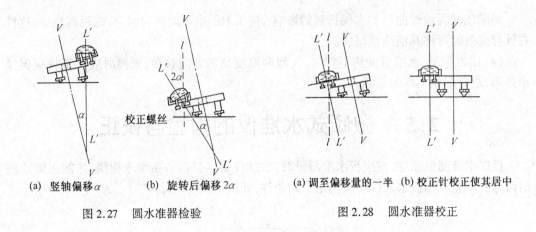

(a) 竖轴偏移α　　(b) 旋转后偏移2α

图 2.27　圆水准器检验

(a) 调至偏移量的一半　(b) 校正针校正使其居中

图 2.28　圆水准器校正

2.5.2　十字丝横丝垂直于竖轴的检验与校正

1. 检验方法

整平仪器,在望远镜中用十字丝横丝一端照准一明显目标 M,拧紧水平制动螺旋,转动水平微动螺旋,如目标 M 始终在十字丝横丝上移动,则条件满足,如图 2.29(a) 所示,如不在横丝上移动,如图 2.29(b) 所示,则必须校正。

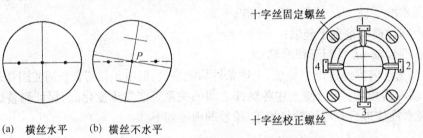

(a) 横丝水平　(b) 横丝不水平

图 2.29　十字丝横丝⊥VV检验

图 2.30　十字丝校正

2. 校正方法

卸下目镜外罩,松开十字丝环固定螺丝,如图 2.30 所示,微微转动十字丝环,再做检验,直到满足要求为止,最后再旋紧被松开的固定螺丝。

2.5.3　水准管轴平行于视准轴的检验与校正

1. 检验方法

在平坦地面上选择 A、B 两点,相距约 80 m,用木桩或踏实的尺垫标志定位。先将水准仪安置于 A、B 两点等距处,如图 2.31 所示,在 A、B 两点的木桩上竖立水准尺,调水准管气泡居中后,测得 A、B 两点间的正确高差 h_{AB},此时即使水准仪的视准轴不平行于水准管轴,也就是说,即使水准管气泡居中时,视线倾斜了 i 角,分别引起读数误差 Δa 及 Δb,由于这时的前、后视距离相等,所以有 $\Delta a = \Delta b$,则

$$h_{AB} = (a - \Delta a) - (b - \Delta b) = a - b$$

这说明,不论视准轴与水准管轴平行与否,由于水准仪安置在中间,因此,测得的结果都是正确高差。在实测中用双仪高法测得两次高差取平均值作为最后结果。

然后将水准仪搬至 A 点(或 B 点)附近,距 A 尺 2～3 m 处,读取后视读数 a_1,由于仪器距 A 尺很近,故可以忽略 i 角的影响,即将 a_1 视为视线水平时的读数,这时可求得视线水平时 B 尺上应有的读数 $b_1 = a_1 - h_{AB}$。如果实际读出的读数 b'_1 与 b_1 相等,则条件满足,如不相等,则水准管轴不平行于视准轴,需进行校正。

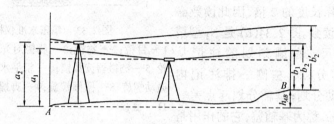

图 2.31 视准轴平行于水准管轴校正

2. 校正方法

仪器不动,转动微倾螺旋使十字丝横丝对准 B 尺上应有的读数 b_1,此时视准轴处于水平位置,而水准管气泡不居中了,用校正针拨动上、下校正螺丝,如图 2.32 所示,直至气泡居中为止。

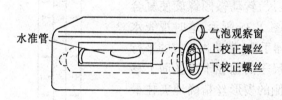

图 2.32 水准管轴平行于视准轴的校正

2.6 精密水准仪与水准尺

精密水准仪主要用于国家一二等级水准测量及精密工程测量,如建筑物变形观测,大型桥梁工程以及精密安装工程等的测量工作。

精密水准仪的类型很多,我国目前在精密水准测量中应用较普遍的有瑞士生产的威特 N_3、德国生产的蔡司 Ni004 和我国国产的 DS_1 型精密水准仪。图 2.33 所示为北京测绘仪器厂生产的 DS_1 精密水准仪。

精密水准仪的构造与 DS_3 水准仪基本相同,也是由望远镜、水准器和基座三部分组成,但精密水准仪的结构精密,性能稳定,温度变化影响小。与 DS_3 水准仪相比,具有如下特点:

(1) 望远镜放大倍率高,不小于 40 倍;
(2) 水准管分划值小,每 2 mm 不大于 10″;
(3) 带有平行玻璃板测微器读数装置,最小分划值可达 0.05 mm;
(4) 有专用的精密水准尺。

精密水准尺大多是在木质尺身的槽内,镶嵌一铟钢带尺,带尺上刻有 5 mm 间隔的线划,数字注记在木尺上。图 2.34(a) 是 DS_1 型和 Ni004 型精密水准仪配套用尺。在同一铟钢尺面上，两排刻划彼此错开，左面一排分划为奇数值，注记为分米数；右面一排分划为偶数值，注记为米数，小三角形指示半分米处，长三角形指示整分米的起始线。分划的实际间隔为 5 mm，但表面注记值为实际长度的 2 倍，因此读数必须除以 2，才是实际读数。图 2.34(b) 是 N_3 型精密水准仪配套用尺，右侧刻划的注记从 0～300 cm 为基本分划；左侧一排注记内 300～600 cm 为辅助分划；基辅分划起点差一常数 $k = 301.550$ cm，称为基辅差，它的作用是检查读数时是否存在粗差。

精密水准仪的操作方法与一般水准仪基本相同，不同之处是每次读数都要用光学测微器测出不足一个分格的数值。

水准仪和水准尺的读数方法如下：

望远镜照准水准尺，转动微倾螺旋使复合水准管气泡复合，如图 2.35 所示，这时视线水平，再转动光学测微器手轮，带动物镜前的平行玻璃板转动，从而使尺子的像在十字丝面上移动，当十字丝横丝一侧的楔形丝精确地夹住最靠近中丝的分划线时读数。图 2.35 中 a 尺上直接读数为 304 cm，再由测微目镜中测微分划尺上读数为 150（即 1.50 mm），则全部读数为 304.150 cm（3.04150 m）。因为用的是图 2.35 中的 a 尺，所以实际读数为 $3.04150/2 = 1.50275$ m，在测量时，不必每个读数都除以 2，而是算得高差后再除以 2 即可。

若采用图 2.35 中的 b 尺，楔形丝夹在 176 cm 上，测微分划尺上读数为 650（即 6.5 mm），则水准尺全部读数为 176.650 cm，这是实际读数，不需除以 2。

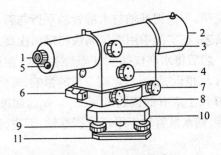

图 2.33 精密水准仪构造

1— 目镜；2— 物镜；3— 物镜对光螺旋；4— 测微轮；5— 测微器读数镜；6— 粗平水准管；7— 水平微动螺旋；8— 微倾螺旋；9— 脚螺旋；10— 基座；11— 底板

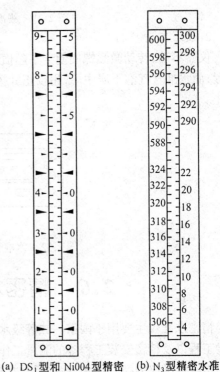

(a) DS_1 型和 Ni004 型精密水准仪配套用尺　　(b) N_3 型精密水准仪配套用尺

图 2.34 精密水准尺

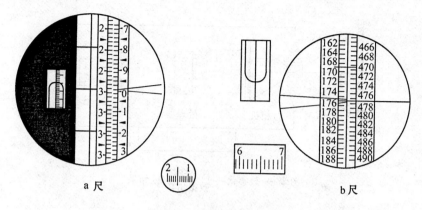

图 2.35 精密水准尺读数

2.7 电子水准仪简介

徕卡公司在 20 世纪 90 年代首次推出了利用影像处理技术自动读取高差和距离,并自动进行数据记录的全数字化电子水准仪,现已发展成为 NA2000,NA2002,NA3000 及 NA3003 四个型号。它以新颖的测量原理、可靠的观测精度、简单的观测方法取得了广泛的应用。本节对电子水准仪的原理和使用方法作简要介绍。

2.7.1 电子水准仪测量原理

电子水准仪使用的标尺与传统的标尺不同。它采用条形码尺(图 2.36),条形码印制在铟瓦合金条或玻璃钢的尺身上。用 NA3003 配合铟瓦条形码尺测量精度为 ±0.4 mm/km,可用于一等水准测量,其测距精度为 ±(3~5)mm,使用玻璃钢尺的精度为 ±1.2 mm/km。观测时,标尺上的条形码由望远镜接收后,探测器将采集到标尺编码光信号转换成电信号,并与仪器内部存储的标尺编码信号进行比较。若两者信号相同,则读数可以确定。标尺和仪器的距离不同,条形码在探测器内成像的"宽窄"也不同,转换成的电信号也随之不同。这就需要处理器按一定的步距改变一次电信号的"宽窄",与仪器同步存储的信号进行比较,直至相同为止,这将花费较长时间。为了缩短比较时间,通过调焦,使标尺成像清晰。传感器采集调焦镜的移动量,对编码电信号进行缩放,使其接近仪器内部存储的信号。因此可以在较短的时间内确定读数,使其读数时间不超过 4 s。图 2.37 为电子水准仪数字化图像处理原理图。

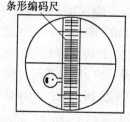

图 2.36 照准条形码尺

2.7.2 电子水准仪工作原理

作为一种新型的电子水准仪,它改变了传统的野外高差测量中靠人工读数和手工记录的作业方式。电子水准仪采用 REC 模块存储数据和信息,将模块插入水准仪的插槽中,自动记录外业观测数据,用 GIF10 或 GIF12 阅读器读取内容并与外设(计算机、打印机)进行数据交换。

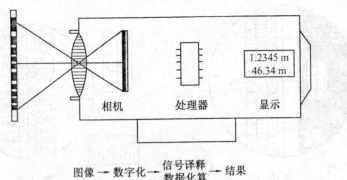

图 2.37 电子水准仪原理图

1. 数据结构

REC 模块贮存两种类型的信息单元：测量模块和信息模块。测量模块包括测过的数据和点数，信息模块包括外加的数据和手段。NA 系列数字水准仪的数据格式为 GSI 数据格式，数据按观测顺序以行形式记录。一行由几个数据段组成，每个数据段的长度固定为 16 个字符。最后一位为空格，并以此为空格符，存储格式与具体的测量程序有关，并自动决定。

2. 存储格式

NA3003 数字水准仪测量模块中每个数据行通常由 2~6 个数据段组成，每个数据行开始的第一个数据段都存放该数据行的编码号和点号，第二个数据段开始存放其他测量数据和信息。针对不同的测量程序、观测方法、测量内容，数据行中的数据段有不同的组合，这由程序自行设定。

3. 数据通讯

数据通讯是指将数据在不同设备之间进行传输的过程。计算机的通讯采用美国标准信息转换码（ASCII 码）作为数据传输码。通讯方式有串行通讯和并行通讯两种。REC 模块通过 GIF10 阅读器与计算机之间的数据传输就是采用串行通讯方式。因此，数据除了用通讯电缆将 GIF10 阅读器与计算机串行口连接之外，还需要对通讯参数进行设置。只有双方参数设置一致，数据通讯才能顺利进行，微机的通讯参数是通过通讯程序来进行设置。而 GIF10 阅读器是通过 COMM 功能来设置，要进行设置的通讯参数主要有以下几个部分：

（1）波特率：以每秒传送的位数来表示数据传送速度，一般设置为 2 400。

（2）奇偶性检查：奇偶性检查是一种检验已传送的数据是否正确接收的方法。

（3）协议（也叫回答方式）：由于有多个数据模块需要传输，通常需要接收机来调节数据传送速度，它决定是否可以接收和处理更多数据。

（4）结束符：发送机可在每个数据末尾发送一个结束字符，GIF10 发送一个 CD 或 CD/LF 结束符标记在数据、命令和信息的末尾。通常选择 CD 作为结束符。

（5）停止位：由于采用串行通讯方式，其数据传送将一位接一位地顺序传送。因此，停止位选择 1BIF。

（6）连接：一个 RS232 接口使用两条数据线，一条用于发送数据（TXD），一条用于接收数据（RXD）。这里有两情况，数据通讯设备（DCE）或终端设备（DTE）。重要的是 GIF10 数据输出要连到计算机上的数据接收（RXD）。

2.7.3 电子水准仪的使用方法

1. 电子水准仪的构造

电子水准仪的构造如图 2.38(a)所示，电子水准仪配套用尺如图 2.38(b)所示。

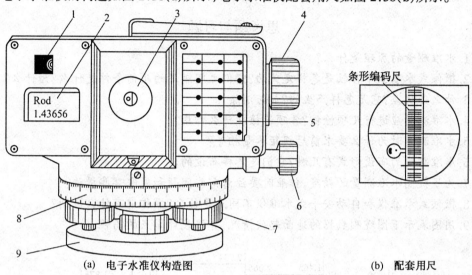

图 2.38 电子水准仪

1—圆水准器观察窗；2—数据显示窗；3—目镜及对光螺旋；4—物镜对光螺旋；5—键盘；
6—水平微动螺旋；7—脚螺旋；8—水平度盘；9—底板

2. 电子水准仪主要性能指标

精度：

NA2002——1.5 mm/km，0.9 mm/km(用铟钢尺)；

NA3003——1.2 mm/km，0.4 mm/km(用铟钢尺)。

目测：均为 2 mm。

测距：均为 3～5 mm。

应用：

(1) 地形测量——碎部水准、区域水准、高程控制、等高线；

(2) 水准网测量——适用于一等至四等水准网；

(3) 公路、铁路建设——纵横断面、高程放样、后续监测；

(4) 工程、河道建设——油管、引水管定位，确定落差、放样；

(5) 结构变形观测——碎裂监测、桥梁横向弯曲、沉降监测；

(6) 地质和地面构造——板块运动及大面积沉降监测、地震后果分析。

3. 电子水准仪的特点

(1) 无疲劳观测及操作，只要照准标尺，聚焦后按动红色测量键即可完成标尺读数和视距测量。既使聚焦欠佳也不会影响标尺读数，因为标尺读数在很大程度上并不依赖于标尺编码的清晰度，但调焦清晰后可以提高测量速度。

(2) 采用 REC 模块自动记录和存储数据或直接连电脑操作。

(3) 能自动计算高差。

(4) 能快速量测并提取成果,提高生产效率。

(5) 含有用户测量程序、视准差检测改正程序及水准网平差程序。

(6) 全自动高精度,以电子方式量测铟钢合金条码标尺,GPCL3 铟瓦条码尺以激光干涉技术检验,能保证最佳精度。

思考题与习题

1. 水准测量的原理是什么?
2. 微倾式水准仪中各轴是怎样定义的?它们之间满足的几何条件是什么?为什么?
3. 什么是视差?它是怎样产生的?如何消除?
4. 水准测量应进行几项检核?各项检核起什么作用?
5. 水准测量时为什么要求前后视距尽量相等?
6. 水准路线的布设形式有几种?它们是怎样布设的。
7. 为了提高水准测量的精度,作业时要注意哪些问题和采取哪些措施?
8. 微倾式水准仪和自动安平式水准仪不同点是什么?操作中有什么区别?
9. 用图表示下图观测数据的地面起伏情况,并添表计算点的高程。

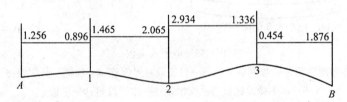

10. 根据下图水准路线的观测成果(图根水准),列表求出各点高程,并说明此成果是否满足要求。($H_A = 136.250$ m)

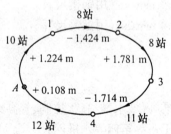

11. 根据下图水准测量的观测成果,已知 A 点高程 $H_A = 139.337$ m,B 点高程 $H_B = 145.926$ m,列表求出各点高程,并说明此成果是否满足要求。

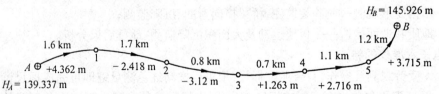

12. 由点 $A(H_A = 417.298$ m)、点 $B(H_B = 413.460$ m)开始向 Q 点进行图根水准测量,观测成果如下所示,试求高差闭合差及 Q 点高程,并说明此成果是否满足要求。

$$A \xrightarrow[D=1\,000\text{ m}]{h=-2.430\text{ m}} Q \xleftarrow[D=500\text{ m}]{h=+1.390\text{ m}} B$$

13. 从已知高程为 417.462 m 的 A 点向 B 点进行等外水准路线测量，共设 4 个站，观测结果为：$h_{AB}=+0.005$ m，$h_{BA}=+0.008$ m，试问此成果是否满足要求？并求 B 点高程为多少？

14. 安置水准仪在离 A、B 两点（两点距离为 80 m）等距处，A 尺的读值 $a_1=1.321$ m，B 尺读值为 $b_1=1.107$ m，然后搬仪器到 A 点附近，A 尺的读值 $a_2=1.695$ m，B 尺读值为 $b_2=1.466$ m。问水准管轴是否平行视准管轴？当水准管气泡居中时，视线向上还是向下？两轴交角 i 为多少？如何校正使其平行？

15. 设地面 A、B 两点，第一次水准仪靠近 A 点测定两点高差为 $+0.265$ m，第二次水准仪靠近 B 点测定两点高差为 $+0.289$ m，试判断视线偏在水平视线上还是下？为什么？如果仪器靠近 B 点时的 A 尺读值为 1.475 m，并且知道水准仪离 A 点 80 m，试问视准轴与水准管轴的交角 i 为多少？如何校正仪器使 $LL \parallel CC$？

第3章 角度测量

角度是确定地面点位的基本要素,测量上的角度分为水平角和竖直角。水平角用于解算点的平面位置,竖直角则用于测定高差或将倾斜距离改化成水平距离。

3.1 水平角测量原理

如图3.1所示,地面上的 O 点与 A、B 两点所夹的水平角是指过 O 点的铅垂线 OO_1,分别与 OA 方向线和 OB 方向线所构成的两竖直面与水平面 P 的交线 O_1A_1 与 O_1B_1 的夹角 β,即水平角定义为:一点到两目标的方向线所夹的水平角就是过这两方向线所做的两竖直面间的二面角。

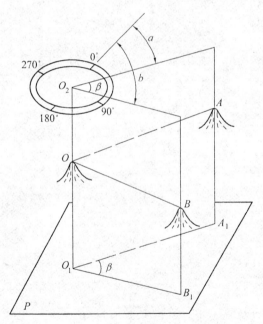

图3.1 水平角测量原理

以 OO_1 铅垂线上任一点 O_2 为中心,水平安置一个刻度盘,则两竖直面在水平刻度盘上截取的读数为 a 和 b,则水平角 β 为

$$\beta = b - a$$

测量水平角的仪器称之为经纬仪。经纬仪须具备望远镜、水平刻度盘和在水平刻度盘上读数的指标。为了瞄准不同的目标,望远镜不仅能沿水平方向转动,也能仰俯运动。指标随望远镜在水平方向转动,当望远镜瞄准某一点时,则可通过指标读出过该点的竖直面在水平刻度盘上截取的读数。

3.2 光学经纬仪

3.2.1 经纬仪概述

经纬仪按读数系统可分为游标经纬仪、光学经纬仪和电子经纬仪三种类型,目前使用的多为光学经纬仪。我国对国产经纬仪制定了系列标准,分为 DJ_1、DJ_2、DJ_6 等不同精度等级。D、J 分别为"大地测量"和"经纬仪"的汉语拼音的第一个字母,数字则表示该仪器所能达到的精度指标。如 DJ_6 表示该仪器的精度为室外一测回方向中误差不超过 ±6″。工程测量常用 DJ_6 级和 DJ_2 级光学经纬仪,本节主要介绍 DJ_6 级光学经纬仪的基本构造和使用方法,对 DJ_2 级光学经纬仪做简要介绍。

3.2.2 DJ_6 级光学经纬仪

1. 基本构造

DJ_6 级光学经纬仪主要由基座、水平度盘和照准部三部分构成。北京光学仪器厂生产的 DJ_6 级光学经纬仪如图 3.2 所示。

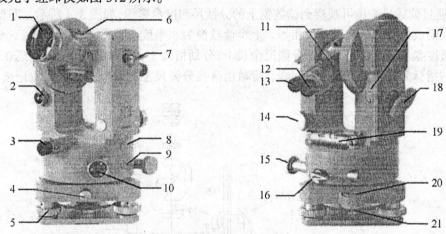

图 3.2　DJ_6 级光学经纬仪

1—望远镜物镜;2—补偿器锁紧轮;3—光学对中器目镜;4—基座锁紧轮;5—脚螺旋;6—粗瞄准器;7—望远镜制动螺旋;8、9—堵盖;10—转盘手轮;11—望远镜调焦筒;12—望远镜目镜;13—读数显微镜目镜;14—望远镜微动螺旋;15—水平微动螺旋;16—水平制动螺旋;17—指标差盖板;18—反光镜;19—照准部水准器;20—圆水准器;21—圆水准器校正螺丝

(1) 基座。基座是仪器的支承部分,借助连接螺旋使经纬仪与脚架结合。其上有三个脚螺旋用于整平仪器。旋紧基座锁紧轮可将照准部通过竖轴与基座连接。使用仪器时,切勿松动基座锁紧轮,以免照准部从基座上脱落。

(2) 水平度盘。水平度盘是由玻璃制成的圆环,在圆环上刻有一圈顺时针注记的分划线,用于测量水平角。

(3) 照准部。照准部位于基座的上方,可以绕竖轴在水平方向转动。照准部的主要部件有望远镜、水准器、读数系统和光学对中器。

望远镜安装在照准部支架上的横轴上，可绕横轴在竖直面内转动，用于瞄准目标。DJ_6级光学经纬仪望远镜的放大倍率一般为28倍，有正像和倒像两种类型。望远镜筒外装有粗瞄准器，用于寻找目标。望远镜筒上具有可转动的调焦筒，用于望远镜调焦。

水准器用于经纬仪的整平。水准器包括圆水准器和照准部水准管。圆水准器的分划值每2 mm为8′，用于粗略整平仪器。照准部水准管的分划值每2 mm为30″，用于精确整平仪器。

读数系统是经纬仪的主要组成部分，由水平度盘、竖直度盘、一系列光学元件组成的光路、读数显微镜和用于转动水平度盘的转盘手轮构成。

2. 分微尺读数设备及读数方法

图 3.3 为 DJ_6 级光学经纬仪分微尺读数的光路图。光路分水平度盘光路和竖直度盘光路。水平度盘光路的光线经反光镜 1、进光窗 2、折射棱镜 3、聚光镜 4 将水平度盘分划线照亮并经反射棱镜 5、水平度盘读数显微镜物镜组 6、折射棱镜 7、使水平度盘分划线成像在读数窗 8 的分划面上。竖直度盘光路的光线经反光镜 1、进光窗 2、反射棱镜 9 将竖直度盘分划线照亮，并经折射棱镜 10、竖直度盘读数显微镜物镜组 11、自动归零导板 12、折射棱镜 13、斜方棱镜 14，使竖直度盘分划线也成像在读数窗 8 的分划面上。两路光线经转像棱镜 15 进入读数显微镜。

通过读数显微镜可观察到读数窗上的分微尺和度盘影像，如图 3.4 所示。度盘上 1°的分划间隔成像后与分微尺全长相等。上半读数窗为水平度盘及其分微尺影像，下半读数窗为竖直度盘及其分微尺影像。分微尺全长 1°，分划格值 1′，每 10′注记，可估读至 0.1′即 6″。读数的指标为分微尺上的零分划线。度数由落在分微尺上的度盘分划线的注记读出，小于

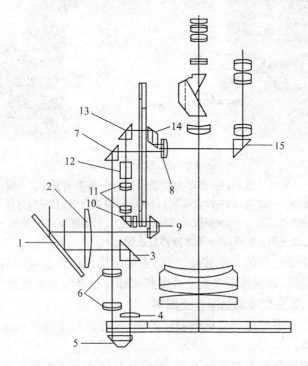

图 3.3 DJ_6 级光学经纬仪的光学系统

1°的数值,即分微尺上的零分划线至度盘分划线的读值,在分微尺上读出。图 3.4 中,落在分微尺上的水平度盘分划线的注记为 35°,该分划线在分微尺上的读数为 3.3′,即 3′18″,则水平度盘读数为 35°03′18″。同理,竖直度盘读数为 84°58′00″。

3.2.3 DJ$_2$ 级光学经纬仪

图 3.5 是苏州第一光学仪器厂生产的 DJ$_2$ 级光学经纬仪外貌图。DJ$_2$ 级光学经纬仪与 DJ$_6$ 级光学经纬仪相比较,除望远镜的放大倍数较大,照准部水准管的灵敏度较高,轴系要求较严格,度盘格值较小外,主要为读数设备的不同。其读数设备有如下两个特点:

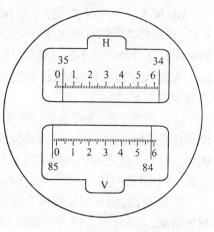

图 3.4 DJ$_6$ 级光学经纬仪的分微尺读数法

(1) DJ$_6$ 级光学经纬仪采用单指标读数,其读数存在照准部偏心误差的影响。DJ$_2$ 级光学经纬仪采用对径重合读数,即利用度盘上相差 180°的两个指标读数并取平均值,由此可以消除照准部偏心误差的影响。

(2) 读数显微镜只能看到水平度盘或竖直度盘的一种影像,可用换像手轮使其分别出现。

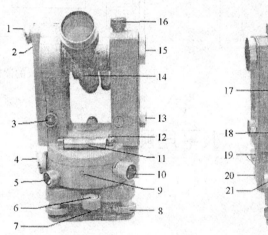

图 3.5 DJ$_2$ 级光学经纬仪

1—竖盘反光镜;2—指标差调整盖板;3—补偿器锁紧轮;4—水平度盘反光镜;5—水平制动螺旋;6—圆水准器;7—圆水准器校正螺丝;8—脚螺旋;9—水平盘堵盖;10—水平度盘变换手轮;11—照准部水准管;12—水准管校正螺丝;13—换像手轮;14—瞄准器;15—测微器手轮;16—望远镜制动螺旋;17—读数显微镜;18—望远镜微动螺旋;19—水平盘堵盖;20—水平盘底棱镜堵盖;21—水平微动螺旋;22—基座锁紧轮;23—光学对中器目镜;24—对中器校正螺丝;25—竖盘物镜调整盖板;26—望远镜目镜;27—望远镜物镜调焦螺旋

DJ_2级光学经纬仪在光路上对称设置了两块能做等速相反运动的光楔,它与测微手轮相连,转动测微手轮可使度盘对径180°处的影像相对移动,直至上、下分划线重合(图3.6),同时读数显微镜中的小窗的测微尺影像也在移动,其移动全程为度盘一格分划值的一半(即10′),测微尺左边注记为分数,右边注记为10″的倍数,测微尺分划格值1″,可估读至0.1″。读数方法如下:

转动测微手轮,使度盘对径影像相对移动,直至上、下分划线精确重合。找出正像在左,倒像在右,注记相差180°的分划线,读取正像注记的度数。正像注记分划线与其相差180°的倒像注记分划线之间的格数乘以10′,即为整10′的分数。根据小窗口的指标线,在测微尺中读取不到10′的分数和秒数。图3.6中的读数为:121°48′22″。

新型的DJ_2级光学经纬仪采用了数字化读数,如图3.7所示,下窗中为对径分划线重合后的影像,上窗中的数值为度和整10′(凹出处),可直接读出,其他不变,图中读数为:84°38′16″。

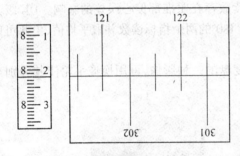
图3.6 DJ_2级光学经纬仪的读数法

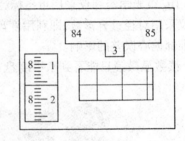
图3.7 DJ_2级光学经纬仪的读数法

3.3 水平角测量

3.3.1 经纬仪的基本操作

1.对中

对中的目的是使仪器的旋转中心与测站点位于同一铅垂线上。对中方法有垂球对中和光学对中。

(1)垂球对中。打开三脚架,并架设在测站点上,使三脚架张开的角度、高度适中,架头大致水平。将垂球挂在架头下面的连接螺旋的中心钩上,平移三脚架,使垂球尖大致对准测站点,并保持三脚架头大致水平,踩紧三脚架。仪器安放在架头上,并立即旋紧连接螺旋。在架头上平移仪器(略微松开连接螺旋),使垂球尖精确对准测站点,误差要在3 mm以内,旋紧连接螺旋。

(2)光学对中。光学对中的精度高于垂球对中的精度,虽操作较复杂,但应尽量采用光学对中。光学对中器的视线铅垂有赖于仪器的整平,因此,对中和整平是同时进行的。

仪器大致安置在测站点上,转动光学对中器的目镜,使光学对中器的分划板上的分划圈清晰,再拉伸对中器镜管,使得能同时看清地面点和分划圈。以操作者对面的一只三脚架腿为支点,目视对中器目镜,用双手将其他两只脚架腿略微提起移动,使分划圈中心对准地面点,将两脚架腿放下并将全部脚架腿踩紧,若分划圈中心与地面点略有偏差,则可转动脚螺旋使其重新对准,然后伸缩三脚架腿(用脚踩住架腿的踩板使之不离开地面),使基座上的圆气泡居中,这样初步完成了仪器的对中和粗略整平。然后使水准管气泡在相互垂直的两方向上大致居中,再检查分划圈中心与地面点是否有偏离,若有偏离,则可略微松开连接螺旋,平移基座使其精确对中,误差要在 1 mm 以内,再旋紧连接螺旋。

2. 整平

整平的目的是使仪器的竖轴铅垂,水平度盘水平。首先使圆水准器气泡居中(操作方法与水准仪相同),转动照准部,使水准管与任意一对脚螺旋大致平行,如图 3.8(a)所示,两手对向或反向转动脚螺旋使水准管气泡居中。然后将照准部转 90°,如图 3.8(b)所示,转动另一个脚螺旋使气泡居中。以上步骤重复 1~2 次,直到照准部转到任何位置,水准管气泡偏离不超过 1 格为止。

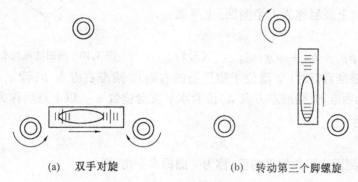

(a) 双手对旋　　　　　　　　(b) 转动第三个脚螺旋

图 3.8　经纬仪整平

3. 瞄准

松开望远镜制动螺旋,将望远镜指向天空,转动目镜使十字丝清晰(这项工作无需每次都做)。用望远镜上的瞄准器瞄准目标,旋紧望远镜制动螺旋和水平制动螺旋。转动望远镜调焦筒,使目标成像清晰。用望远镜微动螺旋和水平微动螺旋使目标位于望远镜视场的中央位置,并注意消除视差。然后转动水平微动螺旋,用十字丝竖丝精确瞄准目标。瞄准目标时,应尽量瞄准目标底部,使用竖丝的中间部分,用单丝平分目标,如图 3.9(a)所示,或用双丝夹准目标,如图 3.9(b)所示。

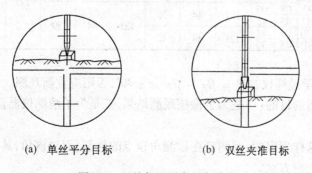

(a) 单丝平分目标　　　　　　(b) 双丝夹准目标

图 3.9　经纬仪观测水平角瞄准

4. 读数

调节反光镜的位置,使读数窗亮度适中。转动读数显微镜目镜,使度盘和分微尺影像清晰并注意消除视差,然后按前述的读数方法读数。

3.3.2 水平角测量方法

水平角测量常用的方法是测回法和方向观测法。

1. 测回法

测回法适用于测量两个方向之间的水平角,如图 3.10 所示。观测步骤如下:

(1) 盘左(瞄准目标时,竖盘位于望远镜的左侧)。瞄准左方点 A(角度量测的起始方向),读取水平度盘读数 $a_左$。顺时针转动照准部,瞄准右方点 B(角度量测的终止方向),读取水平度盘读数 $b_左$。以上观测称为上半测回。上半测回水平角为

$$\beta_左 = b_左 - a_左 \quad (3.1)$$

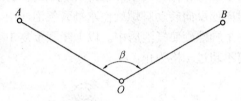

图 3.10 测回法观测水平角

(2) 盘右(瞄准目标时,竖盘位于望远镜的右侧)。瞄准右方点 B,读取水平度盘读数 $b_右$。逆时针转动照准部,瞄准左方点 A,读取水平度盘读数 $a_右$。以上观测称为下半测回。下半测回水平角为

$$\beta_右 = b_右 - a_右 \quad (3.2)$$

取上、下半测回水平角的平均值,称为一测回水平角,即

$$\beta = \frac{1}{2}(\beta_左 + \beta_右) \quad (3.3)$$

记录与计算见表 3.1。

表 3.1 水平角测量记录与计算表

测回数	测站	竖盘位置	目标	水平度盘读数			半测回角值			一测回角值			各测回平均角值			备注
				°	′	″	°	′	″	°	′	″	°	′	″	
1	O	左	A	0	02	54	121	44	12	121	44	21	121	44	30	
			B	121	47	06										
		右	A	180	02	18	121	44	30							
			B	301	46	48										
2	O	左	A	90	01	06	121	44	36	121	44	39				
			B	211	45	42										
		右	A	270	00	48	121	44	42							
			B	31	45	30										

对于 DJ_6 级光学经纬仪,$\Delta\beta = \beta_左 - \beta_右 \le \pm 40''$,否则应重新观测。

盘左、盘右观测的目的:一是为了检核观测结果,二是为了消除仪器误差对角度的影响,以提高观测精度。

左、右方点是这样规定的,观测者在欲测角顶点的外侧,面对该角,其左侧方向点为左方点,其右侧方向点为右方点。

计算水平角时,如果右方点读数小于左方点读数,则右方点读数加 360° 后再减左方点读数。

观测测回数大于一测回称为多测回观测。对于多测回观测,为了减小度盘分划误差的影响,各测回观测需改变水平度盘位置。第一测回,盘左起始方向水平度盘读数设置为 0° 或略大于 0°,第 n 测回设置为 $\frac{180°}{N} \times (n-1)$($N$ 为总测回数)。

对于 DJ_6 级光学经纬仪,同一水平角各测回互差不容许超过 $\pm 24''$。

水平度盘读数设置方法如下:

盘左瞄准起始方向点,按下转盘手轮卡簧,将转盘手轮按入后松开卡簧,转动转盘手轮,使读数为设置读数,然后按一下卡簧将转盘手轮弹出。

2. 方向观测法

方向观测法适用于测量 3 个以上方向之间的水平角,如图 3.11 所示,观测步骤如下:

(1) 盘左瞄准起始方向(亦称零方向)点 A,将水平度盘读数设置为 0° 或略大于 0°。精确瞄准 A 点,读取水平度盘读数。顺时针转动照准部,依次观测 B、C、D 点。再次瞄准 A 点(称为归零观测),读取水平度盘读数。

(2) 盘右仍从 A 点开始,逆时针转动照准部,依次观测 A、D、C、B、A 点。

一个测站只观测 3 个方向时,则不必归零观测。

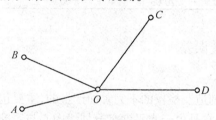

图 3.11　方向观测法观测水平角

对于方向观测法,有下列几项限差规定(见表 3.2)。由于 DJ_6 级光学经纬仪存在照准部偏心差的影响,所以没有 $2C$ 互差的要求。

表 3.2　方向观测法的几项限差

仪器	半测回归零差	一测回内 $2C$ 互差	同一方向值各测回互差
DJ_2	12″	18″	12″
DJ_6	18″		24″

方向观测法的记录与计算见表 3.3,计算方法如下:

两倍照准差 $2C$

$$2C = 盘左读数 - (盘右读数 \pm 180°)$$

方向值的平均值

$$平均值 = \frac{1}{2}[盘左读数 + (盘右读数 \pm 180°)]$$

归零方向值

$$归零方向值 = 平均值 - 起始方向平均值(括号内)$$

将相邻两归零方向值的平均值相减,得到水平角值。

表 3.3　方向观测法的记录与计算

测站	测回数	目标	读数 盘左	读数 盘右	2C	平均值	归零方向值	各测回归零方向值的平均值	备注
			° ′ ″	° ′ ″	″	° ′ ″	° ′ ″	° ′ ″	
O	1	A	0 02 12	180 02 00	+12	(0 02 10) 0 02 06	0 00 00	0 00 00	
		B	37 44 15	217 44 05	+10	37 44 10	37 42 00	37 42 04	
		C	110 29 04	290 28 52	+12	110 28 58	110 26 48	110 26 52	
		D	200 14 51	20 14 43	+8	200 14 47	200 12 37	200 12 33	
		A	0 02 18	180 02 08	+10	0 02 13			
	2	A	90 03 30	270 03 22	+8	(90 03 24) 90 03 26	0 00 00		
		B	127 45 34	307 45 28	+6	127 45 31	37 42 07		
		C	200 30 24	20 30 18	+6	200 30 21	110 26 57		
		D	290 15 57	110 15 49	+8	290 15 53	200 12 29		
		A	90 03 25	270 03 18	+7	90 03 22			

3.3.3　水平角测量误差

1. 仪器误差

仪器误差是由于仪器制造及检校的不完善而产生的，主要包括如下几项：

(1) 照准部偏心误差：它是由于水平度盘分划线中心与照准部旋转中心不重合造成的。

(2) 视准轴误差：视准轴与横轴不垂直而产生的偏差。

(3) 横轴误差：横轴与竖轴不垂直而产生的偏差。

(4) 竖轴误差：水准管轴与竖轴不垂直而产生的偏差。

(5) 水平度盘分划误差：由水平度盘分划线刻划不均匀而产生的误差。

前三项误差对水平角测量的影响，通过盘左、盘右观测取平均值的方法可以完全消除。竖轴误差的影响是不能用该方法消除的，这一影响与视线竖直角的大小成正比，要特别注意此项误差的检验与校正，并注意仪器的整平。水平度盘分划误差对水平角测量的影响较小，在多测回观测中，通过变换度盘位置，进行各测回观测并取其平均值，可以减弱该项误差的影响。

2. 观测误差

(1) 对中误差的影响。如图 3.12 所示，对中误差对水平角的影响与三个因素有关，观测距离 D，测站偏心距 e（对中误差），偏心角 θ。O 为测站点，O' 为仪器中心，β 为观测角，β' 为实际观测角。

由图 3.12 可得

$$\beta = \beta' + \varepsilon_1 + \varepsilon_2$$

对中误差的影响为

$$\varepsilon_1 + \varepsilon_2 = \beta - \beta'$$

因 ε_1 和 ε_2 很小，有

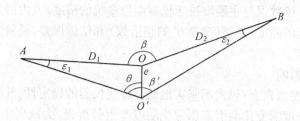

图 3.12 水平角对中误差

$$\varepsilon_1 = \frac{e \times \sin\theta}{D_1}\rho''; \varepsilon_2 = \frac{e \times \sin(\beta'-\theta)}{D_2}\rho''$$

其中,$\rho'' = \frac{180}{\pi} \times 3\,600'' = 206\,265''$。

所以

$$\varepsilon_1 + \varepsilon_2 = \rho'' e\left(\frac{\sin\theta}{D_1} + \frac{\sin(\beta'-\theta)}{D_2}\right)$$

当 $\theta = 90°, \beta' = 180°$ 时,影响最大,即

$$(\varepsilon_1 + \varepsilon_2)_{max} = \rho'' e\left(\frac{1}{D_1} + \frac{1}{D_2}\right)$$

例如,当 $D_1 = D_2 = 100$ m,$e = 3$ mm 时

$$(\varepsilon_1 + \varepsilon_2)_{max} = 206\,265'' \times 0.003 \times \left(\frac{1}{100} + \frac{1}{100}\right) = 12.4''$$

由以上分析可知,对中误差对水平角的影响与测站偏心距 e 成正比,与观测距离 D 成反比。因此,短距离观测时,要精确对中。

(2) 目标偏心误差的影响。测角时,目标点 B 上需垂直竖立标杆以指示观测方向。若标杆倾斜(图 3.13),实际瞄准的是标杆上的 B' 处,B'' 为 B' 在过点 B 的平面上的投影,e' 为目标偏心距,θ' 为目标偏心角,L 为 B' 至 B 的长度,γ 为标杆倾斜角。目标偏心误差的影响为

$$\eta = \frac{e' \times \sin\theta'}{D}\rho'' = \frac{L \times \sin\gamma \times \sin\theta'}{D}\rho''$$

当 $\theta' = 90°$ 时(即标杆倾斜方向与视线垂直),η 有最大值,即

$$\eta_{max} = \frac{L \times \sin\gamma}{D}\rho''$$

例如,当 $L = 1$ m,$\gamma = 1°$,$D = 100$ m 时

$$\eta_{max} = \frac{1 \times \sin 1°}{100} \times 206\,265'' = 36'$$

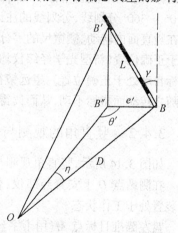

图 3.13 水平角瞄准误差

上例说明,该项误差的影响往往是水平角测量误差的最主要来源。瞄准标杆时,应尽量瞄准标杆底部,反之,应严格竖直标杆。

(3) 瞄准误差。瞄准误差主要来源于望远镜的放大率、人眼的分辨率、目标的形状、视场的亮度和视差的影响。对于 DJ_6 级光学经纬仪,十字丝的双丝角距一般约为 $30'$,在较好消除视差的前提下,经验上瞄准误差约为双丝角距的 1/10,即大约为 $3''$。

(4) 读数误差。读数误差主要取决于仪器读数系统的精度。人为因素主要有读数显微镜视差的影响、读数窗的亮度、凑整（读至 6″ 的整倍数）和估读误差。经验上读数误差约为分微尺格值的 1/10，即 6″。

3. 外界条件的影响

外界影响的主要因素有：风或不坚实地面会影响仪器的稳定性，气温的变化会影响仪器的使用性能，大气密度的变化会引起影像跳动或产生旁折光。为减弱上述影响，测量时要踩实三脚架，夏季观测应给仪器撑伞，选择有利的观测时间进行观测，以减小大气密度变化的影响。

3.4 竖直角测量

3.4.1 竖直角测量原理

竖直角是同一竖直面内视线与水平线间的夹角。其角值为 0°～90°。图 3.14 表示一个竖直剖面，视线向上倾斜，竖直角为仰角，符号为正；视线向下倾斜，为俯角，符号为负。

竖直角与水平角比较，其角值也是度盘上两个方向读数之差。不同的是竖直角的两个方向中必有一个是水平方向。望远镜视准轴水平，即处在水平方向时，竖盘读数是一个固定值（90° 或 270°）。因此，在观测竖直角时，只要观测一个目标点并读取竖盘读数，就可以计算出该目标点的竖直角，而不必观测水平方向。

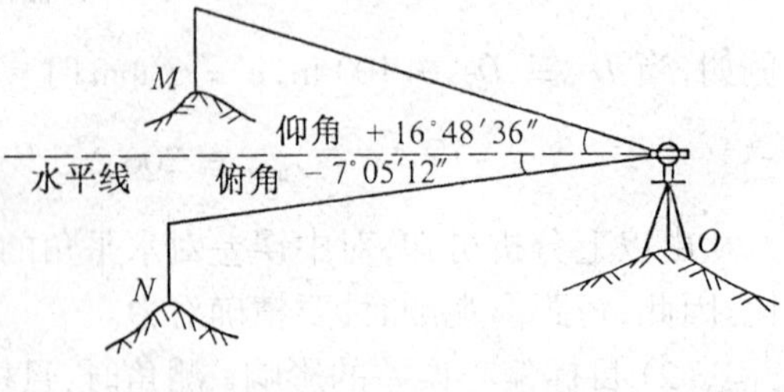

光学经纬仪的竖盘装置包括竖直度盘、竖盘指标水准管和竖盘指标水准管微动螺旋。竖直度盘是由玻璃制成的圆环，在圆环上刻有一圈 0°～360° 分划线，分划线的注记通常为顺时针方向。竖盘安装在横轴的一端，随望远镜一起在竖直面内转动。测微尺的零分划线是竖盘读数的指标，当指标水准管气泡居中时，指标处于正确位置（新型光学经纬仪均采用竖盘指标自动归零的补偿装置代替指标水准管，而使指标自动处于正确位置）。望远镜视准轴水平，竖盘读数应为 90° 或 270°，当望远镜转动时，竖盘随之转动而指标不动，从而读得望远镜不同位置的竖盘读数，以计算竖直角。

图 3.14 竖直角观测

3.4.2 竖直角的观测与计算

如图 3.14 所示，竖直角观测与计算方法如下：

在测站点 O 上安置经纬仪，使竖盘指标自动归零的补偿装置处于工作状态。

盘左瞄准目标点 M（用十字丝横丝精确瞄准标杆顶端，见图 3.15），读取竖盘读数。

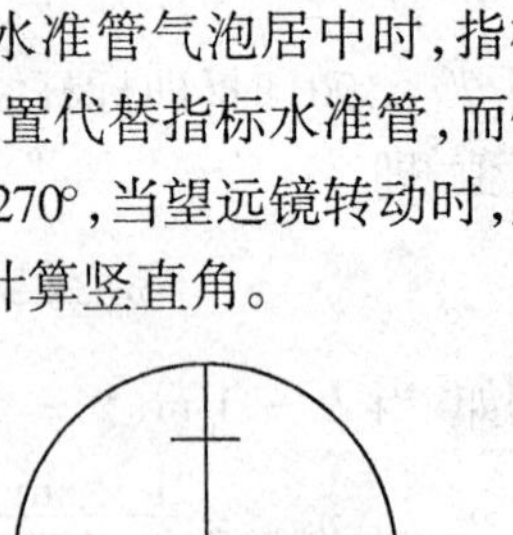

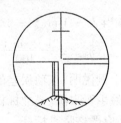

图 3.15 经纬仪测量竖直角瞄准

盘右瞄准目标点 M，读取竖盘读数。

以上观测为一测回观测，记录与计算见表 3.4。

竖直角计算公式按下述方法确定：当望远镜由水平方向向上转动，竖盘读数减小时，用水平方向读数减目标读数;当望远镜由水平方向向上转动,竖盘读数增大时,用目标读数减水平方向读数。图3.16所示为顺时针注记度盘,其计算公式为

上半测回竖直角 $\quad\quad\quad\quad\quad\quad\quad\quad \alpha_左 = 90° - L$ (3.4)

下半测回竖直角 $\quad\quad\quad\quad\quad\quad\quad\quad \alpha_右 = R - 270°$ (3.5)

一测回竖直角 $\quad\quad\quad\quad\quad\quad\quad\quad \alpha = \frac{1}{2}(\alpha_左 + \alpha_右)$ (3.6)

表3.4 竖直角观测记录与计算

测站	目标	竖盘位置	竖盘读数 °′″	半测回竖直角 °′″	一测回竖直角 °′″	指标差 ″	备注
O	M	左	73 41 12	16 18 48	16 18 36	-12	
		右	286 18 24	16 18 24			
	N	左	97 05 18	-7 05 18	-7 05 12	+06	
		右	262 54 54	-7 05 06			

3.4.3 竖盘指标差

上述竖直角的计算,是认为指标处于正确位置上,此时盘左水平方向读数为90°,盘右水平方向读数为270°。实际上,由于仪器制造方面的原因,指标不恰好指向90°或270°,而是与正确位置相差一个小角度x,x称为竖盘指标差。如图3.16所示,盘左、盘右水平方向读数为$90° + x$和$270° + x$,则正确的竖直角应为

$$\alpha = (90° + x) - L \quad (3.7)$$
$$\alpha = R - (270° + x) \quad (3.8)$$

将式(3.4)、(3.5)带入式(3.7)、(3.8),得

$$\alpha = \alpha_左 + x \quad (3.9)$$
$$\alpha = \alpha_右 - x \quad (3.10)$$

将式(3.9)、(3.10)相加并除以2,得

$$\alpha = \frac{1}{2}(\alpha_左 + \alpha_右) \quad (3.11)$$

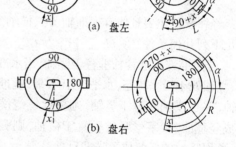

图3.16 竖盘指标差

式(3.11)与式(3.6)完全相同。可见在竖直角观测中,用盘左、盘右观测取平均值,可以消除竖盘指标差的影响。将式(3.9)、(3.10)相减,得

$$x = \frac{1}{2}(\alpha_右 - \alpha_左) \quad (3.12)$$

或将式(3.4)、(3.5)代入式(3.12),得

$$x = \frac{1}{2}(L + R - 360°) \quad (3.13)$$

指标差x可用于检查观测质量。在同一测站上观测不同目标时,指标差的变动范围对于DJ_6级经纬仪不容许超过±25″。另外,在精度要求不高的竖直角观测中,可先测定x值,盘左

观测以求得 $\alpha_{左}$，按式(3.9)计算竖直角。

3.4.4 竖盘指标自动归零的补偿装置

观测竖直角时，为使指标处于正确位置，每次读数都要将竖盘指标水准管气泡居中，这很不方便。所以新型经纬仪在竖盘光路中安装了竖盘指标自动归零的补偿装置，用以取代水准管，使仪器在一定的倾斜范围内能读得相当于竖盘指标水准管气泡居中时的读数，称竖盘指标自动归零。

竖盘指标自动归零的补偿原理与水准仪的自动安平的补偿原理基本相同。它是在指标 A 与竖盘间悬吊一透镜，当视线水平时，指标 A 处于铅垂位置，通过透镜 O 读出正确读数，例如 $90°$。当仪器略有倾斜，指标处于不正确位置 A' 处，但悬吊的透镜因重力作用而由 O 移到 O' 处。此时，指标 A' 通过透镜 O' 的边缘部分折射，仍能读出 $90°$ 读数，从而达到竖盘指标自动归零的目的(图 3.17)。

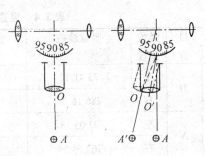

图 3.17 竖盘指标自动归零补偿装置

竖盘指标自动归零的补偿范围一般为 $2'$。

3.5 经纬仪的检验与校正

3.5.1 经纬仪的主要轴线及其应满足的几何条件

经纬仪的主要轴线有视准轴 CC、横轴 HH、竖轴 VV 和照准部水准管轴 LL。各轴线间应满足下列几何条件：① $LL \perp VV$；② $CC \perp HH$；③ $HH \perp VV$；④ 十字丝竖丝 $\perp HH$。

若照准部水准管轴垂直于竖轴，当水准管气泡居中，竖轴处于铅垂状态，水平度盘水平。视准轴垂直于横轴，并且横轴垂直于竖轴，则望远镜绕横轴旋转而形成竖直面。十字丝竖丝垂直于横轴，则测量水平角时，可用竖丝的任何位置瞄准目标。

3.5.2 经纬仪的检验与校正

1. 照准部水准管轴垂直于竖轴

检验：将仪器大致整平。转动照准部使水准管平行于一对脚螺旋的连线，用脚螺旋调节水准管气泡居中。照准部转 $180°$，此时若气泡仍然居中则说明条件满足，如果偏离量超过一格，需进行校正。

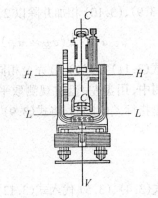

图 3.18 光学经纬仪的轴线

校正：如图 3.19(a)所示，水准管轴水平，但竖轴倾斜，设其与铅垂线的夹角为 α。将照准部转 $180°$，如图 3.19(b)所示，竖轴位置不变，但气泡不再居中，水准管轴与水平面的交角为

2α,通过气泡中心偏离水准管零点的格数表现出来。改正时,先用拨针拨动水准管校正螺丝,使气泡退回偏离量的一半,如图3.19(c)所示,此时照准部水准管轴垂直于竖轴。再用脚螺旋调节水准管气泡居中,如图3.19(d)所示,水准管轴水平,则竖轴竖直。

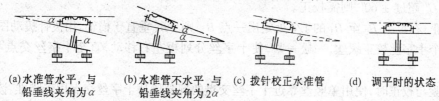

(a) 水准管水平,与　(b) 水准管不水平,与　(c) 拨针校正水准管　(d) 调平时的状态
　铅垂线夹角为α　　　铅垂线夹角为2α

图3.19　照准部水准管轴垂直于竖轴的检验与校正

此项检验的要求是,照准部转至任何位置,气泡中心偏离零点均不超过一格。

2. 十字丝竖丝垂直于横轴

检验:用十字丝竖丝一端(靠近交点处)瞄准P点,转动望远镜微动螺旋,如果P点不离开竖丝,则条件满足,否则(图3.20),需校正。

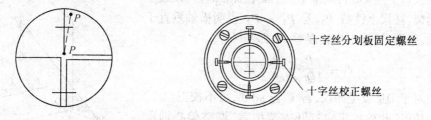

图3.20　十字丝竖丝垂直于横轴的检验与校正　　　图3.21　十字丝校正

校正:旋下目镜分划板护盖,稍微松开四个十字丝分划板固定螺丝(图3.21),沿圆周方向微量敲动固定螺丝,使分划板转动直至条件满足。然后旋紧固定螺丝,旋上护盖。

3. 视准轴垂直于横轴

检验:选一平坦场地,安置仪器于O点,距O点20~30 m处设置一清晰的标志点A,在B点处(A、O、B点在同一直线上)横置一根刻有毫米分划的尺,尺子与OB垂直,O点与尺的距离应尽可能远些,但以能估读出0.1 mm读数为佳,标志点A和尺应大致与仪器同高。

盘左瞄准A点,固定照准部,倒转望远镜,在尺上读数B_1(图3.22(a))。盘右再瞄准A点,固定照准部,倒转望远镜,又在尺上读数B_2(图3.22(b))。若$B_1 = B_2$,说明视准轴垂直于

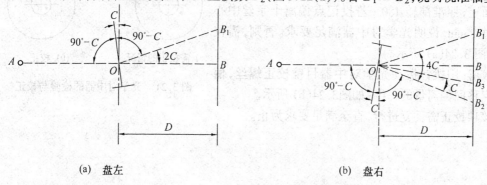

(a) 盘左　　　　　　　　　　　　(b) 盘右

图3.22　视准轴垂直于横轴的检验与校正

横轴。否则,计算出视准轴误差 C'',即

$$C'' = \frac{(B_2 - B_1)}{4D}\rho''$$

若 C'' 超过 $\pm 60'$,则需校正。

校正:在尺上 B_2 至 B_1 的 1/4 处定出一点 B_3,则 OB_3 垂直于横轴。用拨针拨动图 3.21 中左右两个十字丝校正螺丝,一松一紧,使十字丝分划板左右移动,直至十字丝交点与 B_3 重合。

检验与校正时,使用单竖丝靠近十字丝交点的部分代替十字丝交点用于瞄准、读数和校正。

4. 横轴垂直于竖轴

检验:如图 3.23 所示,离墙 10～20 m 处安置经纬仪,在墙面高处设置一标志点 P(仰角 $\alpha > 30°$),在 P 点正下方与仪器同高处放置刻有毫米分划的尺。

盘左瞄准 P 点,固定照准部,大致放平望远镜,在尺上读数 P_1。盘右再瞄准 P 点,固定照准部,大致放平望远镜,在尺上读数 P_2。若 $P_1 = P_2$,说明横轴垂直于竖轴。否则,计算出横轴误差 i'',即

$$i'' = \frac{P_2 - P_1}{2D \times \tan \alpha}\rho''$$

对于 DJ_6 级经纬仪,若 $i'' \leqslant \pm 30'$,可不校正。

校正:此项校正应打开支架护盖,调整偏心轴承环。如需校正,应交专业维修人员处理。

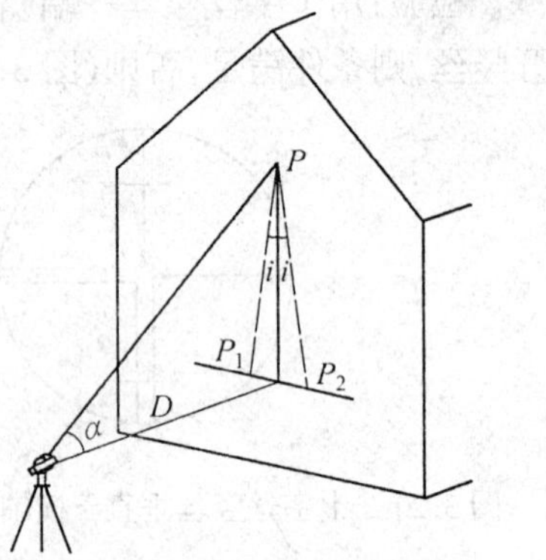

5. 竖盘指标差的检验与校正

检验:选一与仪器同高的目标,对该目标进行竖直角测量,用式(3.13)计算指标差 x。若 $x \geqslant \pm 1'$,则需校正。

图 3.23　横轴垂直于竖轴的检验与校正

校正:取下指标差盖板,可见仪器内部有两个带孔螺丝,松开其中一个螺丝,拧紧另一个螺丝能使竖直度盘光路中的平板玻璃产生转动,从而使竖盘分划线影像发生移动,直至盘右读数变为正确读数 $R - x$ 为止。

6. 光学对中器的检验与校正

检验:将光学对中器分划板上的十字丝中心投记到地面上,照准部转 180°,若投记点偏离十字丝中心不超过 1 mm,说明光学对中器满足要求。否则,需校正,如图 3.24(a) 所示。

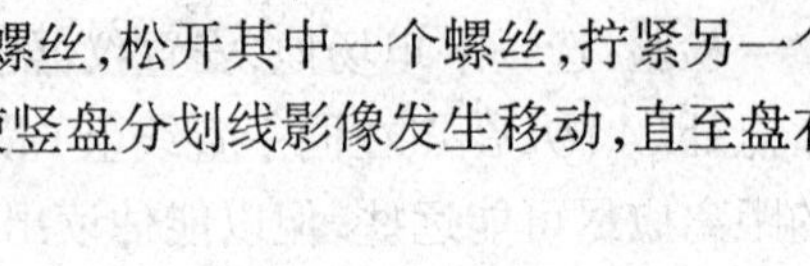

校正:用拨针拨动光学对中器目镜校正螺丝,使投记点移回偏离量的一半,如图3.24(b)所示。

该项校正需反复进行,直至满足要求为止。

(a) 需校正的情况　　(b) 校正

图 3.24　光学对中器的检验与校正

3.6 电子经纬仪简介

电子经纬仪与光学经纬仪的区别在于它用电子测角系统代替光学读数系统。电子测角系统采用的是编码度盘或光栅度盘,通过对度盘进行光电扫描,将光信号转换成电信号,并换算成角度。它的优点是能将测量结果自动显示,自动记录,实现了读数的自动化和数字化。电子经纬仪能够和光电测距仪组合成全站型电子速测仪,配合适当的接口,可将电子手簿记录的数据输入计算机,进行数据处理和绘图。

电子经纬仪自20世纪70年代问世以来,发展较快,形成了具有不同的电子测角系统和不同精度等级的多种型号的仪器系列,虽然具有使用方便和精度较高的特点,但由于早期的仪器价格较昂贵,在我国尚未广泛使用。近年来,随着光电技术和制造技术的进步,我国已经能够制造具有较优良性能和稳定质量的系列电子经纬仪,且价格仅略高于同精度的光学经纬仪,为电子经纬仪的广泛应用创造了条件。如同自动安平水准仪取代微倾式水准仪,电子经纬仪由于操作简便、读数准确,也将取代光学经纬仪成为角度测量的主流仪器。现就北京拓普康仪器有限公司制造的 DJD_5 型电子经纬仪作简要介绍。

3.6.1 DJD_5 型电子经纬仪

DJD_5 型电子经纬仪是北京拓普康仪器有限公司1997年产品,见图3.25。电子测角系统为光栅增量式测角,水平度盘采用双侧对径读数,可自动消除照准部偏心差。水平方向中误差为 ±5″。竖直角测量实现自动补偿,补偿范围为 ±3′。制动与微动采用同轴形式,望远镜调焦采用双速(快、慢速)调节。DJD_5 带有标准 RS-232C 串行信号端口,可与数据采集器或计算机进行数据传输,可与 TOPCON 公司的 DM 系列测距仪组合成全站仪。

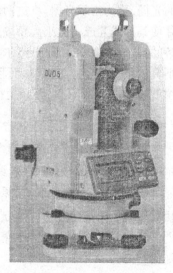

图 3.25　DJD_5 型电子经纬仪

3.6.2 光栅增量式测角原理

均匀地刻有许多等间隔细线的直尺或圆盘称为光栅盘。刻在直尺上用于直线测量的为直线光栅(图3.26),刻在圆盘上的等角距的光栅为径向光栅(图3.27)。光栅的基本参数是刻线密度(每毫米的刻线条数)和栅距。图3.26中光栅的栅线宽度为 a,缝隙宽度为 b,通常 $a = b, d = a + b$,称为栅距。栅线为不透光区,缝隙为透光区,在圆形光栅盘上下对应位置装上光源和接收器,并可随照准部相对于光栅盘移动,由计数器累计移动的栅距数,从而求得所转动的角度值。因为光栅盘上没有绝对度数,而是累计之数,因而称光栅盘为增量式度盘,此读数系统为增量式读数系统。

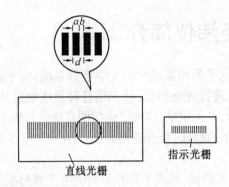

图 3.26　电子经纬仪测角系统的直线光栅　　图 3.27　电子经纬仪测角系统的径向光栅

一般光栅的栅距已很小,但分划值却仍然较大,如 80 mm 直径的度盘上,刻有 12 500 条线(刻线密度为 50 线/mm),其栅距的分划值为 $1'44''$。为了提高测角精度,必须再进行细分。但这样小的栅距不仅安装小于栅距的接收管困难,而且对这样小的栅距细分也很困难,必须设法使栅距放大,这就要采用莫尔条纹技术。

图 3.26 中,一小块具有与大块(主光栅)相同刻线宽度的光栅,称为指示光栅。将这两块密度相同的光栅重叠起来,并使其刻线互成一微小夹角 θ,这时就会出现较宽的明暗交替的条纹(图 3.28),称为莫尔条纹。当指示光栅横向移动,则莫尔条纹就会上下移动,而且每移动一个栅距 d,莫尔条纹就移动一个纹距 W。因 θ 角很小,则有

$$W = \frac{d}{\theta}$$

由上式可见,莫尔条纹的纹距比栅距放大了 $1/\theta$ 倍,莫尔纹距可以调得很大,再进行细分便可以提高精度。

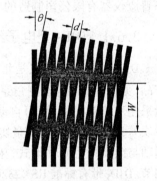

图 3.28　电子经纬仪光栅测角的莫尔条纹

测角时,主光栅盘不动,照准部连同指示光栅和传感器相对于主光栅横向移动。所形成的莫尔条纹也随之移动。设栅距的分划值为 δ,则纹距的分划值亦为 δ,在照准目标的过程中,可累计条纹移动的个数 n 和计数不足整条纹的小数 $\Delta\delta$,则角度值为

$$\beta = n\delta + \Delta\delta$$

思考题与习题

1. 水平角和竖直角各起什么作用?
2. 试述水平角和竖直角的观测原理。
3. 水平角观测有几种方法?它们之间有什么区别?
4. 什么是指标差?在竖直角观测中它起什么作用?
5. 利用盘左、盘右观测水平角和竖直角可以消除哪些误差的影响。
6. 经纬仪各轴是怎样定义的?它们之间应满足的几何关系是什么?为什么?
7. 采取哪些措施可以提高水平角的观测精度?
8. 经纬仪检验校正有哪几项?怎样进行检验?

9. 用 J_6 级光学经纬仪,以测回法测量水平角读值如下,试列表分别计算 β,此两角的结果是否满足要求(为什么)?

A:左:145°13′.0,右:325°12′.8 S:左:225°23′12″,右:45°23′48″

B:左:223°18′.6,右:43°18′.6 P:左:45°28′30″,右:225°28′24″

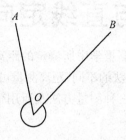
(a)

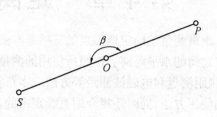
(b)

10. 用 J_6 级经纬仪在 O 点对 A、B 两目标进行竖直角观测,竖盘盘左、盘右读数分别为:$L_A = 81°18′42″$,$R_A = 278°41′12″$,$L_B = 84°20′30″$,$R_B = 275°39′06″$,列表计算 A、B 点的竖直角,并说明观测成果是否满足要求。

第4章 距离测量与直线定向

距离测量是确定地面点的三项基本测量工作之一,测量学中所测定的距离是指地面上两点之间的水平距离。按照所使用的测量仪器和测量方法的不同,距离测量可分为:钢尺量距、视距测量和电磁波测距等方法。本章将分别介绍这三种测量方法及所用仪器的有关原理和使用方法,同时还将介绍直线定向的基本知识。

4.1 钢尺量距

4.1.1 钢尺量距的一般方法

1. 量距的工具

钢尺量距所用的主要工具有:钢尺、标杆、测钎和垂球。钢尺一般分为 20 m、30 m、50 m 等几种,其基本分划为厘米,在整米、分米和厘米处都有注记,钢尺的最小分划为毫米,如图 4.1 所示。钢尺按尺上零点位置的不同,又分为端点尺和刻线尺。端点尺是以尺拉环的最外边缘作为尺的零点(图 4.2(a)),刻线尺是以尺前端零点刻线作为尺的零点(图 4.2(b))。

标杆一般长为 1~3 m,其上面每隔 20 cm 间隔涂以红、白漆(图 4.3(a)),用来标定直线的方向。测钎主要用来标定所测尺段的起点和终点位置,平坦地区还用来计算量过的整尺段数(图 4.3(b))。垂球主要用于倾斜地面量距时投点定位。

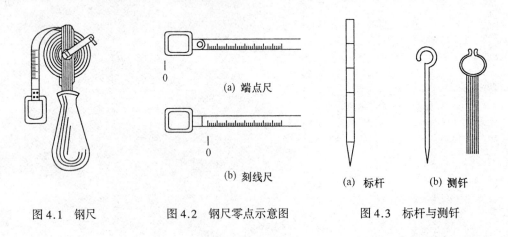

图 4.1 钢尺　　图 4.2 钢尺零点示意图　　图 4.3 标杆与测钎

2. 直线定线

当两待测点之间距离较长或地面高低起伏较大时,就必须分成若干个段来进行测量。即在两待定点连线方向上确定若干个分段点,竖立标杆或插测钎来标定直线的方向,同时也作为分段测量的依据。测量中将在直线方向上标定若干个分段点的工作,称为直线定线。

直线定线通常可分为目估定线和经纬仪定线两种方法。

对于精度要求不高的一般量距方法通常采用目估定线,精度要求较高的精密量距方法就必须使用经纬仪定线。

目估定线法如图 4.4 所示,要在待测距离的 A、B 两点之间确定 $1,2,\cdots$ 分段点,首先在 A、B 两点上竖立标杆,由测量员甲在 A 点以外 $1\sim2$ m 处指挥测量员乙手持标杆在 AB 方向线附近左、右移动标杆,直到 A、1、B 三点在一条直线上为止,并在地面上作标记,确定分段点。然后按此法依次确定 $2,3,\cdots$ 分段点。定线时要求相邻两分段点之间要小于或等于一个整尺段。目估定线法一般应由远而近来进行。

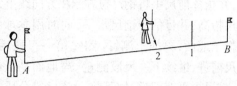

图 4.4　目估定线法

3. 量距方法

(1) 平坦地区的距离丈量。丈量前,首先清除直线方向上的障碍物,在两端点 A、B 处各钉一木桩,同时钉一小钉作标记,然后在 A、B 点处各竖立一标杆即可开始丈量。丈量时,后尺手手持一测钎并持尺的零点端位于 A 点,前尺手携带一束测钎,同时手持尺的末端沿 AB 方向前进,到一整尺段处停下,由后尺手指挥将钢尺拉直,并位于 AB 方向线上,这时后尺手将尺的零点对准 A 点,两人同时用力将钢尺拉平,前尺手在尺的末端处插一测钎作为标记,确定分段点,这样就完成了第一尺段的丈量工作(图 4.5)。然后后尺手持测钎与前尺手一起抬尺前进,依次丈量第 1、第 2、……、第 n 个整尺段,到最后不足一整尺段时,后尺手以尺的零点对准测钎,前尺手用钢尺对准 B 点并读数 q,则 AB 两点之间的水平距离为

$$D = n \times l + q \tag{4.1}$$

式中　n── 整尺段数(即后尺手手中的测钎数);

　　　l── 钢尺的整尺长度;

　　　q── 不足一整尺段的余长。

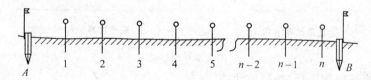

图 4.5　平地距离丈量

为防止错误和提高测量精度,需要往、返各丈量一次,将上述由 $A\to B$ 称为往测,则将由 $B\to A$ 称为返测,返测时要重新定线,并计算往、返丈量的相对误差,以衡量观测结果的精度,如果相对误差满足要求,则取往、返测平均值作为最后的丈量结果。往、返丈量距离之差 ΔD 的绝对值除以往、返测平均值,并化成分子为1,分母为整数的分数形式,即为距离丈量的相对精度,通常用 K 表示,即

$$K = \frac{|D_{往} - D_{返}|}{D_{平均}} = \frac{|\Delta D|}{D_{平均}} = \frac{1}{D_{平均}/|\Delta D|} = \frac{1}{N} \tag{4.2}$$

N 值越大,丈量结果的精度越高。对于平坦地区 $K \leq \dfrac{1}{3\,000}$,困难地区 $K \leq \dfrac{1}{2\,000}$。

(2) 倾斜地面的距离丈量。根据地势的情况，距离丈量有如下两种方法：

平量法：当地面高低起伏变化不大，但坡度变化不均匀时，可分段将钢尺拉平进行丈量，丈量时两次均由高到低进行，如图4.6所示，两次均由 A 到 B 进行丈量。丈量时后尺手立于 A 点，并指挥前尺手将钢尺拉在 AB 方向线上，然后后尺手将钢尺的零点对准 A 点，前尺手将钢尺抬高，并目估使钢尺水平，同时用垂球将尺段点投于地面，再插上测钎。测完第一尺段后，两人抬尺前进，继续下一尺段测量。当地面高低起伏较大，整尺拉平有困难时，可将一整尺段分成几个尺段来进行丈量（如图4.6中的 MN 段）。平量法，由于采用目估法使钢尺拉平，钢尺弯曲及投点误差的影响很大，所以测量的精度不高，两次丈量的相对误差 $K \leqslant 1/1\,000$。

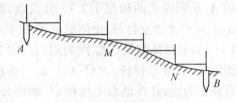

图4.6 平量法

斜量法：当地面高低起伏变化比较均匀时，可沿倾斜地面丈量出 A、B 两点之间的倾斜距离 L，然后再计算出水平距离 D。计算方法有如下两种：

① 用过 A、B 两点的竖直角进行计算。

用经纬仪测定过 A、B 两点的竖直角 α，如图4.7(a)所示，则水平距离 D 为

$$D = L\cos\alpha \tag{4.3}$$

② 用两点之间的高差进行计算。

用水准仪测定 A、B 两点之间的高差 h，如图4.7(b)所示，则水平距离 D 为

$$D = \sqrt{L^2 - h^2} \tag{4.4}$$

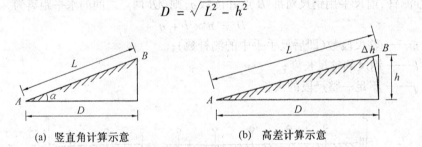

(a) 竖直角计算示意　　　　(b) 高差计算示意

图4.7 斜量法

将式(4.4)按级数展开，并取前两项，则有

$$D = L - \frac{h^2}{2L} = L + \Delta L_h \tag{4.5}$$

式中，ΔL_h 为高差改正，即 $\Delta L_h = -\frac{h^2}{2L}$。

4.1.2 钢尺量距的精密方法

当量距精度要求达到 $1/40\,000 \sim 1/10\,000$ 时，就要用精密方法进行丈量了。

1.钢尺精密量距的方法

(1) 经纬仪定线。丈量前，首先要清除直线方向上的障碍物，然后将经纬仪安置于 A 点，在 B 点竖立标杆，用经纬仪瞄准 B 点标杆，进行经纬仪定线，在视线方向上标定出略短于整尺段的分段点 $1,2,\cdots$ 并在各分段点处钉一木桩，桩顶高出地面 $3 \sim 5$ cm，如图4.8(a)所示，

同时在木桩顶沿视线方向和垂直于视线方向各划一条直线,形成"十"形,作为丈量的标志,如图4.8(b)所示。

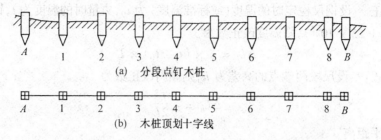

图 4.8　经纬仪定线

(2) 量距。用检定过的钢尺在相邻两木桩之间进行丈量,一般由两人拉尺,两人读数,一人记录。拉尺人员将钢尺置于相邻两木桩顶,并使钢尺的一侧对准"十"字线,后尺手同时用弹簧秤施加以标准拉力(30 m钢尺10 kg、50 m钢尺15 kg),准备好后,两读数人员同时读取钢尺读数(一般由后尺手或前尺手对准一整数时读数),要求估读至0.5 mm,记录人员将两读数记入手簿(表4.1)。用同样的方法变换钢尺位置并丈量3次,3次丈量结果的互差一般不得超过2～3 mm,如在容许范围内,则取3次丈量结果的平均值作为该尺段的最后成果。在尺段丈量期间要记录一次温度,估读至0.5 ℃,以用来计算温度改正。

表 4.1　精密丈量记录计算表

钢尺号 No:10　　钢尺膨胀系数 $\alpha = 1.25 \times 10^{-5}$　　钢尺检定温度 $t_0 = 20$ ℃
钢尺的名义长度 $l_0 = 30$ m　　钢尺的检定长度 $l' = 29.985$ m　　检定时拉力 10 kg

尺段编号	实测次数	前尺读数	后尺读数	尺段长度	温度	高差	尺长改正	温度改正	倾斜改正	改正后尺段长度
A1	1	29.9360	0.0500	29.9130	25.0	0.150	-15.0	+1.9	-0.4	29.9002
	2	.9520	0.0385	.9135						
	3	.9460	0.0315	.9145						
	平均值			29.9137						
...	...	...	...	...	...	...	...	...	...	...
	1	18.9750	0.0750	18.9000	26.5	0.24	-9.4	+1.5	-0.15	18.8903
	2	.9540	0.0545	.8995						
	3	.8000	0.0810	.8995						
	平均值			18.8997						
合计										198.356 8

(3) 桩顶间高差测量。上述方法测得的相邻桩之间的距离是桩顶之间的倾斜距离,为计算水平距离,需要知道各相邻桩顶之间的高差。高差测量应用水准测量按双仪高法或往、返各测一次均可。相邻桩顶两次高差之差的绝对值不应超过10 mm,若满足要求,则取其平均值作为最后的高差。

(4) 尺段长度计算。精密丈量时,每一尺段所测倾斜距离 L 都要进行尺长改正、温度改正和高差改正(倾斜改正),最后计算出尺段的实际水平距离 D。

尺长改正　设钢尺在标准温度($t_0 = 20$ ℃)、标准拉力(30 m钢尺10 kg、50 m钢尺15 kg)下的实际长度为 l',钢尺的名义长度(标定长度)为 l_0,两者之差 $\Delta l = l' - l_0$ 为整尺段的尺长改正数。则每尺段的尺长改正数为

$$\Delta L_l = \frac{\Delta l}{l_0} \times L \tag{4.6}$$

温度改正 设钢尺检定时的温度(或标准温度)为 t_0,丈量时的温度为 t,钢尺的膨胀系数为 $\alpha(\alpha = 1.25 \times 10^{-5})$,则温度改正数为

$$\Delta L_t = \alpha \times (t - t_0) \times L \tag{4.7}$$

倾斜改正 设尺段两端点的高差为 h,则倾斜改正数为

$$\Delta L_h = -\frac{h^2}{2L} \tag{4.8}$$

尺段水平距离

$$D = L + \Delta L_l + \Delta L_t + \Delta L_h \tag{4.9}$$

计算全长 将各尺段改正后的水平距离相加,即为 A、B 两点间往测水平距离 $D_{往}$。用同样方法观测,计算 A、B 两点间返测水平距离 $D_{返}$,则相对精度为

$$K = \frac{D_{往} - D_{返}}{D_{平均}} = \frac{|\Delta D|}{D_{平均}} = \frac{1}{D_{平均}/|\Delta D|} = \frac{1}{N} \tag{4.10}$$

若相对精度满足要求,取平均值作为 A、B 两点之间的实际水平距离,否则应重新丈量。

【例 4.1】 根据表 4.1 中的测量结果,以 $A1$ 段为例,计算结果如下:

尺段改正

$$\Delta L_l/\text{mm} = \frac{29.985 - 30}{30} \times 29.9137 = -15.0$$

温度改正

$$\Delta L_t/\text{mm} = 1.25 \times 10^{-5} \times (25.0℃ - 20℃) \times 29.9137 = 1.9$$

高差改正

$$\Delta L_h/\text{mm} = -\frac{0.150^2}{2 \times 29.9137} = -0.4$$

改正后尺段长度

$$D_{A1}/\text{m} = 29.9137 - 0.0150 + 0.0019 - 0.0004 = 29.9002$$

【例 4.2】 如果已知 A、B 两点之间往测总和 198.356 8 m,返测总和 198.354 3 m,则平均距离为 198.355 6 m,求其相对精度。

相对精度为

$$K = \frac{|198.3568 - 198.3543|}{198.3556} = \frac{0.0025}{198.3556} = \frac{1}{79\,342}$$

4.1.3 钢尺的检定

1. 尺长方程式

由于钢尺在制造时会产生制造误差,钢尺经过长期使用产生的变形误差,丈量时温度变化使钢尺膨胀产生的误差,以及拉力不一致产生的误差的综合影响,这些误差使得钢尺的实际长度与名义长度不相等,这样丈量的结果是名义长度而不是实际长度。为获得较准确的丈量结果,就必须对钢尺进行检定,计算出钢尺在标准温度和标准拉力下的实际长度,并给出钢尺的尺长方程式,以便于对钢尺的丈量结果进行改正,计算出丈量结果的实际长度。通常将钢尺的实际长度随温度而变化的函数式,称为钢尺的尺长方程式。其一般形式为

$$l_t = l_0 + \Delta l + \alpha \times (t - t_0) \times l_0$$

式中　　l_t——钢尺在温度 t 时的实际长度;

　　　　l_0——钢尺的名义长度(标定长度);

　　　　Δl——整尺段的尺长改正数;

　　　　α——钢尺的膨胀系数;

　　　　t_0——钢尺检定时的温度(或标准温度);

　　　　t——丈量距离时钢尺的温度。

2.钢尺的检定

钢尺的检定一般有两种方法。

方法一:是在两固定标志的检定场地进行检定,检定时要用弹簧秤(或挂重锤)施加一定的拉力(30 m 钢尺 10 kg,50 m 钢尺 15 kg),同时在检定时还要测定钢尺的温度。通常需要在两点间测量三个测回(往、返一次为一测回),求其平均值作为名义长度,最后通过计算给出钢尺的尺长方程式。

【例 4.3】 钢尺的名义长度为 30 m,在标准拉力下,在某检定场进行检定,已知两固定标志间的实际长度为 180.055 2 m,丈量结果为 180.021 4 m,检定时的温度为 12 ℃,求该钢尺 20 ℃ 时的尺长方程式。

钢尺在 12 ℃ 时的尺长改正数为

$$\Delta l/\text{m} = \frac{D' - D_0}{D_0} l_0 = \frac{180.055\ 2 - 180.021\ 4}{180.021\ 4} \times 30 = 0.005\ 6$$

钢尺在 12 ℃ 时的尺长方程式为

$$l_t/\text{m} = 30 + 0.005\ 6 + 1.25 \times 10^{-5} \times (t - 12) \times 30$$

钢尺在 20 ℃ 时的尺长改正数

$$l_{20\ ℃}/\text{m} = 30 + 0.005\ 6 + 1.25 \times 10^{-5} \times (20 - 12) \times 30 = 30 + 0.008\ 6$$

钢尺在 20 ℃ 时的尺长方程式为

$$l_t/\text{m} = 30 + 0.008\ 6 + 1.25 \times 10^{-5} \times (t - 20) \times 30$$

方法二:是在精度要求不高时,可用检定过的钢尺作为标准尺来进行检定,此法可在室内水泥地面上进行,首先在地面上约一整尺段位置作两标志点,用检定过的钢尺,在标准拉力下丈量两标志点的水平距离,再根据丈量距离对两标志点进行适当调整,使其长度等于标准尺的长度,然后用待检定的钢尺在标准拉力下,多次丈量两标志点的距离,并取平均值作为丈量结果。通过比对来求得待检定钢尺的尺长改正数,同时给出尺长方程式。

【例 4.4】 标准尺的尺长方程式为

$$l_t/\text{m} = 30 - 0.007 + 1.25 \times 10^{-5} \times (t - 20) \times 30$$

用其在地面上作两标记点,在标准拉力下丈量距离为 30 m,用待检定的钢尺在标准拉力下,多次丈量两标志的距离为 29.997 m,试求得待检定钢尺的尺长方程式。

$$\begin{aligned} l_t/\text{m} &= l_t + (30 - 29.997) = \\ &30 - 0.007 + 1.25 \times 10^{-5} \times (t - 20) \times 30 + 0.003 = \\ &30 - 0.004 + 1.25 \times 10^{-5} \times (t - 20) \times 30 \end{aligned}$$

4.1.4 量距误差

钢尺量距误差主要包括以下几个方面:定线误差、尺长误差、温度误差、倾斜误差、拉力误差和丈量误差。

1. 定线误差

定线时,各分段点位置偏离直线方向,这时丈量的距离是折线距离而不是直线距离,使得丈量结果总是偏大,这种误差称为定线误差,如图4.9所示。

定线误差与倾斜地面丈量时的影响相类似,不同之处在于前者是在水平面上偏离直线方向,后者则是在竖直面上的倾斜,因此,倾斜改正式(4.8)也适用于定线误差的计算,但定线误差左、右均存在,其误差较大,是式(4.8)的4倍,则定线误差为

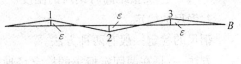

图4.9 定线误差

$$\Delta l_\varepsilon = -\frac{2 \times \varepsilon^2}{l}$$

2. 尺长误差

钢尺的实际长度与名义长度不一致,对丈量结果产生的误差称为尺长误差。尺长误差属于系统误差,具有累积性。因此,丈量前必须对钢尺进行检定,给出钢尺的尺长方程式。在计算时就可以根据尺长改正数 Δl 进行改正。对于精度要求相对较低的丈量,检定的精度应小于 $1 \sim 3$ mm,精密丈量时,尺长改正数的检定精度应精确到 0.1 mm。

3. 温度误差

丈量时温度发生变化,使得钢尺的长度随之发生变化,对丈量结果产生的误差称为温度误差。因此,量距时要测定温度。

例如,丈量距离为 30 m,温度变化 1 ℃,则温度改正数为

$$\Delta l_t / \text{m} = 1.25 \times 10^{-5} \times 1 \times 30 = 0.000\ 4$$

丈量的距离越长、温度变化越大,温度误差也就越大。

4. 倾斜误差

沿倾斜地面丈量时,所测距离为倾斜距离,而不是水平距离。因此,必须测定竖直角或高差来进行倾斜改正。

将式(4.8)同时除以 L,并取绝对值,则

$$\frac{\Delta L_h}{L} = \frac{h^2}{2L^2} \approx \frac{h^2}{2D^2}$$

设地面坡度为 i,则

$$i = \frac{h}{D}$$

则

$$\frac{\Delta L_h}{L} = \frac{i^2}{2}$$

当丈量精度为 $1/3\ 000$ 时,地面坡度小于 1.4%,可以不考虑倾斜误差的影响。但当丈量精度要求较高或地面坡度 $i \geq \pm 1.4\%$ 时,应进行倾斜改正。

第4章 距离测量与直线定向

5. 丈量误差

丈量误差主要包括三方面:丈量时,每尺段端点所插测钎位置是否正确,丈量时每段标志是否对准及零尺段的读数误差。此外,还有拉力误差以及风力使尺子弯曲误差等。

4.2 视距测量

视距测量是利用望远镜内十字丝分划板上的视距丝在视距尺(或水准尺)上进行读数,根据几何光学和三角学原理,同时测定水平距离和高差的一种方法。该方法具有操作简便、速度快、不受地形起伏变化限制等优点,但相对精度较低,约为 1/300 ~ 1/200,只能满足碎步测量的精度要求,因此,视距测量广泛应用于碎步测量工作中。

目前,国内外各厂商生产的经纬仪、水准仪其十字丝分划板上均刻有上、下两条水平的短丝,称为视距丝。用视距丝配合视距尺(或水准尺)即可进行视距测量。本节主要介绍视距测量的原理及应用实例和注意事项。

4.2.1 视距测量的原理

1. 视线水平时计算水平距离和高差的公式

(1) 水平距离的计算公式。如图 4.10 所示,欲测定 A、B 两点之间的水平距离 D 和高差 h,首先在 A 点安置经纬仪,在 B 点竖立视距尺(或水准尺),用望远镜瞄准 B 点的视距尺(或水准尺),设置水平视线,这时水平视线与视距尺(或水准尺)相互垂直,视距丝 m、n 在视距尺(或水准尺)上读数 M、N。M、N 两点读数之差,即两视距丝在视距尺(或水准尺)上读数之差,称为尺间隔,用 l 表示。

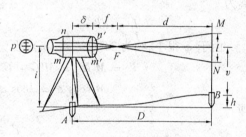

图 4.10 视距测量原理

设 p 为视距丝间隔,f 为望远镜物镜焦距,δ 为物镜中心至仪器中心的距离。图中 $\triangle Fm'n'$ 和 $\triangle FMN$ 为相似三角形,则

$$\frac{f}{d} = \frac{p}{l}$$

$$d = \frac{f}{p} l$$

则

$$D = d + f + \delta = \frac{f}{p} l + f + \delta$$

令 $K = \dfrac{f}{p}$,$c = f + \delta$,则水平距离为

$$D = Kl + c$$

式中　K——视距乘常数,$K = 100$;

　　　c——视距加常数,目前生产的经纬仪的望远镜均为内对光望远镜,$c \approx 0$。

因此,水平距离为

$$D = Kl \tag{4.11}$$

(2) 高差的计算公式。由图 4.10 可知
$$h + v = i$$
$$h = i - v \tag{4.12}$$

其中　　i——仪器高,是指地面点到经纬仪横轴中心的高度;

　　　　v——中丝在视距尺(或水准尺)上读数。

2. 视线倾斜时计算水平距离和高差的公式

(1) 水平距离的计算公式。当地面高低起伏较大时,必须使经纬仪视线倾斜才能在视距尺(或水准尺)上读数,如图 4.11 所示。为求得计算水平距离的公式,可以先将视距尺(或水准尺)以中丝读数点为基点旋转 α 角,使视距尺(或水准尺)由 Ⅰ 位置旋转到 Ⅱ 位置,这时的视线与视距尺(或水准尺)相互垂直,视距丝在视距尺(或水准尺)上的读数也由 M、N 变为 M'、N',即在 Ⅱ 位置时的尺间隔为 l',则倾斜距离为

$$L = Kl'$$

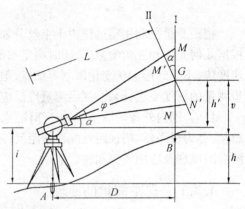

图 4.11　视线倾斜时视距测量原理

由于 φ 很小,约为 $34'23''(34.38')$,故 $\angle GM'M$ 和 $\angle GN'N$ 近似等于 $90°$,则

$$l' = M'N' = M'G + GN' = MG\cos \alpha + GN\cos \alpha = MN\cos \alpha = l\cos \alpha$$

即
$$l' = l\cos \alpha$$
$$L = Kl\cos \alpha$$

所以,A、B 两点之间的水平距离为

$$D = L\cos \alpha = Kl\cos^2 \alpha \tag{4.13}$$

当 $\alpha = 0°$ 时,$D = Kl$,即为视线水平时计算水平距离的公式。

(2) 高差的计算公式。由图 4.11 可知
$$D\tan \alpha + i = h + v$$
$$h = D\tan \alpha + i - v \tag{4.14}$$

或者
$$L\sin \alpha + i = h + v$$
$$h = L\sin \alpha + i - v = Kl\sin \alpha \cos \alpha + i - v$$

即
$$h = \frac{1}{2} Kl\sin 2\alpha + i - v \tag{4.15}$$

上式中当 $\alpha = 0°$ 时,$h = i - v$,即为视线水平时计算高差的公式。因此,式(4.13)、(4.14)、(4.15)是视距测量的基本公式。

4.2.2　视距测量的观测与计算

视距测量观测一般按以下步骤进行:

(1) 在测站点 A 安置经纬仪,量取仪器高 i,在 B 点竖立视距尺(或水准尺)。
(2) 转动照准部,瞄准 B 点视距尺(或水准尺),分别读取中丝、上丝、下丝读数,读至毫米级,要求 $\frac{1}{2}(M+N) - v \leq \pm 3$ mm,同时计算尺间隔 l 为

$$l = |M - N|$$

(3) 调节竖盘水准管气泡调节螺旋使水准管气泡居中,或打开竖盘自动补偿开关,使竖盘指标线处于正确位置,读取竖盘读数 L(或 R),计算竖直角

$$\alpha = 90° - L$$

或

$$\alpha = R - 270°$$

(4) 按式(4.13)、(4.14)、(4.15)计算水平距离和高差。

【例】

$i = 1.450$ m, $v = 1.450$ m, $M = 1.687$ m, $N = 1.214$ m, $L = 87°53'$

$l = |M - N| = 0.473$ m

$\alpha = 90° - L = + 2°07'$

$D = Kl\cos^2\alpha = 47.2$ m

$h = D\tan\alpha + i - v = 1.75$ m

$h = \frac{1}{2}Kl\sin 2\alpha + i - v = 1.75$ m

4.2.3 视距测量的误差及注意事项

视距测量的精度较低,一般为 1/300 ~ 1/200,只能满足地形测量的精度要求。

1. 视距测量的误差

(1) 读数误差。用视距丝在水准尺上读数的误差与水准尺的最小分划线的宽度、经纬仪至水准尺的距离及望远镜的放大倍率等因素有关,因此读数误差的大小与所使用的经纬仪及作业条件而定。

(2) 水准尺倾斜所引起的误差。当水准尺倾斜时,将直接影响到视距丝在水准尺上的读数,设水准尺倾斜角度为 θ,相应尺间隔为 l',水准尺竖直时尺间隔为 l,则

$$l' = \frac{l\cos\alpha}{\cos(\alpha \pm \theta)}$$

此时水平距离为

$$D' = Kl'\cos^2\alpha = Kl\cos^2\alpha \frac{\cos\alpha}{\cos(\alpha \pm \theta)} = D\frac{\cos\alpha}{\cos(\alpha \pm \theta)}$$

则水平距离的误差为

$$\Delta D = D' - D = D \times \left[\frac{\cos\alpha}{\cos(\alpha \pm \theta)} - 1\right]$$

用相对误差表示为

$$\frac{\Delta D}{D} = \frac{\cos\alpha}{\cos(\alpha \pm \theta)} - 1$$

当 $D = 100$ m、$\alpha = 5°$、$\theta = \pm 2°$ 时,$\frac{\Delta D}{D} = 1/410 \sim 1/272$。因此,水准尺倾斜对水平距离的影响较大,观测时应尽可能将水准尺竖直。

当水准尺倾斜时,对高差也会产生影响。设水准尺倾斜角度为 θ,相应中丝读数为 v',水准尺竖直时中丝读数为 v,则

$$v' = \frac{v\cos \alpha}{\cos(\alpha \pm \theta)}$$

则高差的误差为

$$\Delta h = h' - h = (D'\tan \alpha + i - v') - (D\tan \alpha + i - v) =$$
$$(D\tan \alpha - v)\left[\frac{\cos \alpha}{\cos(\alpha \pm \theta)} - 1\right]$$

当 $D = 100$ m、$\alpha = 5°$、$\theta = \pm 2°$ 时,$\Delta h = \pm 0.02$ m。

(3) 垂直折光的影响。地球表面上高度不同的区域内的空气密度不同,对光线的折射影响也不一样,视线越接近地面,垂直折光的影响越大,因此,应采用抬高视线或选择有利的气象条件下进行视距测量。

(4) 竖直角观测误差对视距测量的影响。设竖直角观测误差为 $\Delta \alpha$,对水平距离影响为

$$\Delta D = -2Kl\cos \alpha \sin \alpha \frac{\Delta \alpha}{\rho}$$

用相对误差表示为

$$\frac{\Delta D}{D} = -2\tan \alpha \frac{\Delta \alpha}{\rho}$$

对高差测量的影响为

$$\Delta h = D\sec^2 \alpha \frac{\Delta \alpha}{\rho}$$

当 $\alpha = 5°$、$D = 100$ m、$\Delta \alpha = 1'$ 时,$\Delta h = 3$ cm。

在视距测量时,一般只用盘左(或盘右)一个位置进行测量,且竖直角又不加指标差改正,因此,在进行测量之前必须先进行竖盘指标差的检验与校正,使其满足要求。

此外,视距乘常数,水准尺的分划误差,中丝、上丝、下丝的估读误差及风力使水准尺抖动等,对视距测量的精度都有影响。

2. 注意事项

(1) 观测时应抬高视线,使视线距地面在 1 m 以上,以减少垂直折光的影响。

(2) 为减少水准尺倾斜误差的影响,在立尺时应将水准尺竖直,尽量采用带有水准器的水准尺。

(3) 水准尺一般应选择整尺,如用塔尺,应注意检查各节的接头处是否正确。

(4) 竖直角观测时,应注意将竖盘水准管气泡居中或将竖盘自动补偿开关打开,在观测前,应对竖盘指标差进行检验与校正,确保竖盘指标差满足要求。

(5) 观测时应选择风力较小,成像较稳定的情况下进行。

4.3 电磁波测量距离

电磁波测距是以电磁波作为载波,传输光信号来测量距离的一种方法,也就是利用光的传播速度和时间来测量距离。目前的中短程测距仪均采用红外光作为载波。电磁波测距是 20 世纪 50 年代问世的一种新型测量距离的方法,现在已广泛应用于大地测量、工程测量、普

通测量和地籍测量工作中。电磁波测距与钢尺量距、视距测量方法相比具有测程长、速度快、精度高和不受地形条件限制等优点。

4.3.1 测距原理

红外测距仪是采用 CaAs(砷化镓)发光二极管发射红外光作为光源,其测距原理如图 4.12 所示,欲测定 A、B 两点之间的水平距离 D,则只需在 A 点安置测距仪,在 B 点安置反光棱镜(反光镜),测距仪发出一束红外光由 A 到达 B,再由 B 点反光镜反射回到 A 点测距仪处,被测距仪接收。则 A、B 两点之间的水平距离 D 为

$$D = \frac{1}{2}ct \tag{4.16}$$

式中 c 为光线在大气中的传播速度,t 为往、返时间。

由上式可知,测距精度主要取决于测定时间的精度,如果要保证测距精度为 0.1 m,则测量时间的精度要精确到 6.7×10^{-11} s,要达到这样高的计时精度是非常困难的。现代测距仪均为相位式测距仪,将距离与时间的关系转化为距离与相位的关系,通过测定发射时和接收时的相位差来测量距离。

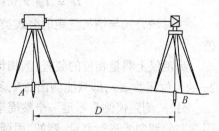

图 4.12 电磁波测距

为测定相位差,通常在发光二极管上加上频率为 f 的交变电压,这时发光二极管发射出来的光强就随注入的交变电流呈正弦波变化,这种光称为调制光。调制光的频率为 f,则周期为 $T = 1/f$,相位差为 2π,一周期的波长为 $\lambda = cT = c/f$,则

$$c = \lambda f$$

如图 4.13 所示,测距仪在 A 点发射调制光,在 B 点安置反光镜,该调制光在 A、B 两点之间往、返传播。为说明问题方便,可将图中 B 点的反光镜处反射回的光线沿 A、B 延长线方向展开至 A' 点,则 AA' 的距离为 $2D$。

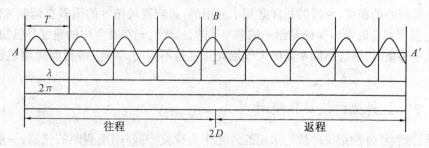

图 4.13 相位测量原理

设调制光在 2 倍距离上的传播时间为 t,则测距仪从发射调制光到接收到回光信号时调制光所经过的相位为

$$\varphi = 2\pi ft$$

故

$$t = \frac{\varphi}{2\pi f}$$

从图 4.13 可知,φ 可以用 N 个整周期相位($N \times 2\pi$)和一个不足整周期的相位尾数($\Delta \varphi$)之和来表示,即

$$\varphi = N \times 2\pi + \Delta\varphi = 2\pi(N + \frac{\Delta\varphi}{2\pi}) = 2\pi(N + \Delta N)$$

式中 ΔN 为不足一个整周期的比例数,则

$$D = \frac{\lambda}{2}(N + \Delta N) = \frac{c}{2f}(N + \frac{\Delta\varphi}{2\pi}) \tag{4.17}$$

式(4.17)为相位法测距的基本公式,在该式中 c、f 为已知值,则只需要知道整周期数 N 和不足一个整周期的相位尾数 $\Delta\varphi$,就可以求得距离。

在上式中设 $l_{测} = \lambda/2$,称为测尺长度,则

$$D = l_{测} \times (N + \Delta N) = N \times l_{测} + \Delta N \times l_{测} \tag{4.18}$$

这时该公式与钢尺量距的公式类似,即 N 为整尺段数,$\Delta N \times l_{测}$ 为不足一整尺段的余长值。

测距仪上测量相位的装置(测相计),只能分辨 $0 \sim 2\pi$ 的相位变化,所以只能测量出不足 2π 的相位尾数 $\Delta\varphi$,即只能测出 ΔN,不能测出 N 值。

另外,测距仪测量不足一个整周期的精度只能达到 1/1 000,为精确测距,就必须采用不同频率的调制光进行测量。例如,用调制光的频率为 15 MHz,测尺长度为 10 m 的调制光作为精测尺来测量小于 10 m 的距离,用调制光的频率为 150 MHz,测尺长度为 1 000 m 的调制光作为粗测尺来测量十米位和百米位距离。但测尺越长,测相精度越低,测距误差也就越大。为满足测程和精度的要求,测距仪都选用几个测尺配合测距,用长测尺测量距离的大数,用短测尺测量距离的精确小数(尾数部分)。

例如,在 1 km 的短程红外测距仪上,一般采用 10 m 和 1 000 m 两把测尺相互配合进行测量,以 10 m 测尺作为精测尺测定米位以下距离,以 1 000 m 测尺作为粗测尺测定十米位和百米位距离,如实测距离为 543.756 m,精测显示为 3.756 m;粗测显示为 540 m;仪器显示的距离为 543.756 m。

长距离的测距仪可采用三把光尺相互配合进行测距。

为保证测距的精度,测尺的长度必须十分精确。影响测尺精度的因素有调制光的频率 f 和光速 c。仪器制造时可以保证调制光的频率 f 的稳定性,光在真空中的速度是已知的,但光线在大气中传播时,通过不同密度的大气层其速度是不同的。因此,测得的距离还须加气象改正。

4.3.2 红外测距仪及其使用

目前,短程红外测距仪一般均采用红外光作为载波。专门用于测距的仪器,一般体积都较小,所以大多数测距仪都安装在经纬仪上,同时完成测角和测距,不同的生产厂家生产的测距仪,其结构和操作方法差异也很大。所以在操作仪器之前,必须阅读仪器的操作说明,按说明书的要求进行操作。

测距时的操作一般有以下几项:

1. 安置仪器

(1)在待测距离的一端安置经纬仪和测距仪,经纬仪的安置包括对中和整平。

(2)从测距仪箱中取出测距仪,安置在经纬仪上方,不同类型的测距仪其连接方法有所不同,应参照说明书进行。

（3）打开测距仪开关，检查仪器是否正常工作。

（4）将反光镜安置在待测距离的另一端，进行对中和整平，并将棱镜对准测距仪方向。

2. 距离测量

（1）用经纬仪望远镜瞄准目标棱镜下方的觇板中心，并测定视线方向的竖直角。

（2）由于测距仪的光轴与经纬仪的视线不一定完全平行，因此还须调节测距仪的调节螺旋，使测距仪瞄准反光棱镜中心。

（3）按测距仪上的测量键，就可以进行距离测量，并显示测量结果。

3. 测距成果整理

测距仪测量的结果是仪器到目标的倾斜距离，要求得水平距离需要进行如下改正。

（1）加常数、乘常数改正。仪器加常数 C 主要是由于仪器中心与发射光位置不一致产生的差值；乘常数 R 是仪器的主振荡频率变化造成的。加常数改正与距离无关，乘常数改正与距离成正比，即

$$\Delta L_C = C$$
$$\Delta L_R = R \times L \tag{4.19}$$

（2）气象改正。仪器在制造时是按标准温度和标准气压而设计的，但实际测量时的温度和气压与标准值是有一定差别的，一般测距仪都提供气象改正公式，用于进行气象改正。

如日本 REDmini 测距仪的气象改正公式为

$$A/\text{km} = \left(278.96 - \frac{0.387\,1 \times P}{1 + 0.003\,661 \times t}\right) \tag{4.20}$$

气象改正数与距离成正比，则气象改正数为

$$\Delta L_A = A \times L \tag{4.21}$$

（3）倾斜距离计算。观测值加上上述三项改正数后所得的距离为改正后的倾斜距离，即

$$S = L + \Delta L_C + \Delta L_R + \Delta L_A \tag{4.22}$$

（4）水平距离计算。经上述改正计算的距离为仪器中心到反光镜中心的倾斜距离，因此还须用竖直角（α）或天顶距（Z）计算水平距离为

$$D = S\cos\alpha$$
$$D = S\sin Z \tag{4.23}$$

4.3.3 REDmini 短程测距仪介绍及其使用

1. REDmini 短程测距仪

图 4.14（a）所示是该机的主机，图 4.14（b）是安装在经纬仪上的情况，图 4.15 是反光镜。

2. REDmini 测距仪测距方法

（1）测距仪安置。

① 在待测距离的一端安置经纬仪，进行对中、整平。

② 打开测距仪箱，取出测距仪，安置在经纬仪上方，安置时，首先将测距仪支架下的插座对准经纬仪上方的插栓并插好，然后拧紧固定螺丝。

③ 将电池盒挂在经纬仪三脚架上，并将电缆插头插在测距仪电源插座上。

④ 按测距仪上的电源开关"POWER"键接通电源，这时测距仪显示窗显示"8888888"，约 5 s，表示测距仪工作正常，可以进行测量。

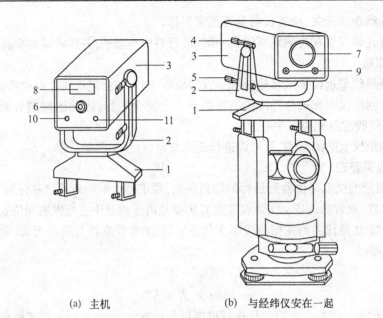

(a) 主机　　　　　(b) 与经纬仪安在一起

图 4.14　REDmini 短程测距仪

1—支架座；2—支架；3—主机；4—竖直制动螺丝；5—竖直微动螺丝；6—目镜；
7—物镜；8—显示窗；9—电源插座；10—电源开关；11—测量键

⑤ 在待测距离的另一端安置反光棱镜，进行对中、整平，并将觇板和棱镜对准测距仪方向。

(2) 距离测量。

① 用经纬仪望远镜的十字丝交点瞄准觇板中心，测定竖直角。

② 用测距仪竖直微动螺丝上、下转动测距仪镜头，使其十字丝中心对准反光棱镜中心，此时，测距仪的视线与经纬仪的视线平行。

③ 测距仪对准棱镜后，按测量键"MEAS"开始测距，此时测距仪首先检测回光信号是否达到一定强度。如果显示窗下方显示"＊"并发出持续鸣声，进行测距，并显示测量结果；如果不显示"＊"，表示没有回光信号或信号强度不足，这时应调整测距仪重新进行瞄准。

④ 需要进行多次测量时，可再按测量键"MEAS"进行测量。

4.3.4　影响测距精度的因素和标称精度

1.影响测距精度的因素

根据测距仪的基本公式并顾及仪器的加常数 K，则所测距离为

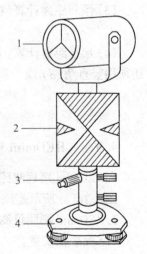

图 4.15　反光棱镜
1—反光棱镜；2—觇板；
3—光学对点器；4—基座

$$D = \frac{C_0}{2nf}(N + \Delta N) + K = \frac{C_0}{2nf}\left(N + \frac{\Delta \varphi}{2\pi}\right) + K$$

式中，C_0 为光真空中的转播速度，n 为大气折射率。

由上式可知 C_0、n、f、$\Delta\varphi$、K 的测定误差直接影响测距精度。

对上式进行全微分得

$$\mathrm{d}D = \frac{D}{C_0}\mathrm{d}C_0 - \frac{D}{n}\mathrm{d}n - \frac{D}{f}\mathrm{d}f + \frac{\lambda}{4\pi}\mathrm{d}\varphi + \mathrm{d}K$$

根据误差传播定律，可求得距离的中误差为

$$m_D^2 = \left(\frac{m_{C_0}^2}{C_0^2} + \frac{m_n^2}{n^2} + \frac{m_f^2}{f^2}\right) \times D^2 + \frac{\lambda^2}{16\pi^2}m_\varphi^2 + m_K^2$$

上式中第一项与距离有关，是比例误差，后两项与距离无关，是固定误差。

2. 测距仪的标称精度

通常测距仪的标称精度为 $m_D = \pm(a + bD)$，其中 a 为固定误差，b 为比例误差。

4.4 直线定向

确定地面上两点的相对位置时，除知道两点的水平距离外，还必须确定该直线与标准方向之间的水平夹角，以确定直线的方向。把确定直线与标准方向线之间的水平角度的关系，称为直线定向。

4.4.1 标准方向的种类

1. 真子午线方向

通过地球表面上一点的真子午线的切线方向称为该点的真子午线方向，用 N 表示。真子午线方向是通过天文观测方法进行测定，通常用指向北极星的方向来表示近似的真子午线方向。

2. 磁子午线方向

通过地球表面上一点的磁子午线的切线方向称为该点的磁子午线方向，用 N' 表示。磁针自由静止时其 N 极所指的方向即为磁子午线方向，磁子午线方向可用磁针或罗盘仪测定。

3. 坐标纵轴方向

我国采用高斯平面直角坐标系，其每一投影带中央子午线的投影为坐标纵轴方向，即 X 轴方向。

4.4.2 表示直线方向的方法

测量工作中，表示直线方向的方法常用方位角和象限角来表示。

1. 方位角

由标准方向线的北端起顺时针方向量到某直线的水平夹角，称为该直线的方位角。角值为 0°～360°。根据标准方向线的不同，方位角又分为真方位角、磁方位角和坐标方位角三种，如图 4.16 所示。

(1) 真方位角。由真子午线方向线的北端起顺时针方向量到某直线的水平夹角，称为该直线的真方位角，用 A 表示。

(2) 磁方位角。由磁子午线方向线的北端起顺时针方向量到某直线的水平夹角,称为该直线的磁方位角,用 A_m 表示。

(3) 坐标方位角。由坐标纵轴方向北端起顺时针方向量到某直线的水平夹角,称为该直线的坐标方位角,用 α 表示。

2. 象限角

由标准方向线的北端或南端,顺时针或逆时针量到某直线的水平夹角,用 R 表示,其值在 $0° \sim 90°$ 之间。如图 4.17 所示,直线 01、02、03、04 的象限角分别为 R_1、R_2、R_3 和 R_4。象限角不但要表示角度的大小,而且还要注记该直线位于第几象限。象限分为 Ⅰ ~ Ⅳ 象限,分别用北东、南东、南西和北西表示。如 04 在第四象限,角值为 25°,则该象限角表示为北西 25°。

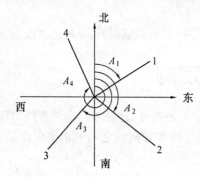

图 4.16 方位角

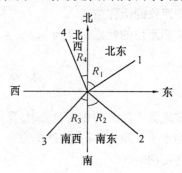

图 4.17 象限角

象限角一般只在坐标计算时用,这时所说的象限角是指坐标象限角。坐标象限角与坐标方位角之间的关系如下:

Ⅰ 象限: $\alpha = R, R = \alpha$;

Ⅱ 象限: $\alpha = 180° - R, R = 180° - \alpha$;

Ⅲ 象限: $\alpha = 180° + R, R = \alpha - 180°$;

Ⅳ 象限: $\alpha = 360° - R, R = 360° - \alpha$。

4.4.3 三种方位角之间的关系

1. 真方位角与磁方位角之间的关系

由于地球的真南北极与磁南北极不重合,因此,过地球表面上一点的真子午线方向与磁子午线方向也不重合,两者之间的夹角称为磁偏角,用 δ 表示。磁偏角有东偏和西偏,取值有正值和负值。磁子午线方向位于真子午线方向东侧,称为东偏,δ 取正值。磁子午线方向位于真子午线方向西侧,称为西偏,δ 取负值。

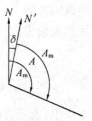

图 4.18 真方位角与磁方位角

真方位角与磁方位角之间的关系,如图 4.18 所示,其关系为

$$A = A_m + \delta \tag{4.24}$$

2. 真方位角与坐标方位角之间的关系

在高斯投影中,中央子午线投影后是一条直线,也就是该带的坐标纵轴,其他子午线投

影后均为收敛于两极的曲线。过地面上一点的子午线的切线方向与坐标纵轴之间的夹角称为子午线收敛角,用 γ 表示。子午线收敛角的计算公式为

$$\gamma = l\sin B + \frac{l^3}{3}\sin B\cos^2 B(1 + 3\eta^2) \quad (4.25)$$

式中　　l——某点的经度与中央子午线经度之差,$l = L - L_0$;

　　　　B——该点的纬度;

　　　　$\eta = e'\cos B$;

　　　　e'——椭球的第二偏心率,$e'^2 = \dfrac{a^2 - b^2}{b^2}$。

在精度要求不高时,可简写为

$$\gamma = l\sin B \quad (4.26)$$

γ 角值有正值和负值,如果该点位于中央子午线东侧,称为东偏,γ 值为正值。如果该点位于中央子午线西侧,称为西偏,γ 值为负值。如图 4.19 所示,$\gamma_m > 0°,\gamma_n < 0°$。

真方位角与坐标方位角之间的关系如图 4.20 所示,其关系为

$$A = \alpha + \gamma \quad (4.27)$$

3. 坐标方位角与磁方位角之间的关系

已知某点的子午线收敛角 γ 和磁偏角 δ,如图 4.21 所示,则坐标方位角与磁方位角之间的关系为

$$\alpha = A_m + \delta - \gamma \quad (4.28)$$

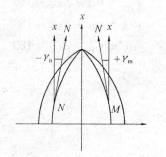

图 4.19　子午线收敛角

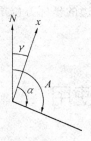

图 4.20　真方位角与坐标方位角

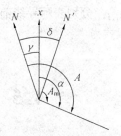

图 4.21　坐标方位角与磁方位角

4.4.4　正、反坐标方位角

在平面直角坐标系或高斯平面直角坐标系中,表示直线的方位角通常是用坐标方位角来表示。如直线 AB 的坐标方位角可用 α_{AB} 或 α_{BA} 来表示,则称 α_{AB} 为正坐标方位角,α_{BA} 为反坐标方位角,如图 4.22 所示,其关系式为

$$\alpha_{BA} = \alpha_{AB} \pm 180°$$

或

$$\alpha_\text{反} = \alpha_\text{正} \pm 180°$$

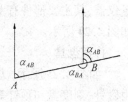

图 4.22　正反坐标方位角

4.4.5 坐标方位角的推算

测量工作中不是直接测定直线边的坐标方位角,而是测定各相邻边之间的水平夹角 β_i 和已知边的连测角,通过已知坐标方位角和观测的水平夹角 β_i 推算出各边的坐标方位角。在推算时,β_i 角有左角和右角之分,其公式也有所不同。所谓左角(右角)是指该角位于前进方向左侧(右侧)的水平夹角。

如图 4.23 所示,已知 α_{12},观测前进方向的左角 $\beta_{2左}$、$\beta_{3左}$、$\beta_{4左}$(或 $\beta_{2右}$、$\beta_{3右}$、$\beta_{4右}$),α_{23}、α_{34}、α_{45} 的计算公式如下:

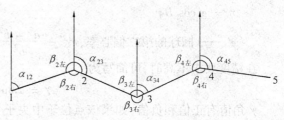

图 4.23 坐标方位角推算

左角

$$\alpha_{23} = \alpha_{12} + \beta_{2左} - 180°$$
$$\alpha_{34} = \alpha_{23} + \beta_{3左} - 180°$$
$$\alpha_{45} = \alpha_{34} + \beta_{4左} - 180°$$

通用公式

$$\alpha_{i,i+1} = \alpha_{i-1,i} + \beta_{i左} - 180° \tag{4.29}$$

右角

$$\alpha_{23} = \alpha_{12} - \beta_{2右} + 180°$$
$$\alpha_{34} = \alpha_{23} - \beta_{3右} + 180°$$
$$\alpha_{45} = \alpha_{34} - \beta_{4右} + 180°$$

通用公式

$$\alpha_{i,i+1} = \alpha_{i-1,i} - \beta_{i右} + 180° \tag{4.30}$$

式中 $\alpha_{i-1,i}$、$\alpha_{i,i+1}$ 分别表示导线前进方向上相邻边中后一边的坐标方位角和前一边的坐标方位角。一般式为

$$\alpha_{前} = \alpha_{后} \pm \beta_{左}^{右} \mp 180° \tag{4.31}$$

4.5 罗盘仪及其使用

4.5.1 罗盘仪的构造

罗盘仪是用来测定直线磁方位角的一种测量仪器,其主要部件有罗盘盒、瞄准器、基座等,如图 4.24 所示。

1. 罗盘盒

如图 4.25 所示,为罗盘盒的剖面图,主要由磁针、刻度盘和顶针等组成。磁针是用磁铁制成,有南北极之分,在北极端涂上黑色,在南极端绕有铜丝。磁针中心装有玛瑙的圆形球窝,罗盘盒中心装有顶针,顶针支在球窝上。磁针可以

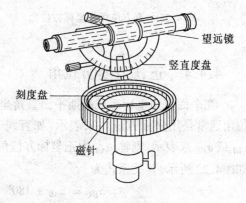

图 4.24 罗盘仪

自由旋转,当磁针自由静止时,其北极端所指示的方向即为磁子午线方向。为了减轻顶针的磨损,在罗盘盒下方装有磁针顶起螺丝,通过旋转顶起螺丝,用杠杆将磁针顶起,使磁针与顶针分离并紧贴在玻璃盖上。

2. 刻度盘

刻度盘一般为铜制或铝制圆环,其上共刻有 360 个刻划,每一刻划为 1°,按逆时针每隔 10° 一个注记。

3. 瞄准器

瞄准器为一个小型望远镜,其下方固定有一个半圆形竖直度盘,用于测定竖直角。望远镜物镜端与刻度盘 0° 线相对应,望远镜目镜端与刻度盘 180° 线相对应。瞄准器与刻度盘一起转动。瞄准目标后,转动顶起螺丝,使磁针自由静止,此时磁针北极端所指示的刻度盘读数,即为该视线方向的磁方位角。

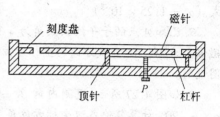

图 4.25 罗盘盒

4.5.2 用罗盘仪测定直线的磁方位角

(1) 安置罗盘仪于直线的起点,进行对中、整平,在直线的另一端竖立一标志(花杆)作为瞄准标志。

(2) 转动瞄准器,瞄准直线另一端目标。

(3) 松开顶起螺丝 P,将磁针放下,让磁针自由转动。待磁针自由静止时,读取磁针北极端所指示的刻度盘读数,即为该直线方向的磁方位角。如图 4.26 所示,磁针北极端所指示的刻度盘读数为 150°,则该直线方向的磁方位角为 150°。

4.5.3 注意事项

(1) 罗盘仪在使用时,应避开铁质物体、磁质物体及高压电线,避免其影响磁针位置的正确性。

(2) 观测结束后,必须旋紧顶起螺丝 P,将磁针顶起,以免磁针磨损,并保护磁针的灵活性。

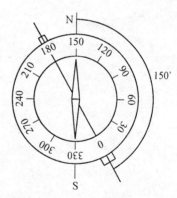

图 4.26 磁方位角测量

思考题与习题

1. 何谓钢尺的名义长度与实际长度?为什么要对钢尺进行检定?
2. 何谓钢尺的尺长方程式?写出尺长方程式的一般形式,并说明各符号的意义?
3. 什么叫直线定线?什么叫直线定向?
4. 表示直线方向的方法有几种?
5. 已知钢尺的尺长方程式为 $l_t/m = 30 + 0.005 + 1.25 \times 10^{-5} \times (t - 20) \times 30$,今用该钢尺在 25 ℃ 时丈量 AB 的倾斜距离为 125.000 m,A、B 两点之间的高差为 1.125 m,求 A、B 两点之间的实际水平距离?

6. 用名义长度为 50 m 的钢尺,在标准拉力(15 kg)下,丈量 A、B 的距离为 49.983 2 m,丈量时温度为 25 ℃,已知 A、B 两点的实际长度为 49.981 1 m,求该钢尺在 20 ℃ 时的尺长方程式。($\alpha = 1.25 \times 10^{-5}$)

7. 已知 A 点的子午线收敛角为 + 3′,过 A 点的磁子午线方向位于真子午线方向的西侧,磁偏角为 21′,AB 直线方向的坐标方位角为 125°30′,求 AB 直线的真方位角和磁方位角,并绘图说明。

8. 如图 4.27 所示,观测内角 $\beta_1 = 90°10′$,$\beta_2 = 120°20′$,$\beta_3 = 75°20′$,$\beta_4 = 74°10′$,已知 $\alpha_{12} = 120°$,计算其他各边坐标方位角。

9. 如图 4.28 所示,已知 $\alpha_{12} = 45°$,$\beta_2 = 150°$,$\beta_3 = 210°$,求 23、34 边的坐标方位角。

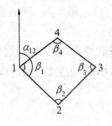

图 4.27

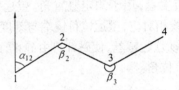

图 4.28

第 5 章 测量误差的基本知识

5.1 测量误差概述

在测量工作中不难发现,当对某量进行多次观测时,所测得的结果之间总是存在着差异。例如,用钢尺往返丈量某段距离,量得的长度常常不是完全相等的,而是互有差异。另外,当对若干个量进行观测时,如果已经知道在这几个量之间应该满足某一理论值,那么,我们也会发现,对这些量所测得的结果往往不等于其理论值。如测量某平面三角形的三个内角,其和常常不等于 180°,而是有一差异。这些差异说明了测量结果不可避免地与真实值(真值)之间存在着误差。

5.1.1 误差来源

测量误差的产生,有多种多样的原因。概括起来有以下三个方面:

1. 测量仪器

测量工作通常是利用特制的测量仪器和工具进行的。由于每一种仪器只具有一定限度的精度,使观测结果的精度受到一定的限制。例如,在用只刻有厘米分划的水准尺进行水准测量时,就难以保证在估读毫米时完全正确无误;另外,仪器和工具本身的构造不可能十分完善,如水准仪的视准轴不平行于水准管轴,水准尺分划不均匀等,使用这样的仪器和工具进行测量,也会对观测结果产生误差。

2. 观测者

由于观测者感官的鉴别力有着一定的局限性,不论在仪器的安置、照准和读数等方面都会产生误差。另外,观测者的技术水平、工作态度也会对观测结果起着不同程度的影响。

3. 外界条件

观测时所处在的外界条件,如温度、湿度、风力、大气折光等因素都会对观测结果直接发生影响,这种影响是随外界条件的变化而变化,这就必然使观测结果产生误差。

上述仪器、观测者、外界条件三个方面的因素是引起误差的主要来源。因此,我们把这三方面的因素综合起来称为观测条件。不难想象,观测条件的好坏将与观测成果的质量有着密切的关系。当观测条件好一些,比如说,仪器的精度高一些,仪器本身校正的比较完善,工作时观测者的工作态度认真负责,操作技术熟练些,外界条件对观测有利一些等等,那么,观测中所产生的误差就可能相应地小一些,观测成果的质量就高一些。反之,观测条件差一些,观测成果的质量就低一些。但是,不管观测条件如何,在整个观测过程中,由于受到上述因素的影响,总是难免使观测结果产生这样或那样的误差。

5.1.2 误差分类

根据测量误差对观测结果影响的性质不同,误差可分为系统误差和偶然误差两种。

1. 系统误差

在相同的观测条件下对某量作一系列的观测,如果产生的误差在大小、符号上表现出系统性,或者在观测过程中按一定的规律变化,或者保持常数,这种误差称为系统误差。例如,用名义长度为 30 m,而实际长度为 30.005 m 的钢尺进行距离测量,则每丈量一个整尺段就会产生 -0.005 m 的误差。由尺长误差所引起的距离误差与所测距离的长度成正比地增加,距离愈长,所累积的误差也就愈大。又如,水准仪经校正后,视准轴与水准管轴之间仍不严格平行,存在残余 i'' 角,观测时使水准尺上的读数产生 $D \times i''/\rho''$($\rho'' = 206\ 265''$) 的误差,它与水准仪至水准尺之间的距离成正比。

系统误差对于观测结果的影响具有累积的作用,因此,它对成果质量的影响也就特别显著。在实际工作中,必须采取各种方法使其消除,或者使其减小到实际上对观测结果的影响可以忽略不计的程度。例如,在进行水准测量时,使前后视距离相等,以消除视准轴不平行于水准管轴对测量高差所引起的系统误差;预先对量距时用的钢尺进行检定,求出尺长误差的大小,对所量的距离进行尺长改正,以消除由于尺长误差对所量距离而引起的系统误差,等等,都是消除或减小系统误差的方法。

2. 偶然误差

在相同的观测条件下对某量作一系列的观测,如果产生的误差在大小、符号上表现出偶然性,即从表面现象看,该列误差的大小和符号没有规律性,这种误差称为偶然误差。例如,用经纬仪测角时的照准误差;水准测量时估读毫米数的误差等等,都属于偶然误差。

在观测过程中,系统误差和偶然误差总是同时产生的。而系统误差具有累积性,对测量结果的影响尤为显著。所以在测量工作中总是根据系统误差的规律性,采用计算方法加以改正,或者用一定的观测方法加以消除或削弱其影响,使它处于次要地位。那么,在观测结果中偶然误差占主导地位时,如何处理它,就是本章所研究的内容之一。

最后需要指出的是,在整个测量过程中,除了系统误差和偶然误差之外,还可能发生错误。例如,读错数,记错数等等,这些都是由于工作中的疏忽大意造成的。毫无疑问,任何错误的存在,不仅大大影响观测成果的可靠性,而且往往造成返工,甚至带来难以估量的损失。为了避免错误的发生,观测者在测量中必须认真细致地工作,按测量过程中的要求采用适当的方法和措施及时发现错误,并加以更正,以保证观测结果中不存在错误。

5.2 偶然误差的特性

由于观测结果不可避免地存在着偶然误差的影响,为了判断和提高观测结果的质量,需对偶然误差进行统计分析,以寻求偶然误差的规律性,这是研究误差的主要目的之一。下面通过实例来说明偶然误差的规律性。

在相同的观测条件下,独立地观测了 96 个三角形的全部内角,由于误差的存在,使观测值中含有误差,导致三角形各内角的观测值之和 l 不等于 $180°$,而存在真误差 Δ,即

$$\Delta_i = l_i - X$$

其中 X 表示观测量的真值。真误差 $\Delta_i(i = 1,2,\cdots,96)$ 简称误差,是指某量的观测值与该量的真值之差。

现取误差区间 $d\Delta = 0.5''$,将 96 个真误差按其正负号和误差的大小排列于表 5.1 中。

从表 5.1 中可以看出,误差分布情况具有以下特点:
(1) 绝对值小的误差比绝对值大的误差多;
(2) 绝对值相等的正负误差的个数大致相等;
(3) 误差的绝对值有一定的范围。

表 5.1 误差统计表

误差区间 $d\Delta''$	Δ 为正值			Δ 为负值		
	个数 v	频率 v/n	频率/组距	个数 v	频率 v/n	频率/组距
0.0 ~ 0.5	19	0.198	0.396	20	0.208	0.416
0.5 ~ 1.0	13	0.135	0.270	12	0.125	0.250
1.0 ~ 1.5	8	0.083	0.166	9	0.094	0.188
1.5 ~ 2.0	5	0.052	0.104	4	0.042	0.082
2.0 ~ 2.5	2	0.021	0.042	2	0.021	0.042
2.5 ~ 3.0	1	0.010	0.020	1	0.010	0.020
3.0 以上	0	0	0	0	0	0
$\sum$	48			48		

以上特点并非巧合,通过大量实验统计结果表明,特别是观测次数较多时,偶然误差具有如下的统计规律,简称偶然误差的特性。
(1) 在一定的观测条件下,偶然误差的绝对值不会超过一定的限值;
(2) 绝对值较小的误差比绝对值较大的误差出现的机会大;
(2) 绝对值相等的正负误差出现的机会相同;
(4) 偶然误差的算术平均值,随着观测次数的无限增大而趋向于零,即

$$\lim_{n \to \infty} \frac{[\Delta]}{n} = 0$$

式中,$[\Delta] = \Delta_1 + \Delta_2 + \cdots + \Delta_n$。

上述第一个特性说明偶然误差出现的范围;第二个特性说明偶然误差绝对值小的规律;第三个特性说明偶然误差符号出现的规律,即具有抵偿性;第四个特性是由第三个特性导出的。

表 5.1 的统计结果还可以用较直观的频率直方图来表示,如图 5.1 所示,图中横坐标表示误差的大小,纵坐标代表各区间内误差出现的频率 v/n 除以区间间隔(亦称组距,本例为 $0.5''$,计算的结果列入表 5.1 中)。n 为总误差个数。这样,每一误差区间上的长方条面积就代表误差出现在该区间内的频率。显然,图 5.1 中矩形面积的总和等于 1。

在图 5.1 中,如果在相同的观测条件下,观测更多的三角形内角,可以预测,随着观测个数的不断增加,误差出现在各区间的频率就趋向一个稳定值。此时,各区间的频率也就趋向

一个完全确定不变的数值。这就是说,在一定的观测条件下,一组偶然误差对应着一种确定不变的误差分布。

当 $n \to \infty$ 时,如将误差区间 $d\Delta \to 0$,则图5.1各矩形的上高折线,就趋向于一条以纵轴为对称轴的光滑曲线,称为误差分布曲线。不难理解,图中的曲线形状越陡峭,表示误差分布比较密集,说明观测结果的质量越高;而误差分布曲线形状较平缓,表示误差分布比较离散,说明观测结果的质量较低。这种误差分布的密集或离散程度,称为精度。

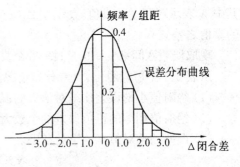

图 5.1 偶然误差特性曲线

5.3 衡量精度的指标

在相同的观测条件下,对某个量进行的一组观测,就对应着同一种误差分布,因此,这一组中的每一个观测值都具有同样的精度。衡量观测值的精度高低,当然可用 5.2 节所述的方法,用组成误差分布表或绘成直方图来比较。但在实际工作中,这样做既不方便,又对精度缺少一个数值概念。

前已提及,一组误差分布越密集,则表示在该组误差中小误差所占的比例越大。在这种情况下,该组误差的平方和的平均值就一定越小。这种能够反映一组误差的分布密集或离散程度的数值,可以作为衡量精度的指标。下面仅介绍几种常用的精度指标。

5.3.1 中误差

设对某一未知量进行了 n 次等精度观测,其观测值为 $l_1, l_2, \cdots, l_n$,设未知量的真值为 X,相应的真误差为 $\Delta_1, \Delta_2, \cdots, \Delta_n$,则定义该组观测值的中误差 m 的平方为

$$m^2 = \lim_{n \to \infty} \frac{[\Delta\Delta]}{n} \tag{5.1}$$

式中,$[\Delta\Delta] = \Delta_1^2 + \Delta_2^2 + \cdots + \Delta_n^2$

$$\Delta_i = l_i - X \quad (i = 1, 2, \cdots, n)$$

显然,一组观测值对应一个确定的误差分布,也就对应着惟一确定的 m 值。所以,如果两组观测值的中误差 m 相同,表示这两组观测结果的精度相同,它们的误差分布也相同。反之,如果两组观测值的中误差 m 不相同,就表示这两组观测结果的精度不同,即表示它们的误差分布也不同。中误差的大小直接表示观测结果的精度,中误差 m 越小,观测结果的精度越高。

中误差的平方(m^2)是在 $n \to \infty$ 的情况下定义的,但实际上观测个数 n 不可能无限多,而总是有限的。所以,在测量工作中,观测次数 n 通常有限,观测值的中误差 m 的计算公式为

$$m = \pm\sqrt{\frac{[\Delta\Delta]}{n}} \tag{5.2}$$

【例 5.1】 为了比较两台经纬仪的观测精度,分别对同一三角形的内角进行了 9 次观

测,相应的真误差分别为:

第一台经纬仪:$-3.0''$,$+2.0''$,$+2.0''$,$-1.8''$,$-1.5''$,$+2.8''$,$-1.9''$,$-1.0''$,$-0.8''$;

第二台经纬仪:$-1.6''$,$+0.9''$,$+0.8''$,$-0.7''$,$+0.8''$,$+1.5''$,$-0.3''$,$+0.2''$,$+0.1''$。

则第一台经纬仪的观测精度(中误差)为 $m_1 = \pm 1.96''$,第二台经纬仪的观测精度为 $m_2 = \pm 0.91''$。显而易见,第二台经纬仪的精度高于第一台经纬仪的精度。

5.3.2 相对误差

在衡量观测值精度时,单靠中误差有时还不能完全表达精度的高低。例如,分别丈量了 1 000 m 及 100 m 的两段距离,观测值的中误差均为 ± 2 cm。从中误差的角度衡量,两者的观测精度相同。但就单位长度而言,两者精度并不相同。显然前者的相对精度比后者要高。因此,对具有长度的量,需采用另一种衡量精度的指标,即相对误差 K,它是中误差的绝对值与相应观测值之比。相对精度是一个无量纲的数,在测量中常用分子为 1 的分式来表示,即

$$K = \frac{|m|}{D} = \frac{1}{N} \tag{5.3}$$

式中,D 为距离,$N = D/|m|$。则上述两段距离的相对误差分别为

$$K_1 = \frac{|m_1|}{D_1} = \frac{0.02}{1\ 000} = \frac{1}{50\ 000}$$

$$K_2 = \frac{|m_2|}{D_2} = \frac{0.02}{100} = \frac{1}{5\ 000}$$

5.3.3 容许误差与极限误差

由偶然误差的特性可知,在一定的观测条件下,偶然误差的绝对值不会超过一定的限值。根据误差理论及实践证明:在大量同精度观测的一组误差中,绝对值大于 2 倍中误差的偶然误差,其出现的概率为 5%;绝对值大于 3 倍中误差的偶然误差,其出现的概率仅为 3‰,即大约在 300 多次观测中,才可能出现 1 个大于 3 倍中误差的偶然误差。在实际工作中,测量的次数总是有限的。在实际测量工作中,认为大于 2 倍中误差的偶然误差,其出现的可能性较小,通常规定以 2 倍的中误差作为偶然误差的容许值,称为容许误差,即

$$\Delta_{容} = 2m \tag{5.4}$$

认为大于 3 倍中误差的偶然误差,实际上是不可能出现的。故通常规定以 3 倍的中误差作为偶然误差的极限值,称为极限误差,即

$$\Delta_{极} = 3m \tag{5.5}$$

在测量工作中,如果某个误差超过了容许误差,那就可以认为它是错误,该观测值舍去不用或重测。

5.4 误差传播定律

前面已经阐述了观测精度的含义,以及如何根据一组独立的、同精度的观测误差求观测值中误差的问题,并指出在测量工作中通常以中误差作为衡量精度的指标。但在实际工作中,某些未知量不可能或不便于直接观测,而是由另一些直接观测量,通过一定的函数关系

间接计算出来的。例如,在水准测量中,每站的观测高差 h 是通过后视尺读数 a 和前视尺读数 b 之差求得的,即 $h = a - b$。高差 h 与观测值 a、b 的关系是一个差数函数关系。显然,在这种情况下,函数 h 与观测值 a、b 的中误差之间必然存在一定的函数关系。阐述这种函数关系的定律,称为误差传播定律。下面以一般函数关系来推导误差传播定律。

设有一般函数
$$Z = F(x_1, x_2, \cdots, x_n) \tag{5.6}$$
式中,$x_1, x_2, \cdots, x_n$ 为可直接观测的未知量,其相应的中误差为 $m_1, m_2, \cdots, m_n$。Z 为不便于直接观测的未知量。

设 $x_i(i = 1, 2, \cdots, n)$ 的独立观测值为 l_i,其相应的真误差为 Δx_i。由于 Δx_i 的存在,使函数 Z 亦产生相应的真误差 ΔZ。将式(5.6)取全微分得
$$dZ = \frac{\partial F}{\partial x_1} dx_1 + \frac{\partial F}{\partial x_2} dx_2 + \cdots + \frac{\partial F}{\partial x_n} dx_n$$
因为真误差 ΔZ 和真误差 Δx_i 都很小,故在上式中,可近似用 ΔZ 和 Δx_i 代替 dZ 和 dx_i,于是有
$$\Delta Z = \frac{\partial F}{\partial x_1} \Delta x_1 + \frac{\partial F}{\partial x_2} \Delta x_2 + \cdots + \frac{\partial F}{\partial x_n} \Delta x_n \tag{5.7}$$
式中,$\frac{\partial F}{\partial x_i}$ 为函数 F 对各自变量的偏导数。将 $x_i = l_i$ 代入各偏导数中,即为确定的常数,用 f_i 表示,即
$$f_i = \left[\frac{\partial F}{\partial x_i}\right]_{x_i = l_i}$$
则式(5.7)可写成
$$\Delta Z = f_1 \Delta x_1 + f_2 \Delta x_2 + \cdots + f_n \Delta x_n \tag{5.8}$$
式(5.8)就是函数值的真误差与观测值的真误差之间的关系式。为了求得函数值的中误差与观测值的中误差之间的关系式,设想对各 x_i 进行了 k 次观测,则可写出 k 个类似于式(5.8)的关系式,即
$$\Delta Z^{(1)} = f_1 \Delta x_1^{(1)} + f_2 \Delta x_2^{(1)} + \cdots + f_n \Delta x_n^{(1)}$$
$$\Delta Z^{(2)} = f_1 \Delta x_1^{(2)} + f_2 \Delta x_2^{(2)} + \cdots + f_n \Delta x_n^{(2)}$$
$$\cdots \cdots \cdots \cdots \cdots$$
$$\Delta Z^{(k)} = f_1 \Delta x_1^{(k)} + f_2 \Delta x_2^{(k)} + \cdots + f_n \Delta x_n^{(k)}$$
将以上各式等号两边平方后,再相加得
$$[\Delta Z^2] = f_1^2 [\Delta x_1^2] + f_2^2 [\Delta x_2^2] + \cdots + f_n^2 [\Delta x_n^2] + 2 \sum_{\substack{i,j=1 \\ i \neq j}}^{n} f_i f_j [\Delta x_i \Delta x_j]$$
上式两端同除以 k,有
$$\frac{[\Delta Z^2]}{k} = \frac{f_1^2 [\Delta x_1^2]}{k} + \frac{f_2^2 [\Delta x_2^2]}{k} + \cdots + \frac{f_n^2 [\Delta x_n^2]}{k} + 2 \sum_{\substack{i,j=1 \\ i \neq j}}^{n} \frac{f_i f_j [\Delta x_i \Delta x_j]}{k} \tag{5.9}$$
因为对各 x_i 的观测值 l_i 为彼此独立的观测值,则 $\Delta x_i \Delta x_j (i \neq j)$ 亦为偶然误差,根据偶然误差的第四个特性,则有

第 5 章 测量误差的基本知识

$$\lim_{k \to \infty} \frac{[\Delta x_i \Delta x_j]}{k} = 0$$

故当 $k \to \infty$ 时,式(5.9) 两边的极限值为

$$\lim_{k \to \infty} \frac{[\Delta Z^2]}{k} = f_1^2 \lim_{k \to \infty} \frac{[\Delta x_1^2]}{k} + f_2^2 \lim_{k \to \infty} \frac{[\Delta x_2^2]}{k} + \cdots + f_n^2 \lim_{k \to \infty} \frac{[\Delta x_n^2]}{k}$$

根据中误差的定义,上式可写成

$$m_Z^2 = f_1^2 m_1^2 + f_2^2 m_2^2 + \cdots + f_n^2 m_n^2 \tag{5.10}$$

或

$$m_Z = \pm \sqrt{f_1^2 m_1^2 + f_2^2 m_2^2 + \cdots + f_n^2 m_n^2} \tag{5.11}$$

式(5.10),(5.11) 为一般函数的误差传播定律。

【例 5.2】 设已知圆半径 r 的中误差为 m_r,求圆周长 C 的中误差 m_C。

【解】 函数关系式为

$$C = 2\pi r$$

对上式求微分,则有

$$\mathrm{d}C = 2\pi \mathrm{d}r$$

根据误差传播定律

$$m_C^2 = (2\pi)^2 m_r^2$$

$$m_C = 2\pi m_r$$

上例说明,观测值与一个常数的乘积的中误差,等于观测值的中误差乘以该常数。

【例 5.3】 设在 $\triangle ABC$ 中直接观测 $\angle A$ 和 $\angle B$,其中误差分别为 m_A 和 m_B,试求 $\angle C$ 的中误差 m_C。

【解】 函数关系为

$$\angle C = 180° - \angle A - \angle B$$

对上式求微分得

$$\mathrm{d}C = -\mathrm{d}A - \mathrm{d}B$$

由式(5.10) 可知

$$m_C^2 = m_A^2 + m_B^2$$

$$m_C = \pm \sqrt{m_A^2 + m_B^2}$$

该例说明,两个独立观测值代数和(或代数差) 的中误差平方,等于这两个独立观测值中误差平方之和。

【例 5.4】 对某段距离丈量了 n 次,观测值 $l_1, l_2, \cdots, l_n$ 为互相独立的等精度观测值,观测值中误差为 m,试求算术平均值 x 的中误差 M。

【解】 函数关系式为

$$x = \frac{[l]}{n} = \frac{1}{n}l_1 + \frac{1}{n}l_2 + \cdots + \frac{1}{n}l_n$$

将上式全微分

$$\mathrm{d}x = \frac{1}{n}\mathrm{d}l_1 + \frac{1}{n}\mathrm{d}l_2 + \cdots + \frac{1}{n}\mathrm{d}l_n$$

根据误差传播定律有

$$M^2 = \frac{1}{n^2}m^2 + \frac{1}{n^2}m^2 + \cdots + \frac{1}{n^2}m^2 = \frac{m^2}{n}$$

即

$$M = \frac{m}{\sqrt{n}} \tag{5.12}$$

由上例可以看出，n 次等精度直接观测值的算术平均值的中误差，等于观测值中误差的 $\frac{1}{\sqrt{n}}$ 倍。

5.5 等精度直接平差

由于观测结果不可避免地存在着偶然误差的影响，因此，在实际工作中，为了提高观测结果的质量，同时也为了检查和及时发现观测值中有无错误存在，通常要使观测值的个数多于未知数的个数，也就是要进行多余观测。由于误差的存在，通过多余观测必然会发现在观测结果之间不相一致或不符合应有关系而产生的不符值。因此，必须消除这些不符值，同时还要使得消除不符值后的结果，可以认为是被观测量的最可靠的结果。所谓平差是指对一系列带有偶然误差的观测值，采用合理的方法消除它们之间的不符值，求出未知量的最可靠值。

5.5.1 算术平均值是最可靠值

设对某未知量进行了 n 次等精度观测，观测值为 $l_1, l_2, \cdots, l_n$，设该量的真值为 X，其相应的真误差为 $\Delta_1, \Delta_2, \cdots, \Delta_n$，则

$$\Delta_1 = l_1 - X$$
$$\Delta_2 = l_2 - X$$
$$\cdots \quad \cdots \quad \cdots \quad \cdots$$
$$\Delta_n = l_n - X$$

将上式取和，再除以观测次数 n，得

$$\frac{[\Delta]}{n} = \frac{[l]}{n} - X = x - X$$

式中，x 为算术平均值，即

$$x = \frac{[l]}{n} = \frac{[\Delta]}{n} + X$$

根据偶然误差的第四个特性可得

$$\lim_{n \to \infty} \frac{[\Delta]}{n} = 0$$

所以

$$\lim_{n \to \infty} x = X$$

可见，当观测次数 n 无限增大时，算术平均值即趋近于该量的真值。当 n 有限时，算术平均值就是根据已有的观测结果所求得的一个相对真值，作为该量的最可靠值。

5.5.2 等精度直接平差原理

通过对算术平均值的叙述，扼要地说明了真值与最可靠值之间的关系。在测量中，通常

要解决的实际问题,并不局限于这种简单的情况。消除不符值,求最可靠值的依据就是平差原理。

设对某未知量进行了 n 次等精度观测,观测值为 $l_1,l_2,\cdots,l_n$。由于观测值都含有误差,将各观测值互相比较,即知它们之间存在不符值。平差的目的,就是对每个观测值 l_i 加上一个改正数 v_i,以消除它们之间的不符值,即

$$l_1 + v_1 = l_2 + v_2 = \cdots = l_n + v_n = x \tag{5.13}$$

为了满足上式要求,只要先对其中任一个改正数 v_i 给定一个确定的数值,则 x 值即随之确定,因而其他 v 值也就确定了。反之,任意给定一个 x 值,就可以得出一组相应的 v 值。这样就可以得出无穷多组满足上式要求的 v 值。在测量工作中,通常根据最小二乘法原理,即 $[vv] = \min$,求得一组 v 值,经这组 v 值改正后的观测值,就是该量的最可靠值。

现将式(5.13)写成

$$v_1 = l_1 - x$$
$$v_2 = l_2 - x$$
$$\cdots \quad \cdots \quad \cdots$$
$$v_n = l_n - x$$

将上式两边分别平方,再相加得

$$[vv] = (l_1 - x)^2 + (l_2 - x)^2 + \cdots + (l_n - x)^2$$

这里把 $[vv]$ 表示为 x 的函数,现在要解答 x 为何值才能使 $[vv] = \min$?为此,应用求函数极值的方法,取上式的一阶导数,并令它等于零,得

$$\frac{\mathrm{d}[vv]}{\mathrm{d}x} = -2(l_1 - x) - 2(l_2 - x) - \cdots - 2(l_n - x) = 0$$

经整理得

$$nx = [l]$$
$$x = \frac{[l]}{n} \tag{5.14}$$

即对某一未知量进行的一组等精度观测值的算术平均值就是该量的最可靠值。

这里要指出的是,函数 $[vv]$ 对 x 的二阶导数等于 $2n$,它大于零,故函数为极小。

实际上,在等精度直接平差中,算术平均值作为未知数的最可靠值是应该直接地作为公理提出的。由平差原理导出算术平均值的目的,只是说明依据 $[vv] = \min$,所得结果与算术平均值是一致的。但平差原理更为广泛,可以用于任何情况的平差,而后者只能适用于一个未知量的等精度直接平差。

5.5.3 等精度直接平差的精度评定

根据式(5.2)计算观测值的中误差 m,需要知道观测值 l_i 与该量的真值 X 之差,即真误差 Δ_i 为

$$\Delta_i = l_i - X \tag{5.15}$$

但是,未知量的真值 X 常常是不知道的。在实际测量工作中,通常根据观测值的改正数 v_i 来计算中误差。改正数 v_i 的计算公式为

$$v_i = l_i - x \tag{5.16}$$

首先从真误差 Δ 与改正数 v 之间的关系着手。由式(5.15)减式(5.16)得

$$\Delta_i - v_i = x - X$$

设 $\delta = x - X$,代入上式,并移项后得

$$\Delta_i = v_i + \delta$$

上式两边平方得

$$\Delta_i^2 = v_i^2 + 2\delta v_i + \delta^2 \quad (i = 1, 2, \cdots, n)$$

对上式两边从 1 到 n 求和,并除以 n 得

$$\frac{[\Delta\Delta]}{n} = \frac{[vv]}{n} + 2\delta \frac{[v]}{n} + \delta^2 \tag{5.17}$$

由式(5.16)可知

$$[v] = [l] - nx = [l] - n\frac{[l]}{n} = 0$$

而

$$\delta = x - X = \frac{[l]}{n} - X = \frac{[l_i - X]}{n} = \frac{[\Delta]}{n}$$

故

$$\delta^2 = \frac{[\Delta]^2}{n^2} = \frac{[\Delta\Delta]}{n^2} + \frac{2}{n^2} \sum_{\substack{i,j=1 \\ i \neq j}}^{n} \Delta_i \Delta_j$$

由于 $\Delta_1, \Delta_2, \cdots, \Delta_n$ 为彼此独立的偶然误差,则 $\Delta_i \Delta_j (i \neq j)$ 亦为偶然误差,根据偶然误差的第四个特性为

$$\lim_{n \to \infty} \frac{2}{n^2} \sum_{\substack{i,j=1 \\ i \neq j}}^{n} \Delta_i \Delta_j = 0$$

当 n 为有限值时,其值远比 $\frac{[\Delta\Delta]}{n}$ 要小,故可以忽略不计。于是式(5.17)变为

$$\frac{[\Delta\Delta]}{n} = \frac{[vv]}{n} + \frac{[\Delta\Delta]}{n^2}$$

根据中误差的定义,上式写为

$$m^2 = \frac{[vv]}{n} + \frac{m^2}{n}$$

则

$$m = \pm \sqrt{\frac{[vv]}{n-1}} \tag{5.18}$$

式(5.18)即为利用观测值的改正数 v_i 计算中误差的公式,称为**白塞尔公式**。

将式(5.18)代入式(5.12),得算术平均值中误差的计算公式为

$$M = \pm \sqrt{\frac{[vv]}{n(n-1)}} \tag{5.19}$$

【例5.5】 设用一台经纬仪对某角度进行6个测回的观测,其观测值见表5.2。试求观测值的中误差和算术平均值的中误差。

表 5.2 经纬仪观测值

观测值		v	vv	计算	
1	136°48′30″	+ 4	16	$m = \pm\sqrt{\dfrac{[vv]}{n-1}} =$	$M = \dfrac{m}{\sqrt{n}} = \pm \dfrac{2.6″}{\sqrt{6}} =$
2	136°48′26″	0	0		$\pm 1.1″$
3	136°48′28″	+ 2	4	$\pm\sqrt{\dfrac{[34]}{6-1}} =$	
4	136°48′24″	− 2	4	$\pm 2.6″$	
5	136°48′25″	− 1	1		
6	136°48′23″	− 3	9		
$x = 136°48′26″$		$[v] = 0$	$[vv] = 34$		

例 5.5 说明增加有限的观测次数可以显著提高算术平均值的精度。但当观测次数达到一定的数值后(如 $n = 10$),再增加观测次数,提高精度的效果并不明显。假设观测值的中误差 $m = \pm 1$ 时,算术平均值的中误差 M 与观测次数 n 的关系如图 5.2 所示。由图 5.2 可以看出,当观测次数达到一定次数后,精度曲线就趋于平缓了。

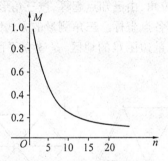

图 5.2 算术平均值的中误差 M 与观测次数 n 的关系图

思考题与习题

1. 测量误差研究的目的是什么?
2. 引起测量误差的主要因素有那些?
3. 测量误差按性质分哪两类?它们的区别是什么?
4. 什么是精度?衡量精度的指标有哪几个?
5. 偶然误差有那些特性?试根据偶然误差的第四个特性,说明等精度直接观测值的算术平均值是最可靠值。
6. 量得一圆的半径为 50.40 mm,其中误差为 ± 0.5 mm,求该圆的面积及其中误差。
7. 用 J_6 级经纬仪观测某一个水平角 4 测回,其观测值为:90°30′18″,90°30′24″,90°30′30″,90°30′36″。试求观测值一个测回的中误差、算术平均值及其中误差。
8. 对某段距离丈量了 6 次,丈量结果为:250.535 m,250.548 m,250.520 m,250.529 m,250.550 m,250.537 m。试计算其算术平均值、算术平均值的中误差及相对误差。

第 6 章　小区域控制测量

6.1　概　　述

小区域控制测量包括平面控制测量和高程控制测量。平面控制测量主要包括三角测量、三边测量、角度交会和导线测量。高程控制测量包括水准测量和三角高程测量。

6.1.1　三角测量

三角测量是在地面上选择一些具有控制作用的点,构成连续的三角形,组成锁状或网状,称之为三角锁或三角网。三角形的相邻各顶点要互相通视,测出各三角形的内角,并精确测定起始边的边长和坐标方位角,由已知点起算,按三角形的边角关系逐一推算其余各边的边长和坐标方位角,进而推算各点坐标。三角测量的方法因其测角工作量比较大,测边的工作量很少而适用于视野开阔、量边困难的地区,是建立平面控制网的主要方法,如图 6.1 所示。

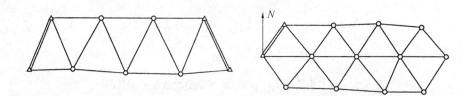

图 6.1　三角测量

6.1.2　三边测量

三边测量是随着光电测距技术的发展而出现的一种平面控制测量,它的结构思路与三角测量相似,用光电测距仪直接测量三角形的各边,而不需观测三角形各内角,根据三角学原理推算三角形各内角,进而计算各边的坐标方位角和各点的坐标。

6.1.3　角度交会

角度交会是在具备一定的控制条件下,用测量某些角度进行控制点加密的方法。它的基本图形是三角形,根据交会条件不同,可分为:

(1) 前方交会。如图 6.2(a) 所示,在 A、B 两个已知点上分别观测待定点 P,测出水平角 α_1、β_1,然后计算 P 点坐标。为了方便检核和提高精度,通常是用 3 个已知点进行交会。计算时,以相邻的 2 个已知点坐标和 2 个观测角为 1 组,分别算出同一待定点的坐标,再取其平均值。

(2) 侧方交会。如图 6.2(b) 所示，由 2 个已知点 A、B 和一个待定点 P 组成三角形，分别在 A(或 B)、P 两点观测水平角，再根据 A、B 两点坐标计算 P 点坐标，为了检核还需在 P 点向另一已知点 C 观测检查角 $\varepsilon_{测}$，与利用 C、P、B 三点坐标计算 $\varepsilon_{计}$ 进行比较。

(3) 后方交会。如图 6.2(c) 所示，在待定点 P 上观测 3 个已知点，分别测出水平角 α、β，根据已知点的坐标和观测角计算 P 点坐标。为了检核，还要观测第 4 个已知点，测出水平角，这样就可以将观测结果组成每组有 3 个已知点的两组分别进行计算，求出 P 点的两组坐标，取其平均值，作为 P 点的坐标。

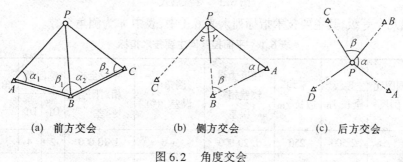

(a) 前方交会　　　　　(b) 侧方交会　　　　　(c) 后方交会

图 6.2　角度交会

6.1.4　导线测量

将测区范围内相邻控制点连接成直线而形成的折线，称为导线。这些控制点称为导线点，相邻导线点连成的直线叫导线边，相邻导线边的夹角称为转折角。导线测量需要测定各导线边的水平距离和各转折角，根据起算边的坐标方位角和起算点的坐标，推算各导线边的坐标方位角，进而求出各导线点的坐标。

根据测区的不同条件和要求，导线可布设成下列三种形式：

1. 闭合导线

闭合导线是起止于同一已知点的导线，又称环形导线。如图 6.3(a) 所示，导线从一已知高级控制点 B 和已知方向 AB 出发，经过一系列导线点 $1,2,\cdots$ 最后又回到起点 B，形成一个闭合多边形。整个闭合导线中，可以没有一个真实的已知点，用假定一点坐标和一边坐标方位角作为已知数据，计算其他各点坐标。闭合导线存在着严密的几何条件，具有检核作用。

2. 附合导线

布设在两已知点间的导线，称之为附合导线。如图 6.3(b) 所示，导线从一高级控制点 D 和已知方向 CD 出发，经过一系列导线点 $1,2,3,\cdots$ 最后附合到另一已知高级控制点 C' 和已知方向 $C'D'$ 上，组成一条折线形，这种布置形式，具有检核观测成果的作用。

3. 支导线

支导线是由一已知的控制点和一已知方向边出发，经过一条折线后，既不回到原起始点，也不附合到另一已知控制点的导线，又称为自由导线。图 6.3(c) 中 E-F-1-2 形成的一条折线，其中 1、2 为支导线点。由于支导线缺乏检核条件，不易发现测角和量边中的错误，故不宜采用或采用时其边数不超过 4 条。

平面控制测量究竟采用何种形式，应根据原有控制点可利用的情况和密度、地形条件、测量精度要求及仪器设备而定，本章只讲述导线测量。

用导线测量的方法建立小测区平面控制网，通常可分为一级导线、二级导线、三级导线

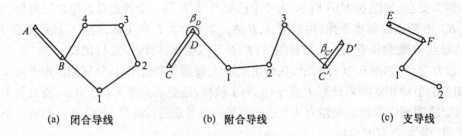

(a) 闭合导线　　　　　　(b) 附合导线　　　　　　(c) 支导线

图 6.3　导线形式

和图根导线几个等级,其主要技术指标列入表 6.1 中,表中 n 为测角个数。

表 6.1　平面控制网主要技术指标

等级	测图比例尺	导线全长 /m	平均边长 /m	往返丈量较差相对误差	测角中误差 /(″)	导线全长相对闭合差	测回数 DJ$_2$	测回数 DJ$_6$	角度闭合差 /(″)
一级		2 500	250	1/20 000	±5	1/10 000	2	4	±10$\sqrt{n}$
二级		1 800	180	1/15 000	±8	1/7 000	1	3	±16$\sqrt{n}$
三级		1 200	120	1/1 000	±12	1/5 000	1	2	±24$\sqrt{n}$
图根	1:500	500	75	1/3 000	±20	1/2 000		1	±60$\sqrt{n}$
图根	1:10 000	1 000	110	1/3 000	±20	1/2 000		1	±60$\sqrt{n}$
图根	1:2 000	2 000	180	1/3 000	±20	1/2 000		1	±60$\sqrt{n}$

6.2　导线测量外业

导线测量的外业工作包括踏勘、选点、测角、量边和连测等。

6.2.1　踏勘选点

测量前应广泛收集与测区有关的测量资料,如原有三角点、导线点、水准点的成果,各种比例尺的地形图等。然后做出导线的整体布置设计,并到实地踏勘,了解测区的实际情况,最后根据测图的需要,在实地选定导线点的位置,并埋设点位标志,给予编号或命名。

选点时应注意做到:

(1) 导线应尽量沿交通线布设,相邻导线点间应通视良好,地势平坦,便于丈量边长。

(2) 导线点应选择在有利于安置仪器和保存点位的地方,最好选在土质坚硬的地面上。

(3) 导线点应选在视野比较开阔的地方,不应选在低洼、闭塞的角落,这样便于碎部测量或加密。

(4) 导线边长应大致相等或按表 6.1 规定的平均边长。尽量避免由短边突然过渡到长边。短边应尽量少用,以减小照准误差的影响和提高导线测量的点位精度。

(5) 导线点在测区内应有一定的数量,密度要均匀,便于控制整个测区。

导线点选定后,要用明显的标志固定下来,通常是用一木桩打入土中,桩顶高出地面 1～2 cm,并在桩顶钉一小钉,作为临时性标志。当导线点选择在水泥、沥青等坚硬地面时,可直接钉一钢钉作为标志,需要长期保存使用的导线点要埋设混凝土桩,桩顶刻"十"字,作为永久性标志。导线点选定后,应进行统一编号。为了方便寻找,还应对每个导线点绘制"点之记",如图 6.4 所示,注明导线点与附近固定地物点的距离。

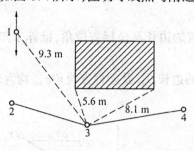

图 6.4　点之记

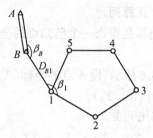

图 6.5　连测示意图

6.2.2　测角

用测回法观测导线的转折角,转折角有左角、右角之分,位于导线前进方向左侧的角叫左角,位于导线前进方向右侧的角叫右角。附合导线中,测量导线的左角;在闭合导线中均测内角,若闭合导线按逆时针方向编号,则其内角也就是左角,这样便于坐标方位角的推算。对于图根导线,一般用 DJ_6 级光学经纬仪观测一个测回,其半测回角值之差不得超过 ±40′。其他等级的导线测角技术要求见表 6.1。

为了把高级控制点的坐标系传递给新布设的导线,建立统一的坐标系,就必须连测。如图 6.5 所示,观测连接角 β_B、β_1 和连接边 D_{B1}。当测区附近没有高级控制点时,也可用罗盘仪测量导线起始边的磁方位角和假设起始点的坐标,建立一个独立的坐标系。

6.2.3　量边

用来计算导线点坐标的导线边长应是水平距离。边长可以用测距仪单程观测,也可用检定过的钢尺丈量。对于等级导线,要按钢尺量距的精密方法丈量。对于图根导线,用一般方法直接丈量,可以往返各丈量 1 次,也可以同一方向丈量 2 次,取其平均值,其相对误差不应大于 1/3 000。

6.3　导线测量内业

导线测量内业计算的目的是计算各导线点的坐标。因此,在外业工作结束后,首先应整理外业测量资料,导线测量计算所必须具备的资料有:

(1) 各导线边的水平距离;
(2) 导线各转折角和导线边与已知边所夹的连接角;
(3) 高级控制点的坐标。当导线不与高级控制连测时,应假定一起始点的坐标和一边的坐标方位角。

计算前,应对上述数据进行检查复核,当确认无误后,可绘制导线草图,注明已知数据和观测数据，并填表计算。

内业计算数字的取位，对于等级导线，角值取至秒，边长及坐标取至毫米。对于图根导线，角值取至秒，边长和坐标取至厘米。

6.3.1　导线坐标计算的正算和反算问题

1. 坐标正算问题

坐标正算是根据一个已知点的坐标和到未知点的边长及坐标方位角，推算未知点的坐标。

如图6.6所示，设 A 点的坐标(X_A, Y_A)，AB 边的边长D_{AB}及坐标方位角α_{AB}均为已知，现求 B 点坐标(X_B, Y_B)。

由图6.6可知

$$\begin{aligned} X_B &= X_A + \Delta X_{AB} \\ Y_B &= Y_A + \Delta Y_{AB} \end{aligned} \tag{6.1}$$

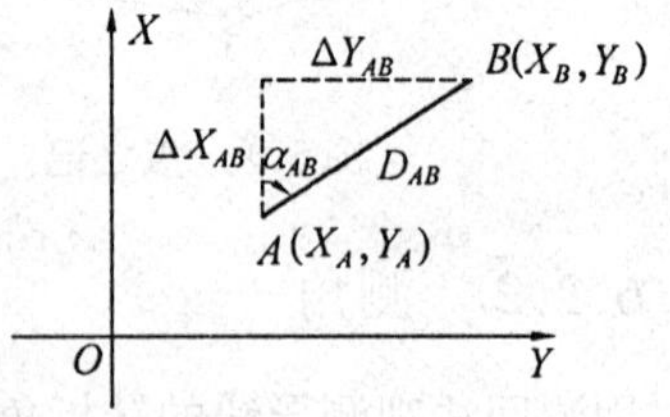

图6.6　坐标计算

其中坐标增量为

$$\begin{aligned} \Delta X_{AB} &= D_{AB}\cos\alpha_{AB} \\ \Delta Y_{AB} &= D_{AB}\sin\alpha_{AB} \end{aligned} \tag{6.2}$$

则有

$$\begin{aligned} X_B &= X_A + D_{AB}\cos\alpha_{AB} \\ Y_B &= Y_A + D_{AB}\sin\alpha_{AB} \end{aligned} \tag{6.3}$$

式(6.3)为坐标正算的基本公式，即根据两点间的边长和坐标方位角，计算两点间的坐标增量，再根据已知点的坐标，计算另一未知点的坐标。

2. 坐标反算问题

坐标反算是根据直线两端点的坐标计算直线的坐标方位角和边长。在施工放样的数据计算中，经常要进行坐标反算。

如图6.6所示，设 A、B 两点的坐标(X_A, Y_A)，(X_B, Y_B)均为已知，现计算α_{AB}和D_{AB}。由图6.6可知

$$\begin{cases} \alpha_{AB} = \arctan\dfrac{\Delta Y_{AB}}{\Delta X_{AB}} = \arctan\dfrac{Y_B - Y_A}{X_B - X_A} \\ D_{AB} = \dfrac{\Delta X_{AB}}{\cos\alpha_{AB}} = \dfrac{\Delta Y_{AB}}{\sin\alpha_{AB}} = \sqrt{\Delta X_{AB}^2 + \Delta Y_{AB}^2} \end{cases} \tag{6.4}$$

式(6.4)为坐标反算的基本公式。当求直线 AB 的坐标方位角α_{AB}时，还应根据ΔX_{AB}、ΔY_{AB}的"+"、"-"符号来确定α_{AB}所在的象限。

6.3.2　闭合导线坐标计算

将校核无误的外业观测数据和起算数据填入"闭合导线坐标计算表"(表6.2)中，现以表中草图为例，说明计算步骤。

1. 角度闭合差的计算与调整

由平面几何学可知，n 个边的多边形的内角和的理论值为

表6.2 闭合导线坐标计算表

点号	观测角 ° ' "	改正数 "	改正角 ° ' "	坐标方位角 ° ' "	距离 /m	增量计算值 ΔX/m	增量计算值 ΔY/m	改正后增量 ΔX/m	改正后增量 ΔY/m	坐标值 X/m	坐标值 Y/m	点号
1	2	3	4=2+3	5	6	7	8	9	10	11	12	13
1												
				144 36 00	77.38	-2 -63.07	-1 44.82	-63.09	44.81	500.00	800.00	1
2	89 33 47	+16	89 34 03							436.91	844.81	2
				54 10 03	128.05	-3 74.96	-2 103.81	74.93	103.79			
3	72 59 47	+16	73 00 03							511.84	948.60	3
				307 10 06	79.38	-2 47.96	-1 -63.26	47.94	-63.27			
4	107 49 02	+16	107 49 18							559.78	885.33	4
				234 59 24	104.16	-2 -59.76	-2 -85.31	-59.78	-85.33			
1	89 36 20	+16	89 36 36							500.00	800.00	1
				144 36 00								
2												
总和	359 58 56	+64	360 00 00		388.97	+0.09	+0.06	0.000	0.00			

辅助计算:

$f_\beta = \sum \beta_测 - \sum \beta_理 = 359°58'56'' - 360° = -64''$

$f_容 = \pm 60'' \sqrt{4} = \pm 120''$

$f_x/m = \sum \Delta X = +0.09$

$f_y/m = \sum \Delta Y = +0.06$

$f_D/m = \sqrt{f_x^2 + f_y^2} = 0.11$

$K = \dfrac{f_D}{\sum D} = \dfrac{0.11}{388.97} \approx \dfrac{1}{3\,500} < \dfrac{1}{2\,000}$

$$\sum \beta_{\text{理}} = (n-2) \times 180° \tag{6.5}$$

由于水平角观测不可避免地含有误差,致使实际测得的内角之和 $\sum \beta_{\text{测}}$ 与理论值 $\sum \beta_{\text{理}}$ 不符,两值的差数,称之为角度闭合差 f_β。

$$f_\beta = \sum \beta_{\text{测}} - \sum \beta_{\text{理}} = \sum \beta_{\text{测}} - (n-2) \times 180° \tag{6.6}$$

角度闭合差 f_β 的大小,说明了观测角的精度好坏,对不同等级的导线均有不同的限差。图根导线角度闭合差的容许值为 $f_{\beta\text{容}} = \pm 60'\sqrt{n}$。

若 $f_\beta \leq f_{\beta\text{容}}$,说明该导线水平角观测的成果可用,否则,应返工重测。

当角度闭合差符合规定,即可对角度闭合差进行调整。调整的原则是将闭合差 f_β 反符号平均改正在每个观测角中,余数可以凑整或对边长差值大的夹角多分配,使改正后的角度之和满足理论值。

2. 坐标方位角推算

用起始边的坐标方位角和改正后的各内角可推算其他各边的坐标方位角。推导公式为

$$\alpha_{\text{前}} = \alpha_{\text{后}} + \beta_{\text{左}} \pm 180° \tag{6.7}$$

表 6.2 中的图例,按 1—2—3—4—1 逆时针方向推算,使多边形内角即为导线前进方向的左角。为了检核,还应推算回起始边。

3. 坐标增量闭合差的计算与调整

知道了导线各边的边长和坐标方位角,就可按式(6.2)计算各导线边的坐标增量。

对于闭合导线,无论其导线边数的多少,其纵、横坐标增量代数和的理论值应分别等于零(图 6.7),即

$$\begin{cases} \sum \Delta X_{\text{理}} = 0 \\ \sum \Delta Y_{\text{理}} = 0 \end{cases} \tag{6.8}$$

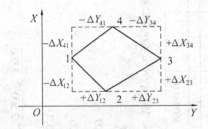

图 6.7　坐标增量

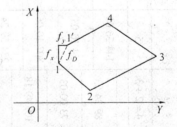

图 6.8　坐标增量闭合差

由于量边的误差和角度闭合差调整后的残余误差,使得由起点 1 出发,经过各点的坐标增量计算,其纵、横坐标增量的总和 $\sum \Delta X_{\text{测}}$、$\sum \Delta Y_{\text{测}}$ 都不等于零,这就存在着导线纵坐标增量闭合差 f_x 和横坐标增量闭合差 f_y,其计算式为

$$\begin{cases} f_x = \sum \Delta X_{\text{测}} - \sum \Delta X_{\text{理}} = \sum \Delta X_{\text{测}} \\ f_y = \sum \Delta Y_{\text{测}} - \sum \Delta Y_{\text{理}} = \sum \Delta Y_{\text{测}} \end{cases} \tag{6.9}$$

如图 6.8 所示,由于坐标增量闭合差 f_x、f_y 的存在,从导线点 1 出发,最后不是闭合到出发点 1,而是 1′ 点,其间产生了一段差距 1—1′,这段距离称为导线全长闭合差 f_D,由图 6.8 可

知

$$f_D = \sqrt{f_x^2 + f_y^2} \tag{6.10}$$

导线全长闭合差是由测角误差和量边误差共同引起的,一般说来,导线越长,全长闭合差就越大。因此,要衡量导线的精度,可用导线全长闭合差 f_D 与导线全长 $\sum D$ 的比值来表示,得到导线全长相对闭合差(或叫导线相对精度)K,且化成分子是1的分数形式。

$$K = \frac{f_D}{\sum D} = \frac{1}{\sum D/f_D} \tag{6.11}$$

不同等级的导线其导线全长相对闭合差有着不同的限差。当 $K \leq K_{容}$ 时,说明该导线符合精度要求,可对坐标增量闭合差进行调整。调整的原则是将 f_x、f_y 反符号与边长成正比例分配到各边的纵、横坐标增量中去,即

$$\begin{cases} V_{xi} = -\dfrac{f_x}{\sum D} \times D_i \\[2mm] V_{yi} = -\dfrac{f_y}{\sum D} \times D_i \end{cases} \tag{6.12}$$

式中　　V_{xi}、V_{yi}——第 i 条边的坐标增量改正数;
　　　　D_i——第 i 条边的边长。

计算坐标增量改正数 V_{xi}、V_{yi} 时,其结果应进行凑整,满足

$$\begin{cases} \sum V_{xi} = -f_x \\ \sum V_{yi} = -f_y \end{cases} \tag{6.13}$$

4. 导线点坐标计算

根据起始点的坐标和改正后的坐标增量 $\Delta X'_i$、$\Delta Y'_i$,可以依次推算各导线点的坐标,即

$$\begin{cases} \Delta X'_i = \Delta X_i + V_{xi} \\ \Delta Y'_i = \Delta Y_i + V_{yi} \end{cases} \tag{6.14}$$

$$\begin{cases} X_{i+1} = X_i + \Delta X'_i \\ Y_{i+1} = Y_i + \Delta Y'_i \end{cases} \tag{6.15}$$

最后还应推算起点1的坐标,其值与原有的数值一致,以作校核。

6.3.3　附合导线计算

附合导线的计算方法与闭合导线的计算方法基本相同,但由于计算条件有些差异,致使角度闭合差与坐标增量闭合差的计算有所不同,现叙述如下。

1. 角度闭合差的计算

附合导线的角度闭合条件是推算至终边的坐标方位角应等于该边已知坐标方位角。如图 6.3(b) 所示,C、D、C'、D' 为高级控制点,其坐标值均为已知,坐标方位角 α_{CD}、$\alpha_{C'D'}$ 为已知或可用坐标反算的方法计算得到。在 D、C' 两点间布设了一条附合导线,观测了连接角 β_D、$\beta_{C'}$ 和各转折角。

若观测的各角值都没有误差,那么,从已知边的坐标方位角 α_{CD} 经过各角推算出 $C'D'$ 边坐标方位角 $\alpha'_{C'D'}$ 应与已知 $\alpha_{C'D'}$ 一致,否则就存在角度闭合差 f_β,即

$$f_\beta = \alpha'_{C'D'} - \alpha_{C'D'} \tag{6.16}$$

由图 6.3(b) 推算的坐标方位角有

$$\begin{cases} \alpha'_{D1} = \alpha_{CD} + \beta_B \pm 180° \\ \alpha'_{12} = \alpha'_{D1} + \beta_1 \pm 180° \\ \cdots \quad \cdots \quad \cdots \quad \cdots \\ + \alpha'_{C'D'} = \alpha'_{3C} + \beta_{C'} \pm 180° \\ \alpha'_{C'D'} = \alpha_{CD} + \sum\beta_测 \pm n \times 180° \end{cases} \tag{6.17}$$

上式中的 n 为包含附合导线两端点在内的导线点数,$\sum\beta_测$ 中包括了连接角 β_D 和 $\beta_{C'}$。将式 (6.17) 代入式(6.16),得

$$f_\beta = \sum\beta_测 - (\alpha_{C'D'} - \alpha_{CD}) \pm n \times 180° =$$

$$\sum\beta_测 - (\alpha_终 - \alpha_始) \pm n \times 180° \tag{6.18}$$

容许的角度闭合差及闭合差的分配方法与闭合导线相同,但必须注意,此时的连接角也应加改正数。

2. 坐标增量闭合差计算

附合导线是在两个已知点间敷设的导线,故根据起始点的坐标值及各导线边的坐标增量,可以推算出终点的坐标值,因此,附合导线各边坐标增量代数和的理论值应等于终、始点的已知坐标值之差,即

$$\begin{aligned} \sum\Delta X_理 &= X_终 - X_始 \\ \sum\Delta Y_理 &= Y_终 - Y_始 \end{aligned} \tag{6.19}$$

由于测量误差的存在,经计算得到的各边坐标增量的代数和 $\sum\Delta X_测$、$\sum\Delta X_测$ 不等于理论值,则坐标增量的闭合差为

$$\begin{aligned} f_x &= \sum\Delta X_测 - \sum\Delta X_理 = \sum\Delta X_测 - (X_终 - X_始) \\ f_y &= \sum\Delta Y_测 - \sum\Delta Y_理 = \sum\Delta Y_测 - (Y_终 - Y_始) \end{aligned} \tag{6.20}$$

附合导线坐标计算的全过程见表 6.3 的算例。

6.4 高程控制测量

小地区高程控制测量通常采用水准测量和三角高程测量两种方法,而水准测量一般采用三、四等水准测量。现分别介绍这两种高程控制测量的方法。

6.4.1 三、四等水准测量

三、四等水准测量一般是在国家一、二等水准网的基础上加密的高程控制,它主要用于地形测图及小区域工程建设中的首级高程控制。三、四等水准测量的起算点高程应从附近一、二等水准点引测,便于建立统一高程系,也可以建立独立的水准网,这样起算点的高程是采用假定高程。

1. 三、四等水准测量的技术要求

三、四等水准线路一般沿公路、铁路布设,其主要技术要求参见表 6.4。

表 6.3 附合导线坐标计算表

点号	观测角 ° ′ ″	改正数 ″	改正角 ° ′ ″ (4=2+3)	坐标方位角 ° ′ ″	距离 /m	增量计算值 ΔX/m	增量计算值 ΔY/m	改正后增量 ΔX/m	改正后增量 ΔY/m	坐标值 X/m	坐标值 Y/m	点号
1	2	3	4=2+3	5	6	7	8	9	10	11	12	13
A				157 00 36								A
B	167 45 39	+3	167 45 42							2299.82	1303.80	B
				144 46 18	118.07	−3 −96.45	−2 68.11	−96.48	68.09			
1	123 11 27	+3	123 11 30							2203.34	1371.89	1
				87 57 48	146.68	−3 5.13	−3 146.59	5.10	146.56			
2	189 20 33	+3	189 20 36							2208.44	1518.45	2
				97 18 24	85.08	−2 −10.82	−1 84.39	−10.84	84.38			
3	179 59 27	+3	179 59 30							2197.76	1602.83	3
				97 17 54	87.11	−2 −11.07	−1 86.40	−11.09	86.39			
C	129 27 27	+3	129 27 30							2186.51	1689.22	C
				46 45 24								
D												D
总和	789 44 33	+15	789 44 48		436.94	−113.21	385.49	−113.31	385.42			

辅助计算

$f_\beta = \sum \beta_{测} - (\alpha_{CD} - \alpha_{AB}) \pm 5 \cdot 180° =$
$789°44'33'' - (46°45'24'' - 157°00'36'') - 900° = -15''$
$f_{\beta容} = \pm 60'' \sqrt{5} = \pm 134''$
$f_x/\text{m} = \sum \Delta X_{测} - (X_{终} - X_{始}) = -113.21 - (2186.51 - 2299.82) = +0.10$
$f_y/\text{m} = \sum \Delta Y_{测} - (Y_{终} - Y_{始}) = -385.49 - (1689.22 - 1303.80) = +0.07$
$f_D/\text{m} = \sqrt{f_x^2 + f_y^2} = 0.12$
$K = \dfrac{f_D}{\sum D} = \dfrac{0.12}{436.94} \approx \dfrac{1}{3\,600} < \dfrac{1}{2\,000}$

表 6.4　三、四等水准测量主要技术要求

等级	线路长度/km	水准仪	视线长/m	视线高/m	水准尺	观测次数 与已知点连测	观测次数 附合或环线	往返较差、闭合差 平地/mm	往返较差、闭合差 山地/mm
三	45	DS_{05} DS_1	80	可三丝读数	铟瓦	往返各一次	往一次	$\pm 12\sqrt{L}$	$\pm 4\sqrt{n}$
三	45	DS_3	65	可三丝读数	双面	往返各一次	往返各一次	$\pm 12\sqrt{L}$	$\pm 4\sqrt{n}$
四	15	DS_1	100	可三丝读数	铟瓦	往返各一次	往一次	$\pm 20\sqrt{L}$	$\pm 6\sqrt{n}$
四	15	DS_3	80	可三丝读数	双面	往返各一次	往一次	$\pm 20\sqrt{L}$	$\pm 6\sqrt{n}$

注：计算往返较差时，表中 L 为水准点间的线路长度(km)；计算附合或环形水准路线闭合差时，L 为附合或环形的线路长度(km)；n 为测站数。

2. 三、四等水准测量观测方法

国家三、四等水准测量通常采用两面有分划的黑、红面双面标尺，在一个测站上的技术要求见表 6.5，每一站的观测顺序为：

(1) 照准后视标尺黑面，按上、中、下三丝读数；
(2) 照准前视标尺黑面，按上、中、下三丝读数；
(3) 照准前视标尺红面，按中丝读数；
(4) 照准后视标尺红面，按中丝读数。

上述四步观测顺序简称为后—前—前—后(黑、黑、红、红)，这样的观测顺序可以消除或削弱仪器下沉误差的影响。四等水准测量每站的观测顺序也可为后—后—前—前(黑、红、黑、红)。

四等水准测量的观测及计算的示例见表 6.6。表内带括号的号码为观测读数和计算序号，其中(1)~(8)为观测数据，其余为计算所得。

表 6.5　测站的技术要求

等级	视线长/m	视线高	后前视距差/m	后前视距差累计/m	红黑面读数差/mm	黑、红面所测高差之差/mm
三等	≤65	三丝法读数	≤3	≤6	≤2	≤3
四等	≤80	三丝法读数	≤5	≤10	≤3	≤5

3. 三、四等水准测量的测站计算与检核

(1) 视距计算。后视距(9) = [(1) − (2)] × 100；前视距(10) = [(4) − (5)] × 100。要求三等水准测量小于等于 65 m，四等水准测量不大于 80 m。

前、后视距差(11) = (9) − (10)。要求三等水准测量小于等于 3 m，四等水准测量小于等于 5 m。

前、后视距累积差(12) = 上站(12) + 本站(11)。要求三等水准测量小于等于 6 m，四等水准测量小于等于 10 m。

第6章 小区域控制测量

(2) 读数检核。

$$(13) = (6) + K - (7)$$
$$(14) = (6) + K - (8)$$

三等水准测量小于等于 2 mm,四等水准测量小于等于 3 mm。对同一水准尺红、黑面中丝读数之差,应等于该尺红、黑面的常数差 $K = 4.687$ 或 $K = 4.787$。

(3) 高差计算与检核。

黑面高差　　　　　　　(15) = (3) - (6)
红面高差　　　　　　　(16) = (8) - (7)

(17) = (15) - (16) ± 0.100 或 (17) = (14) - (13)。要求三等水准测量小于等于 3 mm,四等水准测量小于等于 5 mm。式中 0.100 为单、双号一对水准尺红面零点注记差,以 m 为单位,当(15)比(16)小约 0.100 m 时,则减 0.100 m;当(15)比(16)大约 0.100 m 时,则加上 0.100 m。

平均高差　　　　　　　(18) = [(15) + (16) ± 0.100] / 2

三、四等水准测量的成果计算可参见第 2 章。

表 6.6　四等水准测量的观测及计算示例

测站编号	点号	后尺 上丝 下丝	前尺 上丝 下丝	方向及尺号	水准尺读数		K + 黑 - 红 $K_1 = 4.787$ $K_2 = 4.687$	高差中数
		后视距	前视距		黑面	红面		
		视距差	视距累积差					
		(1)	(4)	后	(3)	(8)	(14)	
		(2)	(5)	前	(6)	(7)	(13)	(18)
		(9)	(10)	后 - 前	(15)	(16)	(17)	
		(11)	(12)					
1	BM1 D_{TP1}	1.532 1.121 41.1 + 0.7	1.457 1.053 40.4 + 0.7	后 1 前 2 后 - 前	1.326 1.254 + 0.072	6.111 5.940 + 0.171	+ 2 + 1 + 1	+ 0.0715
2	D_{TP1} D_{TP2}	1.677 1.482 19.5 + 1.3	1.763 1.581 18.2 + 2.0	后 2 前 1 后 - 前	1.580 1.670 - 0.090	6.265 6.458 - 0.193	+ 2 - 1 + 3	- 0.0915
3	D_{TP2} BM2	1.721 1.337 38.4 - 1.7	1.452 1.051 40.1 + 0.3	后 1 前 2 后 - 前	1.529 1.250 + 0.279	6.314 5.936 + 0.378	+ 2 + 1 + 1	+ 0.2785

6.4.2 三角高程测量

用水准测量的方法在平坦地区进行高程测量,精度比较高,但在山区或地面高低起伏较大区域,水准测量就比较困难,甚至难以进行,这时可采用三角高程测量的方法。

1. 三角高程测量的原理

三角高程测量是根据两点间的水平距离和观测的竖直角计算两点间的高差。如图 6.9 所示,已知 A 点高程 H_A,欲求 B 点高程 H_B,可在 A 点安置经纬仪,在 B 点竖立觇标,用望远镜的中横丝瞄准觇标,测出竖直角 α,量出觇标高 v 和仪器高 i(仪器横轴中心到地面标志顶面的高度)。根据 A、B 两点间的水平距离 D,即可计算两点间的高差 h_{AB} 为

$$h_{AB} = D \times \tan \alpha + i - v \tag{6.21}$$

则 B 点高程为

$$H_B = H_A + h_{AB} = H_A + D \times \tan \alpha + i - v \tag{6.22}$$

应用该公式时,要注意竖直角的符号,仰角时,$\tan \alpha$ 取正值;俯角时,$\tan \alpha$ 取负值。

2. 球气差改正

在进行三角高程测量时,当两点之距超过 300 m,还须对所测高差进行地球曲率和大气折光的改正,简称球气差改正。

(1) 地球曲率的改正。当 A、B 两点之距较大时,两点之间的水准面就不能用水平面来代替,而应视为曲面。此时用公式(6.21)、(6.22) 计算,并应加上地球曲率影响的改正数 f_1,简称球差改正。球差改正的计算公式为

$$f_1 = \frac{D^2}{2R} \tag{6.23}$$

式中,D 为两点间的水平距离,R 为地球曲率半径。

(2) 大气折光的改正。在观测竖直角时,无论是仰角还是俯角,视线都会穿过密度不均匀的大气层,形成一条向上拱起的曲线,使测得的竖直角偏大。因此,在高差计算中,也必须加上大气折光影响的改正数 f_2,简称气差改正。大气折光与地形、高差、高程、气温、气压、日照诸多因素有关,其折光曲线近似地当做圆弧,半径 R 为地球半径的 6 ~ 7 倍。于是

$$f_2 = -\frac{D^2}{2R'} = -\frac{D^2}{12R} \tag{6.24}$$

地球曲率与大气折光的联合影响叫球气差影响,以 f 表示,则

$$f = f_1 + f_2 = \frac{D^2}{2R} - \frac{D^2}{12R} = 0.42 \frac{D^2}{R} \tag{6.25}$$

于是三角高程测量的计算公式为

$$h = D \times \tan \alpha + i - v + f \tag{6.26}$$

进行三角高程测量时,为了防止出错和提高测量精度,一般都应对向观测(双向观测),即由 A 向 B 观测,再由 B 向 A 观测。这样可得到两个等值反号的高差,取其平均值后,球气差影响值可从公式中消去,也即消除了地球曲率和大气折光的影响。

三角高程测量采用对向观测所求得的高差较差不应大于 $0.1 \text{ m} \times D$(图 6.9,D 为水平距离,以 km 为单位),符合要求后可取两次高差的平均值。

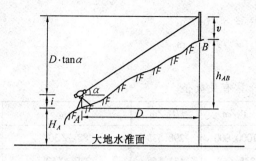

图 6.9 三角高程测量

思考题与习题

1. 为测地形图所进行的导线测量外业有哪几项？选择导线时应注意哪些事项？
2. 闭合导线和附合导线在内业计算上有何差异？
3. 何种情况采用三角高程测量，如何计算？
4. 根据图 6.10 图根导线的观测数据，计算 1、2 点的坐标。

$X_A = 426.200, Y_A = 945.500$

$X_B = 266.400, Y_B = 1083.800$

$\beta_B = 170°25'00'', D_{B1} = 102.567 \text{ m}$

$\beta_1 = 201°15'36'', D_{12} = 132.256 \text{ m}$

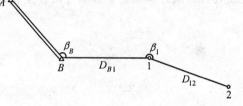

图 6.10

5. 根据图 6.11 中数据，列表计算闭合导线各点坐标。

$X_1 = 1000.000, Y_1 = 500.000$

$\alpha_{12} = 33°37'00''$

$\beta_1 = 123°59'30'', D_1 = 88.915 \text{ m}$

$\beta_2 = 122°46'00'', D_2 = 74.160 \text{ m}$

$\beta_3 = 102°17'30'', D_3 = 146.245 \text{ m}$

$\beta_4 = 104°44'00'', D_4 = 114.500 \text{ m}$

$\beta_5 = 86°12'00'', D_5 = 130.770 \text{ m}$

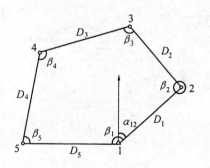

图 6.11

6. 根据图 6.12 中数据，列表计算附合导线各点坐标。

$X_A = 843.400, Y_A = 1264.290$

$X_B = 640.930, Y_B = 1068.440$

$X_C = 589.970, Y_C = 1307.870$

$X_D = 793.610, Y_D = 1399.190$

$\beta_B = 114°17'00'', D_1 = 82.171 \text{ m}$

$\beta_1 = 146°59'30'', D_2 = 77.283 \text{ m}$

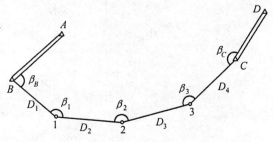

图 6.12

$\beta_2 = 135°11'30''$, $D_3 = 89.647$ m

$\beta_3 = 145°38'30''$, $D_4 = 79.836$ m

$\beta_C = 158°00'00''$

7. 根据下列数据,计算有关数值。

序号	X_A/m	Y_A/m	D_{AB}/m	α_{AB}	X_B/m	Y_B/m
1	1000.000	1000.000	298.535	88°59'30''		
2	645.397	248.669	131.567	239°30'12''		
3	1000.000	500.000			800.000	800.000
4	678.356	433.678			1000.000	200.000

8. 闭合导线坐标增量闭合差 $f_x = +0.460$ m, $f_y = -0.353$ m, 若导线全长 $\sum D = 1256.789$ m, 试计算导线全长相对闭合差和边长每 100 m 的坐标增量改正数。

第 7 章 大比例尺地形图的测绘

7.1 地形图的基本知识

地面高低起伏的形态称为地貌,地面上天然和人工的各种固定物体称为地物。地貌和地物总称为地形。地形图是以一定的比例尺和投影方式,用规定符号表示地物和地貌,在相应的介质上绘制地面点的平面位置和高程的图。大比例尺地形图通常是指 1:500、1:1 000、1:2 000、1:5 000 比例尺地形图,主要为厂矿、桥梁、隧道、沟渠、闸坝等土建工程规划、设计和施工提供依据;把 1:1 万、1:2.5 万、1:5 万、1:10 万的地形图称为中比例尺地形图;把 1:25 万、1:50 万、1:100 万的地形图称为小比例尺地形图。中、小比例尺地形图主要在城市和工程的总体规划和项目的初步设计中使用。对于大比例尺的地形图测绘,传统测量方法是利用经纬仪和平板仪进行测量,现代方法是利用电子全站仪和便携式笔记本电脑配以相应的测绘软件(俗称电子平板)来完成从野外测量、计算到内业一体化的数字化测量。中比例尺地形图采用航空摄影测量或航天遥感摄影测量方法测绘。小比例尺地形图是以比其大的比例尺地形图为基础,采用编绘的方法完成。1:1 万、1:2.5 万、1:5 万、1:10 万、1:25 万、1:50 万、1:100 万这 7 种比例尺地形图被确定为国家基本比例尺地形图。

7.1.1 地形图的分幅与编号

为了便于测绘、管理和使用地形图,需将同一地区的地形图进行统一的分幅和编号。地形图的编号简称为图号,它是根据分幅的方法而定的。地形图分幅有两种方法:一种是按经纬线分幅的梯形分幅法,用于国家基本地形图的分幅;另一种是按坐标格网划分的矩形分幅法,用于工程建设的大比例尺地形图的分幅。

1. 1:100 万比例尺地形图的分幅与编号

我国 1:50 万~1:5 000 的 7 种比例尺地形图是以 1:100 万比例尺地图为基础进行分幅与编号的。按国际惯例,1:100 万的世界地图的分幅和编号是这样的:自赤道起向南北两极分别按纬差 4°分成横行,各行依次用 A,B,…,V 表示;自经度 180°起由西向东按经差 6°将地球分成 60 纵列,各列依次用 1,2,…,60 表示。这样整个地球便被分成梯形格网状,一个梯形即为一幅图,每幅图的编号用它们的横行字母和纵列数字组成,如图 7.1 所示。例如,北京所在地的经度为东经 116°28′13″,纬度为北纬 39°54′23″,则其所在的 1:100 万图的编号为 J – 50。

上述规定分幅适用于纬度在 60°以下的情况。当纬度在 60°~76°时,则以经差 12°、纬差 4°分幅;纬度在 76°~88°时,则以经差 24°、纬差 4°分幅。

2. 1:50 万、1:20 万、1:10 万地形图的分幅与编号

如图 7.2 所示,1:50 万地形图是将 1:100 万地形图按经差 3°、纬差 2°分为 4 幅,分别以

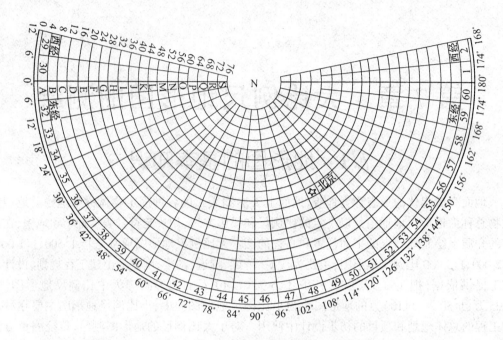

图 7.1 1:100 万比例尺地形图按经纬线的分幅与编号

代号 A、B、C、D 表示,其编号是在 1:100 万图编号之后加上相应的代号,如北京所在 1:50 万地形图的编号为 J-50-A。

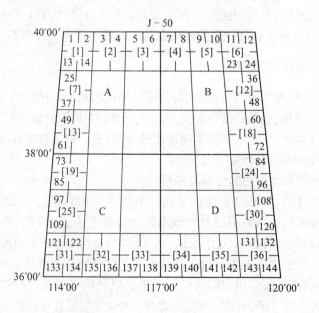

图 7.2 1:50 万、1:20 万、1:10 万地形图的分幅与编号

1:20 万地形图是将 1:100 万地图按经差 1°、纬差 40′ 分为 36 幅,分别以代号 [1],[2],[3],…,[36] 表示。其编号是在 1:100 万图幅编号之后加上相应的代号,如 J-50-[3]。

1:10 万地形图是将 1:100 万地图按经差 30′、纬差 20′ 分为 144 幅,分别以代号 1,2,3,…,144 表示。其编号是在 1:100 万图幅编号之后加上相应的代号,如 J-50-5。

3. 1:5万、1:2.5万、1:1万地形图的分幅与编号

如图7.3所示,1:5万地形图是将1:10万地形图按经差15′、纬差10′分为4幅,分别以A、B、C、D表示,其编号是在1:10万图幅编号之后加上相应的代号,如J-50-5-B。

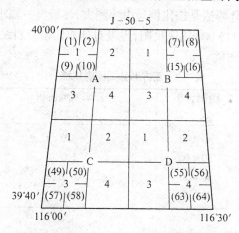

图7.3　1:5万、1:2.5万、1:1万地形图的分幅与编号

1:2.5万地形图是将1:5万地形图按经差7′30″、纬差5′分为4幅,分别以1,2,3,4表示。其编号是在1:5万图幅编号之后加上相应的代号。如J-50-5-B-2。

1:1万地形图是将1:10万地形图按经差3′45″、纬差2′30″分为64幅,分别以(1),(2),(3),…,(64)表示。其编号是在1:10万图幅编号之后加上相应的代号,如J-50-5-(15)。

4. 1:5 000地形图的分幅与编号

1:5 000地形图是将1:1万地形图按经差1′52.5″、纬差1′15″分为4幅,分别以a,b,c,d表示。其编号是在1:1万地形图的编号之后加上相应的代号,如J-50-5-(15)-c。

现将各种比例尺地形图分幅与编号方法列于表7.1,以供参考。

表7.1　梯形分幅与编号

比例尺	图幅大小		图幅数量关系		编号发方法	
	经差	纬差	分幅基础	图幅数	分幅代号	编号示例
1:100万	6°	4°	1:100万	1	纵行:1,2,3,…,60 横列:A,B,C,…,V	J-50
1:50万	3°	2°	1:100万	4	A,B,C,D	J-50-A
1:20万	1°	40′	1:100万	36	[1],[2],[3],…,[36]	J-50-[3]
1:10万	30′	20′	1:100万	144	1,2,3,…,144	J-50-5
1:5万	15′	10′	1:10万	4	A,B,C,D	J-50-5-B
1:2.5万	7′30″	5′	1:5万	4	1,2,3,4	J-50-5-B-2
1:1万	3′45″	2′30″	1:10万	64	(1),(2),(3),…,(64)	J-50-5-(15)
1:5 000	1′52.5″	1′15″	1:1万	4	a,b,c,d	J-50-5-(15)-c

7.1.2 正方形分幅与编号

工程建设中所用大比例尺地形图多采用矩形分幅法,它们图幅的大小见表7.2。分幅关系如图7.4所示,正方形分幅法是按比例尺由小到大,逐级将一幅小一级比例尺图对分成四幅大一级比例尺图,一幅1∶5 000比例尺图,逐级对分成四幅带斜线的1∶2 000、1∶1 000、1∶500的图。

表7.2 正方形分幅图廓规格

比例尺	图幅大小 /cm×cm	图廓实地面积 /km²	每1 km²图幅数
1∶5 000	40×40	4.0	1/4
1∶2 000	50×50	1.0	1
1∶1 000	50×50	0.25	4
1∶500	50×50	0.062 5	16

正方形分幅的编号有两种方式:

1. 按1∶5 000的图号进行编号

1∶5 000的图号,是以该幅图西南角坐标"$x-y$"编号的。如$x=20$ km,$y=10$ km,则该图的编号为20-10。以下各级比例尺的编号是在1∶5 000图号的基础上,由小到大逐级添加,它们的编号均用罗马数字Ⅰ,Ⅱ,Ⅲ,Ⅳ表示。另外,各种比例尺的编号的编排顺序均为自西向东,自北向南,如图7.4所示。

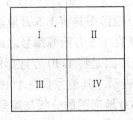

图7.4 正方形分幅与编号的顺序

如图7.5所示,绘有阴影线的1∶2 000图号为20-10-Ⅰ,绘有阴影线的1∶1 000图号为20-10-Ⅱ-Ⅱ,而绘有阴影线的1∶500图号为20-10-Ⅲ-Ⅳ-Ⅳ。

2. 按本幅图的西南角坐标进行编号

1∶5 000的图号取至km,1∶2 000及1∶1 000取至0.1 km,1∶500取至0.01 km。例如1∶2 000,1∶1 000,1∶500三幅图的西南角坐标分别为:$x=20.0$ km,$y=10.0$ km;$x=21.5$ km,$y=11.5$ km;$x=20.00$ km,$y=10.75$ km,它们的编号相对应为20.0-10.0;21.5-11.5;20.00-10.75。

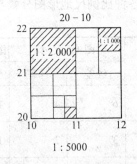

图7.5 正方形分幅与编号

7.1.3 地形图的比例尺

图上任一线段长度d与地面上相应水平距离D之比,称为地形图的比例尺。常见的比例尺有两种:数字比例尺和直线比例尺。

用分子为1的分数式来表示比例尺,称为数字比例尺,即

第7章 大比例尺地形图的测绘

$$\frac{d}{D} = \frac{1}{M}$$

M 称为比例尺分母,表示缩小的倍数,M 愈小,比例尺愈大,图上表示的地物、地貌就愈详尽。

用一"单位"直线段注记"单位 × M"的形式来表示的比例尺,称为直线比例尺。图 7.6 所示为 1∶1 000 的直线比例尺,线上 2 cm 标记为 2 cm × 1 000 = 20 m,即直线比例尺上 2 cm 相当地面上 20 m。直线比例尺多绘制在地形图的下方,随图纸同样收缩,因而用它来量同一幅图上的距离时,就可以消除因图纸收缩而带来的测量误差。

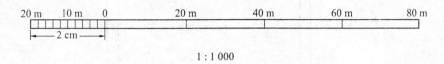

图 7.6 直线比例尺

正常人眼睛的分辨率为 0.1 mm,即在图上两点间的距离小于 0.1 mm 时就无法再分辨。因此,把图上 0.1 mm 所相当的地面实际水平距离,称为地形图的比例尺精度。比例尺不同,其比例尺精度也不同,见表 7.3。

表 7.3 比例尺精度

比例尺	1∶500	1∶1 000	1∶2 000	1∶5 000	1∶10 000
比例尺精度/m	0.05	0.1	0.2	0.5	1.0

比例尺精度对测图和用图都具有重要意义。当测绘相应比例尺的地形图时,测量距离的精度只需精确到 0.05 m,0.10 m,0.20 m,0.50 m 即可。反之,根据需要在图上表示的最小距离,如不大于实地 0.2 m 大小的地物时,则可利用 0.1 mm × M = 0.2 m,反算出比例尺分母 2 000。

7.1.4 地形图的图外注记

1. 图名、图号、接图表

如图 7.7 所示,图廓正上方的"辛庄"是该幅图的图名,它是以图中比较著名的地名、居民地或企事业单位的名称来命名的。图名下面的 20.5 − 10.5 为图的编号,称为图号。图的左上角是接图表,中间带影线的空格表示本幅图,其余 8 格表示相邻图幅的图名,供检索和拼接相邻图幅时使用。

2. 图廓与坐标格网

地形图都有内、外图廓。内图廓线较细,是图幅的范围线;外图廓线较粗,是图幅的装饰线。矩形图幅的内图廓是坐标格网线,在图幅内绘有坐标格网交点短线,图廓的四角注记有坐标。梯形图幅的内图廓是经纬线,图廓的四角注记有经纬度,内、外图廓之间还有分图廓,分图廓绘有经差和纬差,用 1′ 间隔的黑白分度带表示,只要把分图廓对边相应的分度线连接,就构成经差和纬差各为 1′ 的地理坐标格网。梯形图幅内还绘有 1 km 的直角坐标格网,称为公里格网。内图廓和外图廓之间注有公里格网坐标值,如图 7.8 所示。

· 102 · 测 量 学

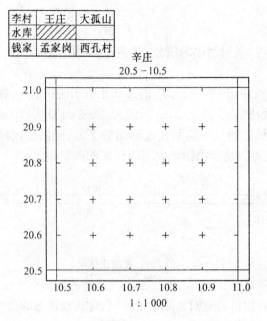

图 7.7 图名、图号、接图表

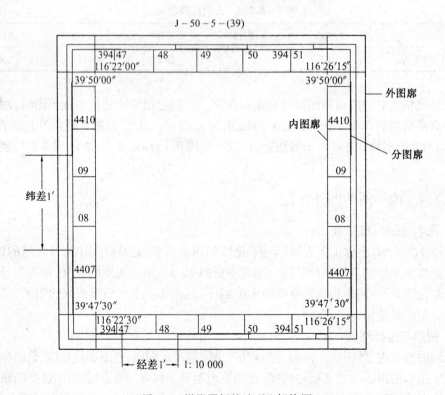

图 7.8 梯形图幅的地理坐标格网

3. 三北方向线

在图廓左下方,绘有真子午线、磁子午线和坐标纵轴这三个北方向线之间的角度关系图,如图 7.9(a)所示。绘制时,真子午线垂直下图廓边,按磁针和坐标纵线对真子午线的偏角,绘出磁子午线和坐标纵轴,注记磁偏角值、子午线收敛角值及坐标磁偏角值,供各种方位角之间的换算和图幅定向用。

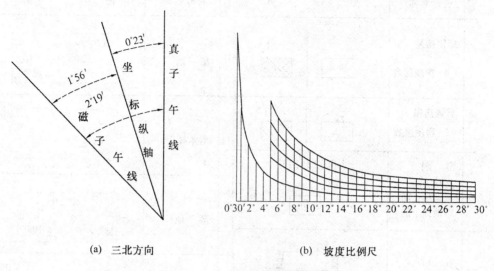

(a) 三北方向　　　　　　　　　(b) 坡度比例尺

图 7.9　三北方向线和坐标比例尺

4. 直线比例尺和坡度比例尺

在图廓正下方注记图的数字比例尺。在数字比例尺下方绘制直线比例尺,以便图解距离,消除图纸伸缩的影响。

在梯形图幅左下方绘制坡度比例尺,如图 7.9(b)所示,用以度量相邻 2 条或 6 条等高线上两点之间的直线坡度。坡度比例尺按等高距和等高线平距之比的关系绘制。利用分规量出相邻等高线的平距后,在坡度比例尺上即可读出地面坡度值 i。

7.1.5　地物的表示方法

地形图上的地物是用不同的地物符号表示的。比例尺不同,地物的取舍标准也不同。因此,要正确识别地物,就必须知道地物符号代表的含义。依照国家测绘局颁发的《地形图图式》,可大体把地物符号分为比例符号、半比例符号、非比例符号和注记符号 4 种。表 7.4 所示为《地形图图式》的部分符号和地貌符号。

有些地物的轮廓较大,如房屋、水稻田和湖泊等,它们的形状和大小可以按测图比例尺缩小,并用规定的符号绘在图纸上,这种符号称为比例符号,见表 7.4,从 1~12 号等都是比例符号。

对于一些带状延伸地物,如铁路、通讯线、管道和栅栏等,其长度可按比例尺缩绘,而宽度无法按比例尺缩绘的符号称为半比例符号。表 7.4 中,从 13~26 号等都是半比例符号。

有些地物,如三角点、水准点、独立树和里程碑等,轮廓较小,无法将其形状和大小按比例绘到图上,则不考虑其大小,而采用规定的符号表示,这种符号称为非比例符号。如表 7.4,从 27~40 号等都是非比例符号。

表 7.4 地物符号

编号	符号名称	图 例	编号	符号名称	图 例
1	坚固房屋 4-房屋层数	砖 4　　1.5	10	旱 地	1.0　　2.0　10.0　10.0
2	普通房屋 2-房屋层数	2　　1.5	11	灌木林	0.5　1.0
3	窑 洞 1. 住人的 2. 不住人的 3. 地面下的	1 ⌒ 2.5 2 ⌒ 2.0 3 ⌒	12	菜 地	2.0　10.0　10.0
4	台 阶	0.5 0.5　　0.5	13	高压线	4.0
5	花 圃	1.5　　1.5　10.0　10.0	14	低压线	4.0
6	草 地	1.5　0.8　10.0　10.0	15	电 杆	1.0
7	经济作物地	0.8　3.0 蔗　10.0　10.0	16	电线架	
8	水生经济作物地	3.0 藕 0.5	17	砖、石及混凝土围墙	10.0　0.5　10.0　0.3
9	水稻田	2.0 2.0 10.0　10.0	18	土围墙	10.0　0.5
			19	栅栏、栏杆	1.0　10.0
			20	篱 笆	1.0　10.0

续表 7.4

编号	符号名称	图　　例	编号	符号名称	图　　例
21	活树篱笆	3.5　0.5　10.0 ○┆○┆○┈○┈○ 1.0　0.8	31	水　塔	2.0 3.0⊙1.0 1.2
22	沟　渠 1. 有堤岸的 2. 一般的 3. 有沟堑的	1 ╫╫╫╫╫╫╫ 2 ────→──── 0.3 3 ╫╫╫╫╫╫╫	32	烟　囱	3.5⊙ 1.0
			33	气象站（台）	3.0 ↑4.0 1.2
			34	消火栓	1.5 1.5⊙2.0
23	公　路	0.3 ─────沥砾───── 0.3	35	阀　门	1.5 1.5⊙2.0
24	简易公路	8.0　2.0 ────┆────┆────	36	水龙头	3.5┆2.0 1.2
25	大车路	0.15 ─────碎石───── 0.3	37	钻　孔	3.0⊙1.0
26	小　路	0.4　1.0 0.3 ── ── ──	38	路　灯	2.0 1.5⊙4.0 1.0
27	三角点 凤凰山-点名 394.486-高程	凤凰山 △──── 394.468 3.0	39	独立树 1. 阔叶 2. 针叶	1.5 1 3.0⊙ 0.7 2 3.0⊙ 0.7
28	图根点 1. 埋石的 2. 不埋石的	1 2.0☐ N16/84.46 2 1.5⊙ 25/62.74 2.5	40	岗亭、岗楼	90 △ 3.0 1.5
29	水准点	2.0⊗ 京石5/32.804	41	等高线 1. 首曲线 2. 计曲线 3. 间曲线	0.15 ～～～ 87　1 0.3 ～～～ 85　2 6.0 0.15 ─ ─ ─ 3 1.0
30	旗　杆	1.5 4.0⊙1.0 0.5			

续表 7.4

编号	符号名称	图 例	编号	符号名称	图 例	
42	示波线	0.8	45	陡崖 1. 土质的 2. 石质的	1	2
43	高程点及其注记	0.5 · 163.2 ☆ 75.4	46	冲沟		
44	滑坡					

非比例符号不仅其形状和大小不能按比例绘到图上,而且符号的中心位置与该地物实地的中心位置关系,也随各种不同的地物而异,在测图和用图时尤其应当注意。

用文字、数字或特定符号对地物加以说明,称为地物注记。如城镇、工厂、河流、道路的名称等。

7.1.6 地貌的表示方法

地貌是指地球表面的高低起伏状态,它包括山地、丘陵、平原和盆地等。在图上表示地貌的方法很多,而在测量工作中通常用等高线表示。因为用等高线表示地貌,不仅能表示地面的起伏状态,还能表示出地面的坡度和地面点的高程。

1. 等高线

地面上高程相等的相邻点连接的闭合曲线,称为等高线。如图 7.10 所示,高地顶部高程为 100 m,用高程为 95 m,90 m,85 m,80 m,75 m 水平面截取高地,得到各截面与地表面的交线,把这些交线垂直投影到水平面 H 上,且按规定比例缩小后,得到一组等高线,用以表现高地地形的起伏形态。

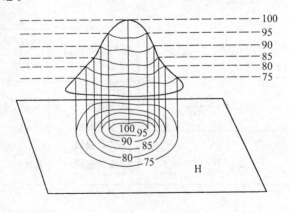

图 7.10 等高线

2. 等高距和等高线平距

相邻等高线间的高差称为等高距,用 h 表示。图 7.10 中的等高距为 5 m。在同一幅地形图上,等高距是相同的。

相邻等高线之间的水平距离称为等高线平距,常以 d 表示。因为同一幅地形图内等高距是相同的,所以等高线平距的大小直接与地面坡度有关。等高线平距越小,地面坡度就越大;平距越大,地面坡度就越小;平距相等,地面坡度就相同。因此,可以根据地形图上等高线的疏密来判断地面坡度的陡缓。

3. 等高线的种类

为了充分表示出地貌特征,等高线有四种类型:按基本等高距绘制的,称为首曲线,也称为基本等高线;为便于高程计算,逢五逢十,即每隔四条首曲线加粗描绘并用数字注记的等高线称为计曲线;为突出坡度特缓地方的地貌显示,以 1/2 基本等高距加密,且用长虚线绘制的等高线,称为间曲线;以 1/4 基本等高距加密,且用短虚线绘制的等高线,称为助曲线。间曲线和助曲线可只画局部的部分,不必闭合,如图 7.11 所示。

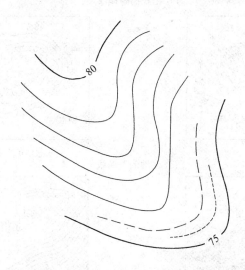

图 7.11 间曲线和助曲线的表示方法

4. 典型地貌的等高线

地面形态各不相同,但主要由山丘、盆地、山脊、山谷、鞍部等基本地貌构成。要用等高线表示地貌,关键在于掌握等高线表达基本地貌的特征。

山丘与盆地:图 7.12(a)、(b)表示山丘与盆地的等高线,其特征表现为一组闭合的曲线,高程注记由外圈向里圈递增的表示山头,由外圈向里圈递减的表示盆地。垂直绘在等高线上表示坡度递减方向的短线,称为示坡线。示坡线由里向外的表示山丘,由外向里的表示盆地。

山脊与山谷:图 7.12(c)、(d)所示等高线形状为山脊和山谷,其中山脊是沿着一个方向延伸的高地,其等高线凸向低处;山谷是两山脊之间的凹部,其等高线凸向高处。山脊最高点连成的棱线称为山脊线或分水线,山谷最低点连成的棱线称为山谷线或集水线。山脊线和山谷线统称为地性线。不论山脊线还是山谷线,它们都与等高线正交。

鞍部:图 7.12(e)表示两个山顶之间马鞍形的地貌,用两簇相对的山脊和山谷的等高线表示。

峭壁、悬崖、冲沟、陡坎、梯田等表示方法。图7.12(f)表示峭壁(绝壁)和梯田的等高线，其凹入部分投影到平面上后与其他的等高线相交，用虚线表示。表7.4中的第45、46号是陡崖和冲沟，由于其地面坡度过于陡峭，等高线密度太大，不好表示，因此，只能用专门的地貌符号表示。

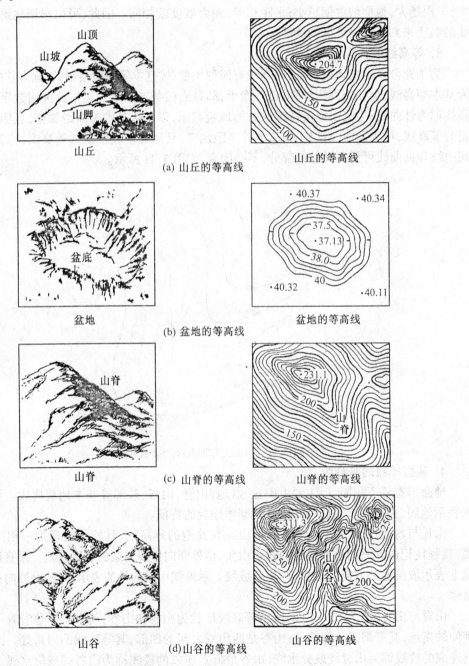

鞍部

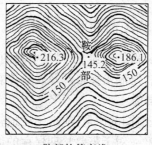
鞍部的等高线

(e) 鞍部的等高线

绝壁、梯田

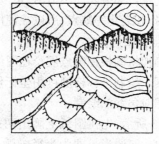
绝壁、梯田的等高线

(f) 绝壁、梯田的等高线

图 7.12 典型地貌的等高线

5. 等高线的特性

(1) 同一条等高线上的所有点的高程均相等；
(2) 等高线是连续的闭合曲线,若因图幅限制或遇到地物符号时可以中断；
(3) 除悬崖和峭壁处的地貌以外,等高线通常不能相交或重叠；
(4) 等高线与山脊线和山谷线正交；
(5) 等高线之间的平距愈小,坡度愈陡；平距愈大,坡度愈缓。

7.2 大比例尺地形图的测绘

大比例尺地形图的测绘是指建立图根控制后的碎部测量。直接用于测绘地形图的控制点称为图根控制点。为了保证测图精度,必须选取足够密度的图根控制点。如果利用视距法测距时,还应限制最大视距,具体要求见表7.5。若采用电磁波测距,可以降低控制点密度,延长测距长度。

表 7.5 视距表

测图比例尺	最大视距/m		地形点间距/m	每幅图的图根点数	每1 km²的图根点数
	主要地物和地貌	次要地物和地貌			
1:5 000	300	350	100	20	5
1:2 000	120~180	200~250	50	15	15
1:1 000	80~100	120~150	30	12~13	50
1:500	40~50	70~100	15	9~10	150

7.2.1 测图前的准备工作

测图前,除做好仪器、工具及资料的准备工作外,还应着重做好测图板的准备工作,它包括图纸的准备,绘制坐标格网及展绘控制点等工作。

1. 图纸准备

为了保证测图的质量,应选用质地较好的图纸。对于临时性测图,可将图纸直接固定在图板上进行测绘;对于需要长期保存的地形图,为了减少图纸变形,应将图纸裱糊在图板上。现在,大多采用聚酯薄膜,其厚度为 0.07~0.1 mm。它具有透明度好、伸缩性小、不怕潮湿、牢固耐用等优点。如果表面不清洁,可以直接用水洗涤,并可直接在底图上着墨复晒蓝图。但它易燃、易折和老化等缺点,所以在使用时注意防火、防折。

2. 绘制坐标格网

为了准确地将图根控制点展绘在图纸上,首先要在图纸上精确地绘制 10 cm × 10 cm 的直角坐标格网。绘制坐标格网可用坐标仪或坐标格网尺等专用工具,若没有上述工具,则可使用直尺按照对角线法绘制。

如图 7.13 所示,先在图纸上画出两条对角线,以交点 M 为圆心,取适当长度为半径画弧,在对角线上交得 A、B、C、D 点,用直线连接各点,得矩形 $ABCD$。再从 A、D 两点起各沿 AB、DC 方向每隔 10 cm 定一点;从 A、B 两点起各沿 AD、BC 方向每隔 10 cm 定一点,连接各对应边的相应点,即得坐标格网。

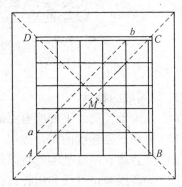

图 7.13 对角线法绘制坐标格网

如果使用坐标格网尺,能绘制 30 cm × 30 cm、40 cm × 40 cm、40 cm × 50 cm、50 cm × 50 cm 图幅的坐标格网。如图 7.14 所示,格网尺上共有 10 个孔,每个孔左侧为斜面,最左端孔斜面上刻有零点指示线,其余各孔都是以零点为圆心,以图上注记的尺寸为半径的圆弧,其中 42.426 cm、56.569 cm、70.711 cm 分别为 30 cm、40 cm、50 cm 正方形对角线长,用以量取图廓边长和对角线长。下面以 50 cm × 50 cm 图幅为例说明其使用方法,如图 7.15 所示。

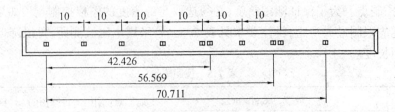

图 7.14 坐标格网尺

图 7.15(a),先在图纸下方绘一直线,将尺置于线上,并使零点和 50 cm 网孔距图边大致相等。当尺上各孔中心通过直线时,沿各孔边缘画短弧与直线相交定出 A、1、2、3、4、B 各点。图 7.15(b),将尺零点对准 B,使尺子大致垂直底边,沿各孔画圆弧 6、7、8、9、C。

图 7.15(c),将尺子零点对准 A,使 70.711 cm 孔画出的弧与弧 C 相交定出 C 点,连接 BC 直线与相应弧线相交,定出 6、7、8、9 点。同理,将尺子置于图 7.15(d) 和 7.15(e) 的位置绘出各网格点。连接对边相应点,即得坐标格网如图 7.15(f) 所示。

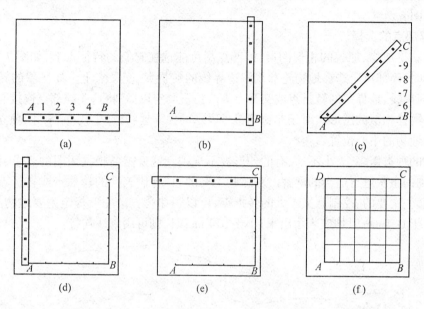

图 7.15 坐标格网尺法绘制方格网

以上两种方法绘成坐标格网后均应进行检查,方格边长 10 cm 的误差不应超过 0.2 mm,对角线长 70.711 cm 的误差不应超过 0.3 mm,图廓边长 50 cm 的误差不应超过 0.2 mm,并且要用直尺检查各格网的交点是否在同一条直线上,其偏离值不应超过 0.2 mm,如果超过限差,应重新绘制。

3. 展绘控制点

根据测区的大小、范围以及控制点的坐标和测图比例尺,对测区进行分幅,再依据控制点的坐标值展绘图根控制点。展点时,先根据控制点的坐标确定该点所在的方格。如图 7.16 所示,控制点 A 的坐标 $x_A = 628.43$ m,$y_A = 565.52$ m,可确定其位置应在 $plmn$ 方格内。然后按 y 坐标值分别从 l、p 点按测图比例尺向右各量 15.52 m,得 a、b 两点。同样从 p、n 点向上各量 28.43 m,得 c、d 两点。连接 ab 和 cd,其交点即为 A 点的位置。用同样方法将图幅内所有控制点展绘在图纸上,并在点的右侧以分数形式注明点号及高程,如图中的 1,2,3,4,5 点。最后用比例尺量出各相邻控制点之间的距离,与相应的实地水平距离比较,其误差在图上不应超过 0.3 mm。

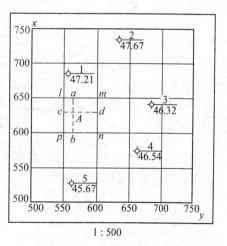

图 7.16 展绘控制点

7.2.2 经纬仪测绘法测碎部

碎部测量是以控制点为测站,测定周围碎部点的平面位置和高程,并按规定的图式符号绘成地形图。

1. 碎部点的选择

为了获得地物、地貌的相似图形,碎部点尽可能选在它们的特征点上,如图 7.17 所示。测量地物时,碎部点应选在地物轮廓线和边界线的转折点、交叉点上。如房屋的转角点、道路边线、河岸线、地界线的转折点或交叉点等。位置测定以后,将这些碎部点连接起来,即可得到地面物体相似的图形。对于非比例符号表示的独立地物,如电线杆、水井、独立树等,碎部点选在地物的中心位置。

地物的种类繁多,大小不一,有的外形极不规则。这就需要根据用图的要求、比例尺的大小、地物的主次进行适当的取舍。对那些主要的、具有代表性的轮廓点或转折点,应全部测定,对那些次要的、控制意义不大的转折点,可以一律舍去。一般规定主要地物凸凹部分在图上大于 0.4 mm 时均应表示出来;小于 0.4 mm 时,则可用直线连接。

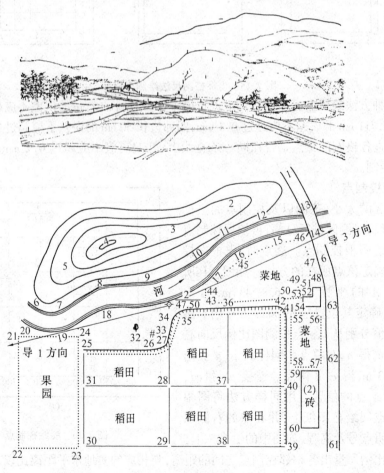

图 7.17 碎部点的选择

测量地貌时,碎部点应选择在地貌轮廓线和地性线的转折点或棱角点上。如山脊线、山谷线、山腰线、山脚线上的坡度转折点、方向转折点、最高点、最低点。连接相邻等坡段的点,便可以得到不同走向、不同坡度随着地貌变化的叶脉状地性线。在这样的等坡段上勾绘等高线,就能得到与地貌最为相似的图形。

为了保证测图的质量,通常在图上平均 1 cm² 内应有一个立尺点。在直线段或坡度均匀的地段,碎部点间的最大间隔不应超过表 7.5 的规定。

2. 经纬仪测绘法测图

经纬仪测绘法的实质是按极坐标定点进行测图。观测时先将经纬仪安置在测站上,绘图板安置于测站旁,用经纬仪测定碎部点的方向与已知方向之间的水平夹角、测站点至碎部点的距离和碎部点的高程。然后根据测定数据用量角器和比例尺把碎部点的平面位置展绘到图纸上,并在点的右侧注明其高程,再对照实地描绘地形。此方法操作简单、灵活,适用于各类地区的地形图测绘。操作步骤如下:

(1) 安置仪器:如图 7.18 所示,安置仪器于测站点 A 上,量取仪器高 i,填入手簿。

(2) 定向:后视另一控制点 B,置经纬仪水平度盘读数为 $0°00'00''$。

(3) 立尺:立尺者依次将标尺立在地物、地貌特征点上。立尺前,立尺者应清楚测量范围和实地情况,选定立尺点,并与观测者、绘图者共同商定跑尺路线。

(4) 观测:转动照准部,瞄准各立尺点的标尺,读视距间隔 l,中丝读数 v,竖盘读数 L 及水平角 β。

(5) 记录:将测得的视距间隔、中丝读数、竖盘读数及水平角依次填入手簿,如表 7.6 所示。对于有特殊作用的碎部点,如房角、山头、鞍部等,应在备注中加以说明。

(6) 计算:根据观测数据,按照视距测量的基本公式(4.13)、(4.14)或(4.15)计算碎部点的水平距离和高差,并计算高程。

(7) 刺点:用细针将量角器的圆心插在图上测站点处,转动量角器量出 β 角值,然后用测图比例尺按测得的水平距离在该方向上定出各点的位置,并在点的右侧注明其高程。

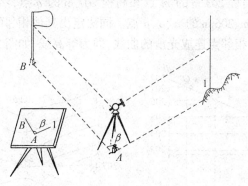

图 7.18 经纬仪测绘法测图

表 7.6 碎部测量手簿

测站:A　后视点:B　仪器高 $i=1.42$ m　测站高程 $H_A=207.40$ m

点号	尺间隔 l/m	中丝读数 /m	竖盘读数 L	竖直角 α	高差 h/m	水平角 β	水平距离 /m	高程 /m	备注
1	0.760	1.42	93°28′	−3°28′	−4.59	114°00′	75.7	202.81	山脚
2	⋮	⋮	⋮	⋮	⋮	⋮	⋮	⋮	⋮
3	⋮	⋮	⋮	⋮	⋮	⋮	⋮	⋮	⋮

7.2.3 地形图的绘制

地形图的绘制包括地物、地貌的绘制,图幅的拼接及图面的整饰等。

1. 地物的绘制

地物要按《地形图图式》规定的符号表示。房屋轮廓需用直线连接起来,而道路、河流等地物的弯曲部分则是逐点连成光滑的曲线。不能依比例描绘的地物,应按规定的非比例符号表示。

2. 等高线的绘制

勾绘等高线时,首先用铅笔轻轻描绘出山脊线、山谷线等地性线,再根据碎部点的高程勾绘等高线。不能用等高线表示的地貌,如悬崖、峭壁、冲沟、滑坡等应按图示规定的符号表示。

由于碎部点是选在地面坡度变化处,因此相邻点之间可视为均匀坡度。这样可在两相邻碎部点的连线上,按平距与高差成比例的关系,内插出两点间各条等高线通过的位置。如图 7.19 所示,地面上两碎部点 A 和 B 的高程分别为 202.8 m 和 207.4 m,若取等高距为 1 m,则其间有高程为 203 m、204 m、205 m、206 m 和 207 m 五条等高线通过。根据平距与高差成正比的原理,先目估出高程 203 m 的 m 点和高程 207 m 的 q 点,然后将 mq 的距离 4 等分,定出高程为 204 m、205 m、206 m 的 n、o、p 点。同法定出其他相邻两碎部点间等高线应通过的位置。将高程相等的相邻点连成光滑的曲线,即为等高线,如图 7.20 所示。

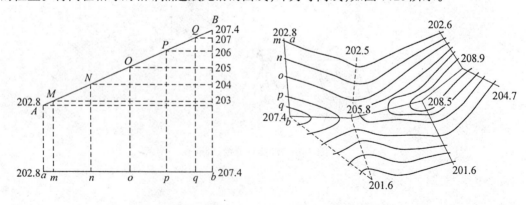

图 7.19 等高线按比例内插　　图 7.20 等高线绘制

勾绘等高线时,要对照实地情况,先画计曲线,后画首曲线,并注意等高线通过山脊线、山谷线的走向。

3.地形图的拼接、检查与整饰

测区面积较大时,整个测区必须划分为若干幅图进行施测。这样,在相邻图幅连接处,由于测量误差和绘图误差的影响,无论是地物轮廓线,还是等高线往往不能完全吻合。如图 7.21 所示,相邻左、右两图幅相邻边的衔接情况,房屋、道路、等高线都有偏差。拼接时,用宽 5 cm 左右的透明纸蒙在左图幅的接图边上,用铅笔把坐标格网线、地物、地貌描绘在透明纸上,然后再把透明纸按坐标格网线蒙在右图幅的接边上,同样用铅笔描绘地物和地貌;当利用聚酯薄膜进行测图时,不必描绘图边,利用其自身的透明性,可将相邻两幅图的坐标格网线重叠;若相邻处的地物、地貌偏差不超过表 7.7 中规定的 $2\sqrt{2}$ 倍时,则在透明纸上用铅笔平均分配,纠正接边差,并将接图边上纠正后的地物、地貌位置,用针刺于相邻的接边图上以此改正图内的地物和地貌位置。

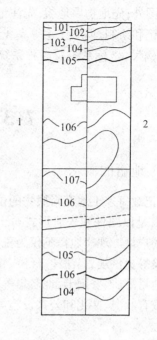

图 7.21 地形图的拼接、检查与整饰

表 7.7 地形图的地物、地貌测量误差

地区类别	点位中误差（图上 mm）	相邻地物点间距中误差（图上 mm）	等高线高程中误差（等高距）			
			平地	丘陵地	山地	高山地
山地、高山地和施测困难的旧街坊内部	0.75	0.6	1/3	1/2	2/3	1
城市建筑区和平地、丘陵地	0.5	0.4				

为了确保地形图质量,除施测过程中加强检查外,在地形图测完后,必须对成图质量作一次全面检查,主要包括室内检查和外业检查。

室内检查的内容有:图上地物、地貌是否清晰易读;各种符号注记是否正确;等高线与地形点的高程是否相符;图边拼接有无问题等。如发现错误或疑问,应到野外进行实地检查修改。

根据室内检查的情况,有计划地确定巡视路线,进行实地对照查看。主要检查地物、地貌有无遗漏;等高线是否逼真合理;符号、注记是否正确等。然后再到野外进行设站检查,除对发现的问题进行修正和补测外,还要对本测站所测地形进行检查,看原测地形图是否符合要求。仪器检查量每幅图一般为 10% 左右。

当原图经过拼接和检查后,还应清绘和整饰,使图面更加合理、清晰、美观。整饰的顺序是先图内后图外;先地物后地貌;先注记后符号。图上的注记、地物以及等高线均按规定的图式进行注记和绘制,但应注意等高线遇地物和注记时应断开。最后,应按图式要求写出图名、图号、比例尺、坐标系统及高程系统、《地形图图式》版本、施测单位、测绘者及测绘日期等。

7.3 地籍测量

7.3.1 地籍的概念

地籍是记载每宗土地及附属物的位置、界址、面积、质量、权属、利用现状或用途等基本情况的簿册,是以图件和表册形式对土地进行登记和表示的描述,并记录着土地的动态信息,是土地的户籍。现代地籍不仅为税务和产权服务,而且为城市规划、土地利用、不动产管理、城市建设等提供规划、法律、经济、管理和统计等多方面的信息和基础资料。它包括控制测量成果、地籍簿册、登记卡、地名集等的文字资料,地籍图、规划图、摄影图等的图形资料,人口状况、教育状况、文化和公共设施等的人文资料,能源、环境、水系、植被的资源资料及经济资料等等。

7.3.2 地籍调查

地籍调查是遵照国家法律规定,以行政和法律手段,用科学方法对土地及其附属物的土地位置、权属、界线、面积和利用现状等基本情况进行的调查。地籍调查是土地管理的基础工作,目的是根据土地管理的要求,查清每宗土地的基本情况。

地籍调查的内容包括:土地权属者、土地位置、土地面积和地类、土地等级及地上不动产及其权属。

地籍调查分为土地权属调查和地籍测量两个过程。土地权属调查是指实地进行土地及其附属物的权属调查,在现场标定界址点、确定权属范围、绘制宗地草图、调查土地利用现状、填写地籍调查表,为土地登记和地籍测量提供基础资料;地籍测量是根据权属调查的资料,测量每宗土地的权属界线、位置及其地类界等,绘制地籍图,计算每宗土地的面积,为土地登记提供依据。这两个过程是密不可分的。前者根据法律程序,利用行政手段,确定界址点和权属界线;后者将确定的界址点和权属界线及其他地籍要素测绘成图或采集数据信息。两者是交叉进行的。

土地权属调查的单元是宗地,即被权属界线所封闭的每一个地块。宗地是独立权属者或使用者的称为独立宗;是多个权属者或使用者且难于划分土地权属界线的称为共同宗。划编宗地根据权属性质、土地使用者、土地利用现状以及地籍调查的要求,对封闭地块系使用者具有完整权属界线的,单独编宗;同一使用者使用着不连续的多个地块的,每块编一宗;同一使用者使用着多种所有制权属地块的,分别按国有和集体所有制性质编宗;土地所有权不同或使用权不同的地块分别编宗;多个使用者共同使用同一地块,且难于按各自的使用范围划分的,编为共同宗;一院多户,各自有使用范围的,应分别编宗,共同使用部分按各自使用的建筑物面积分摊。凡被河流、道路、行政境界等分割的地块,不论其是否属同一使用者,一律分别编宗;市政道路、公用道路用地不编入宗地内,也不单独编宗。

地籍调查是一项十分细致和严肃的工作。因此调查人员应认真按照有关部门制定的法规、条例和实施细则进行,同时应取得当地政府的有关部门的支持,必要时,应组成由测量人员、国土部门、地产户主三方一起实地调查,以利于调查工作的顺利开展和确保调查结果的可靠性。地籍调查结果应编制成地籍簿册,并按规定的方法、符号表示在地籍图上。

7.3.3 地籍测量

测定和调查地籍资料并编绘成地籍图的工作,称为地籍测量。地籍测量的主要要素是界址点。根据界址点测量的精度要求,选用不同等级的测量仪器和测图方法。地籍测量的内容包括地籍控制测量、界址点等地籍要素测量、绘制地籍图及面积量算与统计、成果检查验收及存档。

根据地籍调查时间及任务,地籍测量分为初始地籍测量和变更地籍测量。地籍测量只测定地籍要素和必要的地形要素的平面位置,除特殊情况外,一般对高程不作要求;地籍图的比例尺视土地的价值和质量而定,一般对比较发达的城市地区测图比例尺为1:500;地籍测量成果具有明确的法律效力,测定时必须由土地管理人员和权属人员密切配合完成。地籍图必须保持准确性和现势性。

为了满足土地登记和土地权属管理的需求,目前我国的地籍图分为宗地草图、地籍图和宗地图。宗地草图是对宗地位置、界址点及相邻宗地关系实地记录的描述,在地籍调查的同时实地绘制,是处理土地权属的原始资料;地籍图是按规范实施地籍测量的基本成果;宗地图是以一宗地为单位测制,是土地证书和宗地档案的附图。

为变更地籍记录而进行的地籍测量,称为变更地籍测量。由于土地所有权、使用权的变更和因出卖、转让地上不动产而涉及的土地权属转移,会引起土地权属变更。土地权属登记之后,所批准土地的主要用途和地类发生变化或变更,会造成地类变更。凡在土地登记后土地权属发生变更或地类变更时,都必须按照规定进行变更地籍测量并进行土地变更登记。

7.3.4 地籍图与地形图的差异

地形图是基础用图,服务于国民经济建设和国防建设。地籍图是专门用图,主要应用于土地的权属管理,行使国家对土地的行政职能。

地形图反映自然地理属性,完整描绘地物和地貌,真实反映地表形态。地籍图主要反映土地的社会经济属性,完整描绘地面不动产位置、数量,有选择地描绘地物,概略地描绘地貌。地形图作为工程设计、铁路、道路、地质勘察等施工的工程用图。地籍图作为地面附属物管理、征税、有偿转让土地的依据,是处理房地产民事纠纷的法律文件。

地形图在图上量测地面坡度、纵横断面、土石方量、水库容积、森林覆盖面积和水资源的状况等。地籍图在图上准确量测土地面积、土地利用现状面积、标注土地不动产面积,供土地规划利用、合理配置土地资源等情况。地形图可作为编制专题地图和小比例尺地图的底图,是国家基础地理信息系统的数据来源,为用户提供测绘信息服务。地籍图可作为编制土地利用图和城市规划图的重要依据,是国家土地信息系统的数据来源,为用户提供不动产的转让、征税、贷款等工作服务。

思考题与习题

1. 解释下列名词:地形图、比例尺、等高线、碎部测量。
2. 地形图的比例尺按其大小可分为哪几种? 其中大比例尺主要包括哪几个?
3. 什么是比例尺精度? 它对测图有什么意义?
4. 地形图符号包括哪几大类?
5. 等高距、等高线平距与地面坡度三者有何关系? 举例说明其实际意义。
6. 等高线分哪几类?
7. 等高线有哪些特性? 等高线穿过道路、房屋或河谷时,如何描绘?
8. 何谓地性线? 一般可将地貌归纳为哪些基本形态?
9. 测图时应如何选择立尺点?
10. 简述经纬仪测绘法测图的步骤。
11. 视距法测量距离的精度为多少? 适用于什么测量工作?
12. 为什么要进行地形图的清绘和整饰?
13. 地籍测量的内容包括哪些? 地籍图与地形图的区别是什么?
14. 在下表中填写相应的比例尺精度:

比例尺	1:500	1:1 000	1:2 000	1:5 000
比例尺精度				

15. 根据下表观测数据,计算碎部点的水平距离和高程。设测站高程为 123.50 m,仪高 $i=1.50$ m,指标差 $X=0$(经纬仪视线向上盘左竖盘读值减小)。

点号	尺间隔	中丝读数	竖盘读值	竖直角	高差	水平角	水平距离	测点高程
1	0.395	1.50	84°36′			43°30′		
2	0.575	1.50	85°18′			69°21′		
3	0.614	2.50	93°16′			5°00′		

16. 按下图所示碎部点的高程,勾绘该地区等高距为 1 m 的等高线。图中长虚线代表山脊线,点虚线代表山谷线。

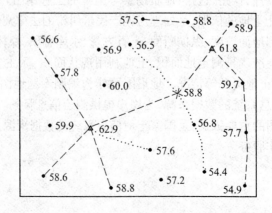

第8章 地形图的应用

地形图能客观地反映出地面高低起伏、建筑物和构造物的布局,在工程建设中是必不可少的设计资料,所以,工程建设人员应该首先了解地形图这种图形语言的特点。

8.1 地形图的识读和基本用法

8.1.1 地形图的识读

1.图廓外的各种标志和说明

如图 8.1 所示,从图廓外注记就可以了解图的图名、图号;左上角的接图表注明了相邻图幅的名称;图的正下方有数字比例尺,若是矩形分幅,图廓四角注有直角坐标(或高斯平面直角坐标),此外,还可了解测图的时间及测图单位,从而可判断图的新旧程度和图的来源。

在中、小比例尺地图上,除上述内容以外,图廓外另注有经纬度和相差的梯形格网,并在图廓下方绘有三北方向线关系图、图示比例尺和坡度比例尺。

2.地物识读

以图 8.1 为例,树木覆盖绝大部分地区,其中北部是松树,中部和南部多为果树,西北部是灌木;东南部有居民区——李家庄,居民区内有小路连接;西部有条公路通过;西南部有条小河流入清水潭。

3.地貌识读

该图等高线的基本等高距为 2 m。北部等高线密集,地势高,为山坡,且坡度比较均匀;南部等高线稀疏,地势平坦;南部清水潭的东侧为陡岸。

4.地形分析

地形分析能够合理地利用和改造原有地形,经济合理地建设项目,一般包括不同坡度的类别分析;画出分水线和集水线,确定汇水面积和排水方式;画出冲沟、沼泽、漫滩和滑坡地段,合理设计工程。

8.1.2 求点的坐标

如图 8.2 所示,欲求 N 点的平面直角坐标,可以通过 N 点分别做平行于直角坐标格网的直线 gh 和 ef,则 N 点的平面直角坐标为

$$x_N = x_A + \frac{Ae}{AB} \times l$$

$$y_N = y_A + \frac{Ah}{AD} \times l \tag{8.1}$$

式中,l 为平面直角坐标格网边的理论长度。

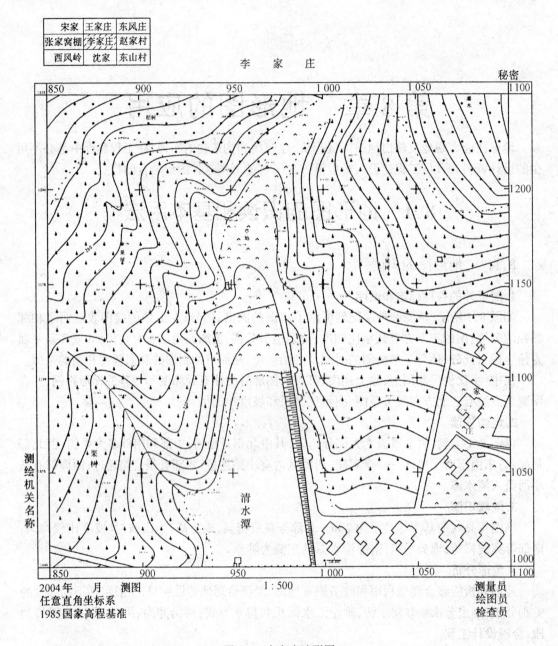

图 8.1 李家庄地形图

上述方法确定的平面直角坐标不受图纸伸缩的影响。

【例 8.1】 根据比例尺量出 $l = 100$ m,$AD = 100.2$ m,$AB = 99.9$ m,$Ah = 65.2$ m,$Ae = 54.2$ m,$x_A = 5\ 200$ m,$y_A = 1\ 200$ m,求 N 点的坐标 x_N,y_N?

【解】

$$x_N/\text{m} = 5\ 200 + \frac{54.2}{99.9} \times 100 = 5\ 254.2$$

$$y_N/\text{m} = 1\ 200 + \frac{65.2}{100.2} \times 100 = 1\ 265.1$$

8.1.3 确定线段间的水平距离

当计算线段 AB 的水平距离时,首先按照上述方法得到 AB 的直角坐标 (x_A, y_A) 和 (x_B, y_B),然后,计算 AB 两点间的直线水平距离 D_{AB},即

$$D_{AB} = \sqrt{(x_B - x_A)^2 + (y_B - y_A)^2} \tag{8.2}$$

当然,如果要求不高时,也可以直接从图上量测线段 AB 的水平距离,但是,量测结果受到图纸伸缩变形的影响。

8.1.4 确定直线的坐标方位角

任意直线 AB 的坐标方位角可依据 A、B 两点的坐标由式(8.3)求得,即

$$\alpha_{AB} = \arctan\frac{y_B - y_A}{x_B - x_A} = \arctan\frac{\Delta y_{AB}}{\Delta x_{AB}} \tag{8.3}$$

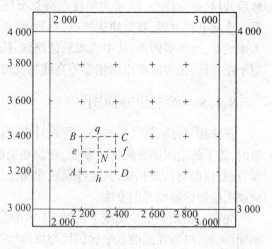

图 8.2 点的坐标

该法得到的角是象限角,还需转化成坐标方位角。α 的象限由 Δx、Δy 的符号来确定。当 A、B 两点在同一幅图上,也可以用量角器直接进行量测,但是,精度不高。

8.1.5 确定点的地面高程

欲求 P 点的高程。当 P 点位于等高线上,P 点的高程即为该等高线的高程;当 P 点位于两条等高线之间,过 P 点做大致垂直两相邻的等高线的直线,并交该等高线分别于 m、n,分别量取 mP、mn 的距离,则

$$H_P = H_m + \frac{mP}{mn} \times h \tag{8.4}$$

式中,H_m 为 m 点的高程,h 为等高距。

由于地形图绘制等高线的高程有比较大的误差,在平坦地区时,等高线高程的中误差仍为等高距的 1/3,所以,用目估法足以代替。

8.1.6 确定等高线的坡度

该线段的平均坡度 i (一般用百分率或千分率表示)可以由两端点 A、B 的高差 h 与其水平距离 D 之比表示,即

$$i = \frac{h}{D} = \frac{h}{d \times M} = \frac{h}{d \times M} \times 100\% = \frac{h}{d \times M} \times 1000‰ \tag{8.5}$$

式中,d 为图上线段的长度,h 为高差。对于跨越山谷或穿过山脊的直线,求其平均坡度无意义。

8.1.7 选取最短路线

在线路工程设计时,常在有坡度限制的情况下选取最短路线,既要满足坡度限制又要减

少工程量、降低施工费用。一般解决这类问题，首先要依照坡度限值的要求，运用式(8.6)求出路线经过相邻两条等高线之间的允许最短平距 d，即

$$d = \frac{h}{i \times M} \tag{8.6}$$

然后，以起点为圆心，以 d 为半径画圆弧交终点方向的相邻等高线于一中间点，再以该点为圆心重复上述过程，直至到达终点，然后，将所有点连线即可。最短路线若不止一条，要综合考虑地形、地质等因素，从中选取最佳路线。除此之外，如果相邻两条等高线的平距均大于最短平距，可按原方向画出与相邻等高线的交点，此时，地面坡度小于限制坡度。

8.1.8 绘制纵断面图

在铁路、公路、管线等线路工程设计中，合理地设计竖直曲线及坡度、概预算填挖土石方量时，需了解沿线路方向的纵断面，知晓地面起伏情况。所谓纵断面图，就是过一指定方向做竖直面，该面与地面相交，其交线反映出指定方向上地面的高低起伏形态。下面以图 8.3 为例说明绘制纵断面图的方法。

先在方格纸上或绘图纸上绘制 KL 水平线，过 K 点作垂线垂直于 KL，并将此线作为高程轴线。一般，纵断面图的水平比例尺与原地形图的比例尺一致，高程比例尺是水平比例尺的 10～20 倍。以 K 作为起点，在地形图上沿 KL 方向与等高线相交于点 C_1、C_2、C_3、C_4、C_5、L，并依次将它们与 K 点的距离截取于 KL 水平线上，然后将各点的高程作为纵坐标在各点上方标出。其他特殊的点位，如断面经过的山顶、山谷、山脊点等，先依据内插法解算高程，再在纵断面中标出，最后用光滑曲线连接各标定点，即得纵断面图 8.4。

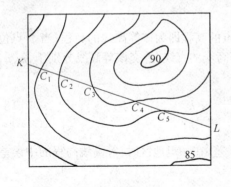
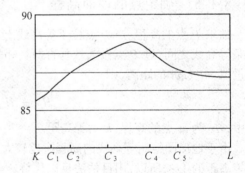

图 8.3 路线表示图　　　　　　图 8.4 纵断面图

8.1.9 确定汇水面积

铁路、公路跨越河流或山谷时，需要建桥或涵洞，修水库时要筑拦水坝。工程设计中的许多设计因素都与设计地区的水流量有密切关系，而水流量又与汇集水量的面积相关，该面积即为汇水面积。

雨水是在分水线(山脊线)处向两侧山坡分流，一系列的分水线连接天然形成了汇水面积的边界线。当一条公路经过一个山谷时，拟在 K 处架桥或修涵洞，其结构形式与规模应根

据流经该处的水流量来确定,水流量由汇水面积测算得来。得到汇水面积后,再查阅当地的水文气象资料确定相关参数,即可求出流经 K 处的水量,如图 8.5 所示,虚线与公路围成的面积即为所求的汇水面积。

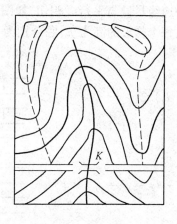

图 8.5　汇水面积示意图

8.2　面积量算与电子求积仪

在规划设计过程中,经常要在地形图上测定某一图形的面积,如耕地面积、汇水面积等等。面积测定的方法主要有图解法、方格网法、网点法、平行线法和求积仪法。

8.2.1　图解法

由直线连接成的闭合多边形的图形,可用图解法测定其面积。先将闭合多边形分解成若干个规则的几何图形,如正方形、三角形、梯形等,然后,分别计算每个图形的面积,最后,累加成该图形的总面积。

8.2.2　方格网法

用透明纸制成一定规格的格网(如 5 mm,2 mm,1 mm),将格网覆盖在欲测的图形上,先统计完整的方格数 n_1,再统计残缺的方格数 n_2,累加后换算成实际面积,即

$$S = (n_1 + n_2/2) \times s \times M^2 \tag{8.7}$$

式中,M 为比例尺分母,s 为一个方格网的图上面积。

8.2.3　网点法

用透明模片制成网点板,板上有均匀分布的网格,每个格内均匀分布一定间距的小圆点,一般其间距 d 为 5 mm,2 mm,1 mm,每点所代表的面积为 s,$s = (d \times M)^2$,M 为比例尺的分母。将网点板覆盖在欲测的图形上,先统计图廓内完整的点数 n_1,再统计与轮廓相切或重合的点数 n_2,累加后换算成实际面积 S,即

$$S = (n_1 + n_2/2) \times s \tag{8.8}$$

8.2.4 平行线法

将间距 1 mm 或 2 mm 的平行线绘在透明纸或透明模片上制成平行线板。测量时将平行线板覆盖在图形上,并使图形的边缘尽量与平行线相切,如图 8.6 所示,整个图形被平行线分割成若干个等高的近似梯形,每个梯形的高为 h,底分别为 $l_1, l_2, \cdots, l_n$,则各个梯形的面积为

$$s_1 = h \times (0 + l_1)/2$$
$$s_2 = h \times (l_1 + l_2)/2$$
$$\vdots \quad \vdots \quad \vdots$$
$$s_n = h \times (l_{n-1} + l_n)/2$$

累加得出所测图形的面积,即

$$S = s_1 + s_2 + \cdots + s_n = (l_1 + l_2 + \cdots + l_n) \times h \tag{8.9}$$

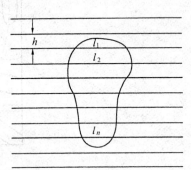

图 8.6 平行线法

8.2.5 求积仪法

求积仪对图形没有更多的要求,可以量测各种图形面积,并且量测速度快、精度高、操作方便,故被广泛应用。求积仪分机械求积仪和电子求积仪。现以日本生产的 KP – 90N 型(图 8.7)为例,介绍电子求积仪的使用。

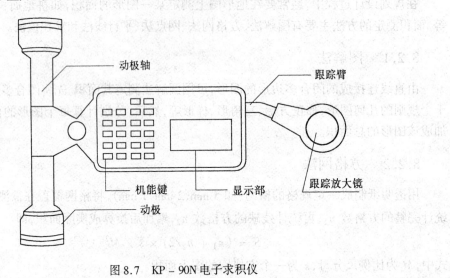

图 8.7 KP – 90N 电子求积仪

1.准备工作

将图纸水平固定在图板上,然后,在图形中央部分放置跟踪放大镜,并使跟踪臂与动极轴垂直,随后,用跟踪放大镜中的描迹标沿图形的轮廓线转动一周或两周,检查动极轮能否平稳地滚动,否则,可调整动极的位置。

2.打开电源

按下"ON"键。

3. 设定单位

在操作时,首先根据需要选择面积单位。这种仪器的面积单位有公、英、日制,用"UNIT – 1"选择;单位制下面又分若干单位,用"UNIT – 2"选择。

4. 设定比例尺

先用数字键输入比例尺分母,然后按下"SCALE"键,最后按"R – S"键确定,显示为比例尺的平方。

5. 简单测量

将跟踪放大镜中心放在图廓边界上任意一点,作为测量的起点,按下"START"键,将跟踪放大器中心沿着图廓边缘顺时针方向移动一周,直至回到起点位为止,按下"HOLD"键,显示出所量图形的面积。

6. 累加测量

量测几个图形的面积之和。按照简单测量的办法,依次测量各个图形的面积,直到最后一个图形,按"HOLD"键,所显示的数值为所测的几个图形面积之和。

7. 平均值测量

按照简单测量的办法,每测完一个图形之后,按"MEMO"键,依次类推,测量完最后一个图形后,再按"AVER"键,所显示的数值为多次测量的均值。

8.3 土地平整时的用地分析

在工程建设时,通常要对拟建地区的场地进行平整,以满足建筑施工的需要,如铺设地下管道、排水等。预算平整场地的工程费用,常常利用地形图来进行,根据平整的要求,计算挖填方的土石方量,使得挖填方基本平衡,合理设计堆土、取土的地点。在众多方法中,设计等高线法最为常用,下面介绍利用该法进行土地平整的两种情况。

8.3.1 平整成水平场地

1. 绘制方格网

在地形图上绘制方格网,格网的大小应依据地形的复杂程度、地形图比例尺的大小和精度确定,方格网实际边长为 D,图上边长为 $D \times$ 比例尺。

格网绘制完以后,利用等高线内差高程的办法标注每个格网顶点的高程。参见课后习题图 8.10。

2. 计算设计高程

各格网的平均高程 H_i 再取平均值,得到的高程即为设计高程 H_0,即

$$H_0 = (\frac{H_{A1} + H_{B1} + H_{A2} + H_{B2}}{4} + \frac{H_{A1} + H_{B1} + H_{A2} + H_{B2}}{4} + \cdots)/n = \frac{H_1 + H_2 + \cdots + H_n}{n}$$

式中,n 为方格数。

将上式整理变形,可另得出关于顶点高程的公式,即

$$H_0 = (\frac{\sum H_角 + 2\sum H_边 + 3\sum H_拐 + 4\sum H_中}{4n}) \tag{8.10}$$

式中,$H_角$,$H_边$,$H_拐$,$H_中$ 分别表示角点、边点、拐点和中点的高程。

3. 计算填挖高度

计算每个方格网顶点与设计高程的差值,即为每个方格顶点的填挖高度,即

$$h = 地面高程 - 设计高程$$

"+"为挖,"-"为填,并将它们标注在顶点的左上方。

4. 计算填、挖土(石)方量

分别计算每个方格的填、挖土(石)方量 $V_{i填}$ 和 $V_{i挖}$,最后累加得总的土石方量 V。

8.3.2 平整成倾斜场地

当地势变化比较大时,在满足设计要求的前提下,可因地制宜,设计成一定坡度的倾斜场地。但在对某些地形进行改造时,可能遇到一些重要的高程点不能改动的情况,如大型建筑物外墙地坪的高程点、道路中线的高程点等,在设计过程中需要考虑。

1. 确定等高线平距

首先根据设计坡度和比例尺计算出等高线的平距 d 为

$$d = \frac{h}{i \times M}$$

式中,h 为等高距,i 为设计坡度,M 为比例尺分母。

2. 确定设计等高线

过 a、b 做直线,用内插法求出 ab 直线上各条等高线经过该直线的位置,然后在 ab 连线上内插一点与必须通过点 c 高程相等的点,并将其与 c 点连线,此连线即为设计等高线的方向,如图 8.8 所示。

3. 绘制设计倾斜面的等高线

过 ab 直线上各内插等高线点做设计等高线的平行线,它与原地形图上的等高线相交,在同一个方向上各交点的连线,即为填挖边界线。在填挖边界线上绘有断线的一侧为填土区域,相反的另一侧为挖土区域。

4. 计算填挖土(石)方量

可用前面介绍的水平场地的填挖土(石)方量计算方法进行计算,如果地势变化比较大,宜采用断面法计算。断面法的计算步骤如下:

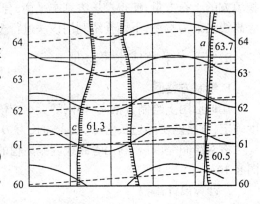

图 8.8 有坡度的倾斜场地设计

(1) 绘制断面图。每隔一定距离分别绘制纵横比例尺相同的断面图,凡在设计高程以上的地面为挖方面积,用"+"表示,反之为填方面积,用"-"表示。

(2) 计算相邻两断面间的土(石)方量。相邻两断面间的土(石)方量近似于相邻两断面的面积平均值与断面间距之积,如 $B - B'$ 与 $2 - 2'$ 之间的土方量计算为

$$\begin{cases} V_{填B-2} = -\left[\dfrac{(B'_{B-B'} + B'_{2-2'})}{2} + \dfrac{(B''_{B-B'} + B''_{2-2'})}{2}\right] \times l \\ V_{挖B-2} = \dfrac{(B_{B-B'} + B_{2-2'})}{2} \times l \end{cases} \quad (8.11)$$

式中,B' 和 B'' 为填土方面积,B 为挖土方面积,l 为两断面间的距离,V 为土方量。

同理计算相邻各断面之间的土方量,累加即得总土方量。

8.4 地理信息系统简介

8.4.1 地理信息系统定义

地理信息系统(Geography Information System,简称 GIS),是一种采集、存储、管理、分析、显示与应用地理信息的计算机系统,是分析、处理大量地理数据的通用技术。由于它集成了计算机数据库技术和计算机图形处理技术,在功能上更加强大,适应信息化、智能化的要求,因而随各种技术手段的发展日新月异,广泛地被应用于资源调查、环境评估、区域发展规划、公共设施管理、交通安全等领域。

8.4.2 地理信息系统的发展简史

地理信息系统自出现至今已历经 30 余年,早在 20 世纪 60 年代,美国人口调查局和加拿大统计局就分别建立了 DIME 和 GRDSR,该时期为地理信息系统的开拓期,研究范围仅限于政府及大学;20 世纪 70 年代,在继承 20 世纪 60 年代技术的基础上,运用新的电子计算机技术,形成了利用关系数据库管理的多种地理信息系统软件,大量地理信息系统知识的培训促使专业人才不断涌现;20 世纪 80 年代,地理信息系统的应用领域迅速拓展,从原有的环境规划、资源管理发展到古人类学、土木工程及计算机科学等,这个时期是地理信息系统发展的腾飞阶段,许多国家建立了相应的研究机构;20 世纪 90 年代,地理信息系统的采用改变了一些行政决策机构的运行方式,逐步得到大众的认同,进而导致其应用的再度深化,各项技术也日趋成熟。国家级、全球级的地理信息系统的建立已被社会所关注,各种新名词如"数字地球"战略、"21 世纪议程"等应运而生,标志着地理信息系统的发展已进入了用户时代。

8.4.3 地理信息系统的构成

一个完整的地理信息系统主要由硬件系统、软件系统、空间数据和系统参与者构成,其结构如图 8.9 所示。

1.硬件系统

计算机硬件系统包括各种电子的、电的、磁的、机械的、光的感应元件或装置。一般包括基本输入、输出装置,中央处理器,存储器等。这些装置协同工作,实现 GIS 的各项功能。

2.软件系统

计算机的软件系统指支持 GIS 运行的各种工具软件和程序。通常包括:

(1)计算机系统软件:由厂家提供的操作系统、汇编和编译程序、诊断程序、库程序以

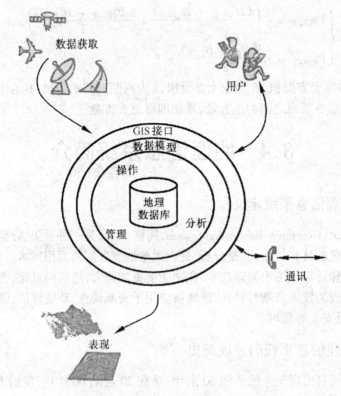

图 8.9 地理信息系统的构成

及各种操作手册等。

(2)地理信息系统软件及其支持软件：包括数据库管理系统、图形软件系统、图像处理系统等,支持空间数据的管理功能。

(3)应用程序：是系统开发人员针对用户的需求为实现某种特定的任务而编写的程序,它是系统功能的拓展和补充。应用程序针对用户需要的专题构成有针对性的地理信息系统映像,提供便捷、互动的功能以实现提取、分析专业性地理信息,关系着应用系统的应用性优劣和成败。

3.空间数据

是以地球表面空间位置为映像的自然、人文景观数据,通常为图形、图像、文字、表格和数字等,是应用程序作用的对象。它主要包括特定坐标系中的物体的坐标、不同实体的相互位置关系和一些重要的标志性非几何属性。

4.系统参与者

系统参考者包括系统开发人员、管理人员和操作者。

8.4.4 地理信息系统的功能

作为能够自动处理与分析各类地理信息的系统,它的功能应囊括从数据采集、分析到决策的全部内容。与之相适应,一般地理信息系统都具有以下功能:

(1)数据的采集与编辑。

(2)数据操作。包括数据的格式化、数据的转换和数据的概化等。

(3)数据的存储与组织。包括空间数据与属性数据的组织。常见的空间数据组织方法有矢量型、栅格型、矢栅混合型。常见的属性数据的组织方法有层次结构、网状结构与关系结构。

(4)查询、统计、检索、计算等功能。

(5)空间分析功能。用于分析和解释地理特征间的相互关系及空间模式,包括空间检索、空间拓扑叠加分析和空间模拟分析等三个层次。

(6)显示。

8.4.5 地理信息系统的核心

地理信息技术涉及许多方面,其中的核心部分有以下几个方面:

1. 空间可视化

空间地物轮廓特征的可视化。地理信息系统突出了它对现实世界空间关系的模拟,使我们对于空间中各事物的状态有一个非常直观的感受。屏幕上展示的一幅可以无级缩放和信息查询的地图和三维的地形模型,使我们对现实世界空间关系的认识更为直观、具体。

具有空间参照特点的地物专题属性信息的可视化。地理信息系统的空间可视化功能还包括对空间分布的地物的属性信息的图形可视化,这一点是由地理信息系统的一个重要特征来保证的,即 GIS 实现了空间信息和属性信息的集成管理,并能够完善地建立二者之间的联系。例如,利用一张哈尔滨市的交通分区区划图,我们可以从地理信息系统数据库中提取各区 2000 年的停车泊位数据,计算泊位密度,并按泊位密度的分级指标指定不同的色彩和填充方式显示交通分区所对应的图斑(这实际上是一个从属性到空间的关联过程),这样,空间地物的专题属性特征就可以通过地理信息系统工具实现具有空间参照信息的可视化。

2. 空间导向

利用地理信息系统,我们不仅可以纵览研究区域的全域,还可以利用缩放和漫游等 GIS 提供的基本功能深入到我们更感兴趣的区域去研究。空间数据库功能,使我们可以以小比例尺查看全局,以中比例尺查看局部,以大比例尺查看细部。

3. 空间思维

地理信息系统的空间数据库在存贮各地物的空间描述信息的同时,还存贮了地物之间的空间关系,这一特点为进行空间分析提供了基础。地理信息系统的空间思维就是利用 GIS 数据库中已经存贮的信息,通过缓冲区分析、叠置分析等,生成 GIS 空间数据库中并求存贮的信息。地理信息系统的空间思维功能使我们能够揭示空间关系、空间分布模式和空间发展趋势等其他类型信息系统所无法完成的任务。

8.4.6 地理信息系统的标准简介

好的标准是促进、指导和保证高质量、高效率地理信息交流必不可少的部分,按照其使用状态可以分为实际使用的标准和法律意义上的标准,前者如 TCP/IP 协议,后者如 FGDC 制定的空间原数据内容标准。按照管辖地区的大小,标准化组织可分为国际级标准化组织、区域级标准化组织、国家级标准化组织、政府和用户标准化组织、补充性标准化组织。通常,信息技术的标准和规范可分为下面几个部分:

(1)硬件设备的标准;

(2)软件方面的标准;
(3)数据和格式的标准;
(4)数据集标准;
(5)过程标准。

总而言之,一系列标准的引入能够保障地理信息技术发展的规范化,指导与之相关的实践活动,拓宽其应用领域,进而实现它的经济及社会价值。

8.4.7 地理信息系统的现状及其应用

中国地理信息系统事业经过了10年的发展正走向实用化、集成化和工程化。许多部门已经开展地理信息系统的研究与开发工作,城市地理信息系统也部分建立,区域地理信息系统的研究正在进行,全国性地理信息系统的实体建设也初见成效,同时,已经储备了一批从事地理信息系统建设和研究的人才。其涉及和发展的领域主要有:国家基础地理信息系统的建设与应用;数字化测绘技术体系的建立;地理信息系统的标准化与规范化;地理信息系统软件平台的建设;城市地理信息系统的建设与应用;重点农业产区的作物估产等等。

思考题与习题

1. 如何确定图上点的坐标和高程?
2. 如何确定直线的坐标方位角和坡度?
3. 如图8.10所示,在 A、B、C、D 范围内平整一个平均高程的水平面,绘出填挖界线。

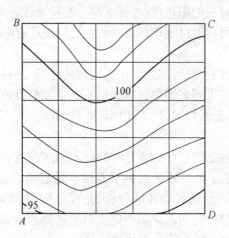

图 8.10

4. 什么是地理信息系统,它的主要功能有哪些?

第 9 章 建筑工程测量

9.1 测设的基本工作

建筑物或构筑物的测设也称为放样,实质上是把图纸上所设计的建筑物或构筑物的一些特征点(如轴线的交点),按设计的要求在现场标定出来。测设工作与测图工作目的不同,两者的工作顺序恰好相反。测设的具体作法是根据已建立的控制点或已有建筑物,按照设计的要求将这些特征点的平面位置和高程测设在地面上。因此,测设的基本工作就是已知水平距离、已知水平角和已知高程的测设。测设的基本要素就是距离、角度和高程。

9.1.1 基本要素的测设

1. 已知水平距离的测设

已知水平距离的测设,是从一已知点出发,沿指定的方向标出另一点位置,使两点间的水平距离等于已知长度。

在距离测量中已经讲过,若地面上有 A、B 两点,欲知该两点间的水平距离,则用钢尺量出两点间的长度,并加上尺长改正、温度改正和高差改正,即可求出两点间的水平距离。显然,在已知水平距离的情况下,测设工作是距离丈量的逆过程,即进行测设时,根据图纸上设计给定的水平距离,结合地形变化情况、实际尺长、丈量时空气温度等,计算出地面上应量出的距离,然后从已知的起点,按计算出的数据,用钢尺沿已知方向丈量,经过两次同向或往返丈量,丈量精度达到一定要求后,取其平均值标出该线段终点的位置。

如图 9.1 所示,欲在地面上测设一段水平距离为 80 m 的线段 AB,用一根名义长为 30 m 的钢尺在实地测设,已知此钢尺在检定温度 $t_0 = 20$ ℃ 时的长度为 30.003 m,钢尺的膨胀系数 $\alpha = 1.25 \times 10^{-5}$,测设时的温度 $t = 4$ ℃,预先用钢尺概量一次得到 B 点的大概位置,用水准仪测得 AB 间的高差 $h_{AB} = 1.25$ m,试计算出在地面上应量出多少长度,才使 AB 的水平距离正好是 80 m?

计算过程如下:

尺长改正

$$\Delta l_d / \text{m} = D \cdot \frac{l' - l_0}{l_0} = 80 \times \frac{30.003 - 30}{30} = +0.008$$

温度改正

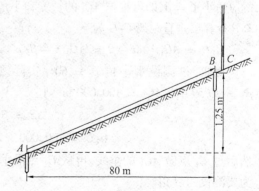

图 9.1 测设已知长度的水平距离

$$\Delta l_t/\text{m} = D \cdot \alpha \cdot (t - t_0) = 80 \times 1.25 \times 10^{-5} \cdot (4 - 20) = -0.016$$

高差改正

$$\Delta l_h/\text{m} = -\frac{h^2}{2D} = -\frac{1.25^2}{2 \times 80} = -0.010$$

因此,得到在地面上应丈量的倾斜距离为

$$l/\text{m} = D - \Delta l_d - \Delta l_t - \Delta l_h = 80 - 0.008 + 0.016 + 0.010 = 80.018$$

即在上述情况下,应从 A 点开始沿 AC 方向量出 80.018 m,得到 B 点。则 AB 的水平距离正好是 80 m。

如果用测距仪来进行已知长度的测设工作则更为方便。

2. 已知水平角的测设

已知水平角的测设是按图纸上给定的水平角值和地面上已有的一个已知方向,把该角的另一个方向测设到地面上。测设的具体方法如下:

(1) 一般方法:如图 9.2 所示,设在地面上已有 AB 方向,要在 A 点以 AB 为起始方向向右测设出给定的水平角 β,为此需将经纬仪安置在 A 点,用盘左瞄准 B 点,并把此方向值归零,然后,松开照准部,顺时针旋转,当度盘读数为 β 角时,在视线方向上定出 C' 点,然后,倒转望远镜用盘右同样地再在视线方向上定出另一点 C'',取 C' 和 C'' 的中点 C,则 $\angle BAC$ 就是要测设的 β 角。

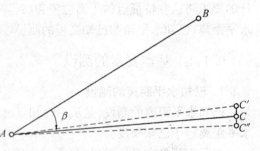

图 9.2　一般方法测设已知角度

(2) 精确方法:如图 9.3 所示,在 A 点安置经纬仪,先用上述一般方法测设出 β 角,在地面上定出 C_1 点,再用测回法多测回较精确地测出 $\angle BAC_1$ 角值,则第二次所测出的 β_1 角比要测设的 β 角小了 $\triangle\beta$,即可根据 AC_1 的长度和小角值 $\triangle\beta$ 计算出垂直距离 C_1C 为

$$C_1C = AC_1 \cdot \tan\triangle\beta = AC_1 \cdot \triangle\beta/\rho''$$

例如,欲测设水平角 $\beta = 60°$,实际测得 $\beta_1 = 59°59'40''$, $AC_1 = 100.000$ m,则

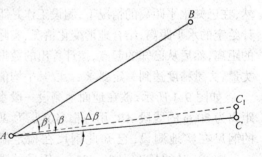

图 9.3　精密方法测设已知角度

$$\Delta\beta = \beta - \beta_1 = 20''$$
$$C_1C = 100.000 \times 20''/206265'' = 0.010 \text{ m}$$

然后过 C_1 点做 AC_1 的垂线,再从 C_1 点沿垂线方向向外量 0.010 m,定出 C 点,则 $\angle BAC$ 即为要测设的 β 角。

3. 已知高程的测设

已知高程的测设是利用水准测量的方法根据施工现场已有的水准点,将已知的设计高程测设于实地。它和水准测量不同的地方,不是测定两固定点的高差,而是根据一个已知高程的水准点,来测设使另一点的高程为设计时所给定的数值。

如图 9.4 所示,已知水准点 A 的高程 H_A = 28.167 m,今要测设 B 桩使其高程 H_B = 29.000 m。为此在 A、B 两点间安置水准仪,先在 A 点立水准尺,读得尺上读数 a = 1.428 m,由此得仪器高程为

$H_i/\text{m} = H_A + a = 28.176 + 1.428 = 29.604$

要使 B 桩高程为 29.000 m,则 B 尺的读数应为

$b/\text{m} = H_i - H_B = 29.604 - 29.000 = 0.604$

具体做法是将水准尺靠在 B 桩的一侧,上下移动尺子,待读数 b = 0.604 m 时停止,然后根据尺底在木桩上划线,则该线即代表 29.000 m 的设计高程。

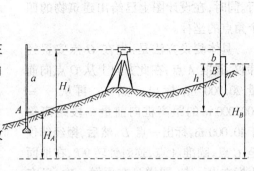

图 9.4 测设已知高程

在建筑设计和施工的过程中,用此法来测设建筑物 ±0 标高。

当测设的高程点和水准点之间的高差很大时,可以用悬挂的钢尺来代替水准尺,以测设给定的高程。

如图 9.5 所示,欲向基坑内测设 B 点的高程为 H_B,地面水准点 A 的高程为 H_A,则可在 B 端基坑边设一吊杆悬挂钢尺,钢尺零端在下,并吊一重物,其重量应与检定的拉力相同。测设时,A 点竖立水准尺,后视读数为 a,上下移动 B 端钢尺,使前视读数 b 恰为

$b = (H_A + a) - H_B$

则钢尺零刻划线的高程即为测设的高程 H_B。

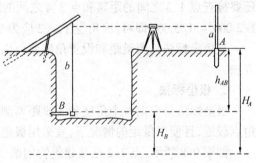

图 9.5 基坑高程测设

当向高建筑物 B 处设置高程时,如图 9.6 所示,则可于该处悬吊钢尺,钢尺零端在上,上下移动钢尺,使水准仪的前视读数 b 恰为

$b = H_B - (H_A + a)$

则钢尺零刻划线的高程即为测设的高程 H_B。

9.1.2 点的平面位置的测设

在地面上测设点的平面位置,可根据不同的实地情况,分别采用直角坐标法、极坐标法、角度交会法和距离交会法等。

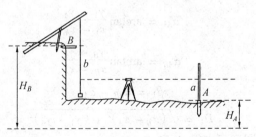

图 9.6 高建筑物高程测设

1. 直角坐标法

如果在待测设的建筑物附近已有所设的彼此垂直的主轴线或格网线,以及量距又不困难时,用直角坐标法测设最为合适。

如图 9.7 所示,OA、OB 是两条彼此垂直的主轴线,它们的方向和待测建筑物的边线平

行。同时,在设计图上已给出建筑物的四个角点的坐标。

具体测设方法是:先在 O 点安置经纬仪,瞄准 A 点,在此方向上从 O 点向前量 20.000 m,标出一点 C,再从 y = 100.000 m 的距离桩向前量一段距离等于40.000 m,标出一点 D。然后,搬经纬仪至 C 点,瞄准 A 点,逆时针转90°,在地面上标志出一点,同样盘右再做一次,又在地面上标出一点,取这两点的平均位置,即为要设置的方向。在此方向上分别量出40.000 m 和 120.000 m 的距离得点 4 和点 1。再把经纬仪搬到 D 点,瞄准 A 点,逆

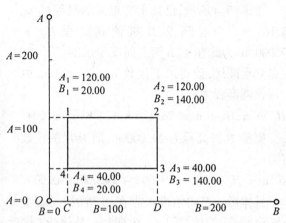

图 9.7 直角坐标法测设点位

时针转90°,盘左、盘右各做一次,取平均方向为要设置的方向,在此方向上从 D 点分别量出 40.000 m 和 120.000 m 距离得点 3 和点 2。这样,就把建筑物的四角点标定在地面上了。最后还要检查点 1、2 之间的距离和点 3、4 之间的距离,它们的长度应等于 120.000 m,误差应在 1/2 000 ~ 1/5 000 即可。房角 ∠1、∠2 应为90°,误差应为 ±1′ 以内。

直角坐标法只要量距和设置角度就可以,计算简单且工作方便,因此是广泛使用的一种方法。

2. 极坐标法

极坐标法是根据一个角度和一段距离测设点的平面位置。当已知控制点位置与建筑物角点较近,且便于量距的情况下,宜采用极坐标法放样点位。

如图 9.8 所示,点 1、2 是某建筑物的两个角点,A、B、C 为地面上建立的控制点,它们的坐标均已知。为了要把 1、2 两点在地面上标定出来,须先按坐标反算出相应的放样数据:水平角 β_1、β_2 和水平距离 D_1、D_2。

$$\alpha_{A1} = \arctan \frac{y_1 - y_A}{x_1 - x_A}$$

$$\alpha_{AB} = \arctan \frac{y_B - y_A}{x_B - x_A}$$

$$\beta_1 = \alpha_{AB} - \alpha_{A1}$$

$$D_1 = \sqrt{(x_1 - x_A)^2 + (y_1 - y_A)^2}$$

同理可求得 β_2 和 D_2。

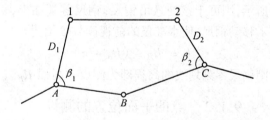

图 9.8 极坐标法测设点位

测设时,把经纬仪安置在 A 点,瞄准 B 点,向左转一个角度 β_1,倒镜再测一次,取正、倒镜平均值作为 A_1 方向,在此方向上从 A 点量出一段距离 D_1,就得点 1 平面位置,同样,可以测设出点 2 的平面位置,最后将 1、2 两点间距离与设计长度进行比较,其误差应在允许范围内。

3. 角度交会法

角度交会法适用于待定点离控制点较远或量距困难的场合,它是测设出两个已知角度的方向交出点的平面位置。

如图 9.9 所示，A、B、C 为已有的三个控制点，1、2 是待定的建筑物的角点，它们的坐标均已知，为了把 1、2 两点在地面上标定出来，首先要反算出 α_{A1}，α_{AB}，α_{B1}，α_{B2}，α_{BC}，α_{C2}，然后求出 β_1，β_2，β_3，β_4 放样角。

$$\beta_1 = \alpha_{AB} - \alpha_{A1}$$
$$\beta_2 = \alpha_{B1} - \alpha_{BA}$$

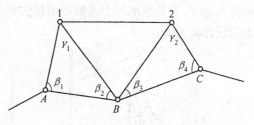

图 9.9　角度交会法测设点位

$$\beta_3 = \alpha_{BC} - \alpha_{B2}$$
$$\beta_4 = \alpha_{C2} - \alpha_{CB}$$

现欲根据点 A、B 放样 1 点位置，可在点 A、B 分别安置两台经纬仪，分别以 B、A 两点定向，然后分别转角 β_1 和 β_2，即可交会出 1 点位置。精确放样时，需要采取正、倒镜观测，然后取平均位置作为最后的点 1。为了检核，还应丈量 12 的长度，其误差应在允许范围内。点 1 或点 2 的测设精度与交角 γ_1 和 γ_2 有关，交角为 90° 时精度最高，在实际工作时，交角应不小于 30° 或不大于 120°。同法可根据点 B、C 放样点 2 位置。

4. 距离交会法

距离交会法是根据两段已知距离交会出点的平面位置。它适用于地面平坦，便于量距，而且距离又不超过整尺段长。在施工中细部测设时多用此法。

如图 9.10 所示，A、B、C 为地面控制点，1、2 是待定的建筑物轴线交点，它们的坐标均已知，现欲现场把点 1、2 标定出来，首先要反算出距离 D_1、D_2、D_3 和 D_4，然后用两把钢尺测设。如欲定出点 1 位置，可分别用两把钢尺从 A、B 两点丈量 D_1 和 D_2 距离，交会点便是点 1。同样可以测设出点 2 的平面位置。距离交会也需要检核，丈量 12 长度，误差在允许范围内即可。

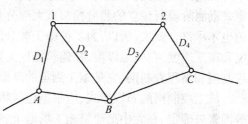

图 9.10　距离交会法测设点位

9.1.3　坡度线的测设

在铺设管道、修筑道路工程中，经常需要在地面上测设给定的坡度线。测设已知的坡度线时，如果坡度较小时，一般用水准仪来做，而坡度较大时，宜采用经纬仪，水准仪和经纬仪测设原理相同。具体作法如下：

如图 9.11 所示，设在地面上 A 点的设计高程为 H_A，现要求从 A 点沿 AB 方向测设出一条坡度为 -8‰ 的直线，A、B 两点间的水平距离 D 已知，则 B 点的设计高程应为 $H_B = H_A - 0.008D$，然后按前述测设已知高程的方法把 A、B 点的设计高程测设在地面上。至此，AB 已成为符合设计要求的坡度线。在细部测设时需要在 AB 间测设同坡度线的中间点 1，2，3…。具体作法如下：首先把水准仪安置在 A 点，并使其基座上的一只脚螺旋放在 AB 方向线上，另两只脚螺旋的连线与 AB 方向垂直，量出仪器高 i，用望远镜瞄准立在 B 点上的水准尺，并转动在 AB 方向上的那只脚螺旋，使十字丝的横丝对准水准尺上的读数为仪器高 i，这时仪器的视线即平行于所设计的坡度线。然后在 AB 中间各点 1，2，3… 的木桩上立尺，逐渐将木桩打入地下,直到水准尺上读数逐渐增大到仪器高 i 为止。这样各桩的桩顶就是在地面上标出的设计坡度线。

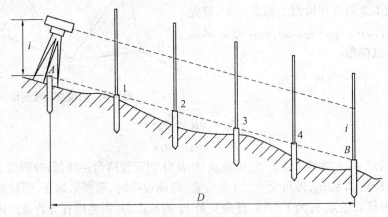

图 9.11　水准仪或经纬仪测设已知坡度线

9.2　建筑场地的施工控制测量

在施工场地上,一般由于工种多,交叉作业频繁,并有大量的土方填挖,地面变动很大,原来勘测阶段所建立的测量控制点大部分是为测图布设的,而不是用于施工,即使保存下来的也不尽符合要求,所以,为了使施工能分区、分期地按一定顺序进行,并保证施工测量的精度和施工速度,在施工以前,在建筑场地上要建立统一的施工控制网。施工控制网包括平面控制网和高程控制网,它是施工测量的基础。

施工控制网的布设形式,应根据建筑物的总体布置、建筑场地的大小以及测区地形条件等因素来确定。在大中型建筑施工场地上,施工控制网一般布置成正方形或矩形的格网,称为建筑方格网。当面积不大又不十分复杂的建筑施工场地上,常布置一条或几条相互垂直的基线,称为建筑基线。对于山区或丘陵地区建立方格网或建筑基线有困难,宜采用导线网或三角网来代替建筑方格网或建筑基线。下面分别介绍建筑基线和建筑方格网这两种控制形式。

9.2.1　建筑基线

建筑基线的布置应临近建筑场地中主要建筑物并与其主要轴线平行,以便用直角坐标法进行放样。通常建筑基线可布置成三点直线形、三点直角形、四点丁字形和五点十字形等,如图 9.12 所示。

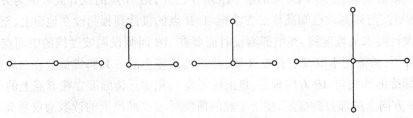

图 9.12　建筑基线布设方法

为了便于检查建筑基线点有无变动,一般基线点不应少于三个。在城建地区,建筑用地的边界要经规划部门和设计单位商定,并由规划部门的拨地单位在现场标定出边界点,它们的连线通常是正交的直线,称为建筑红线,如图9.13 的 A、B、C 三点连线 AB、BC。在此基础上,可用平行线推移法来建立建筑基线 ab、bc。

当把 a、b、c 三点在地面上用木桩标定后,再安置经纬仪于 b 点检查 $\angle abc$,$\angle abc$ 与 $90°$ 之差不得超过 $\pm 20''$,否则需要进一步检查推平行线时的测设数据。

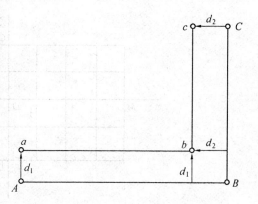

图 9.13 根据建筑红线设立建筑基线

在非建筑区,一般没有建筑红线,这就需要根据建筑物的设计坐标和附近已有的控制点,来建立建筑基线并在地面上标定出来。如图 9.14 所示,A、B 为附近已有的控制点,a、b、c 为选定的建筑基线点,A、B 坐标已知,a、b、c 坐标可算出,这样就可以采用极坐标法分别放样出 a、b、c 三点。然后把经纬仪安置于 b 点检查 $\angle abc$,$\angle abc$ 与 $90°$ 之差如在 $\pm 20''$ 之内,丈量

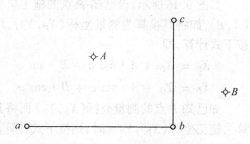

图 9.14 非建筑区设立建筑基线

ab、bc 两段距离与计算数字相比较,相对误差应在 $1/5\,000$ 以内,否则应对点 a、点 c 的位置进行调整。

9.2.2 建筑方格网

1. 建筑方格网的布置和主轴线的选择

建筑方格网的布置一般是根据建筑设计总平面图并结合现场情况来拟定。布网时应首先选定方格网的主轴线,如图 9.15 中的 AOB 和 COD,然后再布置其他的方格点。格网可布置成正方形或矩形。当场地面积较大时方格网常分两级布设,首级为基本网,可采用"十"字形、"口"字形或"田"字形,然后再加密方格网。当场地面积不大时,尽量布置成全面方格网。布网时应注意以下几点:

(1) 方格网的主轴线与主要建筑物的基本轴线平行,并使控制点接近测设的对象;

(2) 方格网的边长一般为 $100 \sim 200$ m,边长的相对精度一般为 $1/1$ 万 $\sim 1/2$ 万,为了便于设计和使用,方格网的边长尽可能为 50 m 的整数倍;

(3) 相邻方格点应保持通视,各桩点应能长期保存;

(4) 选点时应注意便于测角、量距,点数应尽量少。

2. 确定各主点施工坐标和坐标换算

如图 9.15 所示,MN、CD 为建筑方格网的主轴线,它是建筑方格网扩展的基础。当场地很大时,主轴线很长,一般只测设其中的一段,如图中的 AOB 段,A、O、B 是主轴线的定位点,称为主点。主点的施工坐标一般由设计单位给出,也可在总平面图上用图解法求得。当坐标系统不一致时,还要进行坐标换算,使坐标系统统一。坐标换算的方法如下:

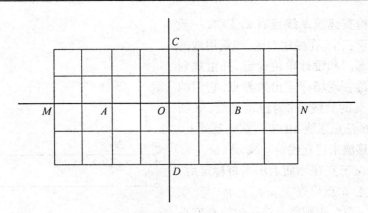

图 9.15 建筑方格网布设形式

如图 9.16 所示,设已知 P 点的施工坐标为 (A,B),如将其换算为测量坐标 (X_P,Y_P),可以按下式计算,即

$$X_P = X_{O'} + A \cdot \cos\alpha - B \cdot \sin\alpha$$
$$Y_P = Y_{O'} + A \cdot \sin\alpha + B \cdot \cos\alpha$$

如已知 P 点的测量坐标 (X_P,Y_P) 而将其换算为施工坐标 (X_P',Y_P') 时,则按下式计算,即

$$A = (X_P - X_{O'}) \cdot \cos\alpha + (Y_P - Y_{O'}) \cdot \sin\alpha$$
$$B = -(X_P - X_{O'}) \cdot \sin\alpha + (Y_P - Y_{O'}) \cdot \cos\alpha$$

3.建筑方格网主轴线的测设

如图 9.17 中,1、2、3 为测量控制点,A、O、B 为主轴线上的主点。首先将 A、O、B 三点的施工坐标换算为测量坐标,再根据它们的坐标算出

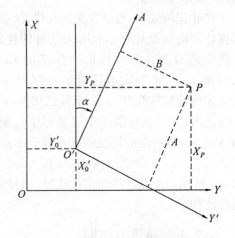

图 9.16 施工坐标系与测量坐标系换算关系

放样数据 D_1、D_2、D_3 和 β_1、β_2、β_3,然后按极坐标法分别测设出 A、O、B 三个主点的概略位置,以 A'、O'、B' 表示,如图 9.17 所示。

由于误差的原因,三个主点一般不在一条直线上,因此,要在 O' 点上安置经纬仪,如图 9.18 所示,精确地测量 $\angle A'O'B'$ 的角值。如果它和 $180°$ 之差超过规定时应进行调整。调整时将各主点沿垂直方向移动一个改正值 d,但 O' 与 A'、B' 两点移动的方向相反。d 值计算如下:

由于

$$\varepsilon''_1 = \frac{d}{a/2} = \frac{2d}{a} \times \rho''$$

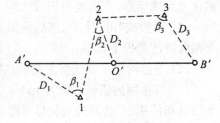

图 9.17 极坐标法测设主轴线

同理

$$\varepsilon''_2 = \frac{2d}{b} \times \rho''$$

则

$$\varepsilon''_1 + \varepsilon''_2 = \left(\frac{1}{a} + \frac{1}{b}\right) \cdot 2d\rho'' = (180 - \beta)$$

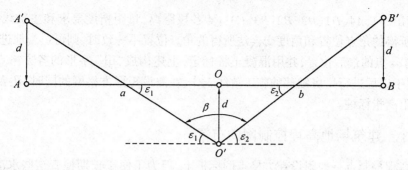

图 9.18 主轴线测设误差调整

所以

$$d = \frac{ab}{a+b}\left(90 - \frac{\beta}{2}\right) \cdot \frac{1}{\rho''}$$

移动过 A'、O'、B' 三点以后再测量 $\angle AOB$,如测得结果与 $180°$ 之差仍旧超过限度时,应再进行调整,直到误差在容许范围内为止。

定好 A、O、B 三个主点后,将仪器安置在 O 点来测设与 AOB 轴线相垂直的另一主轴线 COD,如图 9.19 所示。测设时瞄准 A 点,分别向右、向左转 $90°$,在地上定出 C' 和 D' 点,再精确地测出 $\angle AOC'$ 和 $\angle AOD'$。分别计算出它们与 $90°$ 之差 ε_1 和 ε_2,并按下式计算出改正值 d_1、d_2,即

$$d = D \cdot \varepsilon''/\rho''$$

式中,D 为 OC' 或 OD' 的距离。

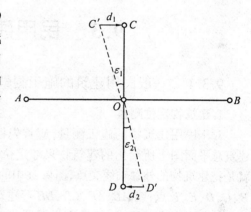

将 C' 沿垂直方向移动距离 d_1 得 C 点,同法定出 D 点。最后再实测改正后的 $\angle COD$,其角值与 $180°$ 之差不应超过规定的限差。

图 9.19 垂直主轴线的测设

最后,分别自 O 点起,用钢尺分别沿直线 OA、OC、OB 和 OD 量取主轴线的距离。主轴线的量距必须用经纬仪定线,用检定过的钢尺往、返丈量。丈量精度一般为 $1/1$ 万 $\sim 1/2$ 万,若用测距仪或全站仪代替钢尺进行测距,则更为方便,且精度更高。

主轴线点 A、O、B、C、D 要在地面上用混凝土桩标志出来。

4.建筑方格网的测设

在主轴线测设出后,就要测设方格网。具体作法如下:

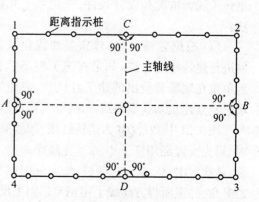

图 9.20 建筑方格网测设

在主轴线的四个端点 A、B、C、D 分别安置经纬仪,如图 9.20 所示,每次都以 O 点为起始方向,分别向左、向右测设 $90°$ 角,这样就交会出方格网的四个角点 1、2、3、4。为了进行校

核,还要量出 A1、A4、D1、D2、B2、B3、C3、C4 各段距离,量距精度要求和主轴线相同。如果根据量距所得的角点位置和角度交会法所得的角点位置不一致时,则可适当地进行调整,以确定 1、2、3、4 点的最后位置,并用混凝土桩标定,上述构成"田"字形的各方格点作为基本点。为了便于以后进行厂房细部的施工放线工作,在测设矩形方格网的同时,还要每隔 24 m 埋设一个距离指标桩。

9.2.3 建筑场地高程控制网的布置

场地高程控制点一般附设在方格点的标桩上,但为了便于长期检查这些水准点高程是否有变化,还应布设永久性的水准主点。大型企业建筑场地除埋设水准主点外,在要建的大型厂房或高层建筑等区域还应布置水准基点,以保证整个场地有一可靠的高程起算点控制每个区域的高程。水准主点和水准基点的高程用精密水准测量测定,在此基础上用三等水准测量的方法测定方格网的高程。对于中小型建筑场地的水准点,一般用三、四等水准测量的方法测其高程。最后包括临时水准点在内,水准点的密度应尽量满足放样要求。

9.3 民用建筑的施工测量

9.3.1 一般民用建筑的施工测量

1. 建筑物定位测量

对于民用建筑物的施工测量,应首先根据建筑总平面图上所给出的建筑物尺寸定位,也就是把建筑物的外廓轴线交点,图 9.21 中的 A、B、C、D、E、F 点,或 AB、AF、CD、DE 等建筑物的主轴线标定在地面上,然后再根据这些交点进行细部放样。建筑物主轴线的测设方法可根据施工现场情况和设计条件,采用以下几种方法:

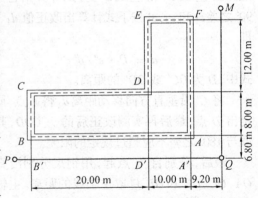

图 9.21 建筑物外廓轴线定位测量

(1) 根据建筑红线、建筑基线或建筑方格网进行建筑物的定位。如果在施工现场已有拨地单位在现场测设出的建筑红线桩,或施工现场已建立建筑基线或建筑方格网时,则可以根据其中的一种来进行建筑物定位。

图 9.21 中 PQ、QM 为建筑红线,如欲根据 PQ、QM 测设建筑物的主轴线 AB、AF、DE、CD 时,可先安置经纬仪于 Q 点上先瞄准 P 点,按图上所给的尺寸自 Q 点沿视线方向用钢尺量距,依次定出 A'、D'、B' 各桩。然后分别在 A'、D'、B' 点安置仪器瞄准 Q 点,分别向右测设 270° 角,并在所得方向线上用钢尺依图上尺寸量距,分别钉出 A、F、D、E、B、C 各桩。随后将经纬仪分别安置于 A、D 点,检查 ∠BAF 和 ∠CDE 是否等于 90°,用钢尺检查 CD、DE、EF 是否等于设计尺寸,如果误差在容许范围内,则得到此建筑物的主轴线 AB、AF、DE、CD。否则,应根据情况适当调整。

(2) 根据原有建筑物进行建筑物定位,如图 9.22 所示,画有斜线的为原有建筑物,没画斜线的为拟建的建筑物。

如图 9.22(a) 所示,为了准确做出 AB 的延长线 MN,应先做 AB 边的平行线 $A'B'$。为此,将 DA 和 CB 向外延长,并取 $AA' = BB'$,在地面上钉出 A'、B' 两点。然后在 A' 点安置经纬仪,照准 B' 点,在 $A'B'$ 延长线上根据图纸上的 BM、MN 设计尺寸,用钢尺量距依次钉出 M' 和 N' 各点。再安置仪器于 M' 和 N' 点做垂线从而得主轴线 MN。

如图 9.22(b) 所示,按上法测出 M' 点后,安置经纬仪于 M' 点做垂线从而得主轴线 MN。

如图 9.22(c) 所示,拟建建筑物的主轴线平行于道路中心线,首先找出道路中心线,然后用经纬仪做垂线即可得到主轴线。

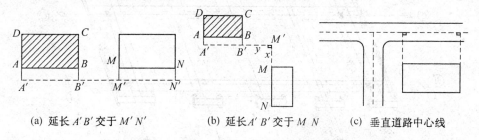

(a) 延长 $A'B'$ 交于 $M'N'$　　(b) 延长 $A'B'$ 交于 $M\ N$　　(c) 垂直道路中心线

图 9.22　根据原有建筑物进行建筑物定位

2. 建筑物细部放样测量

建筑物定位以后,所测设的轴线交点桩,在开挖基槽时将被破坏,因此在槽外各轴线的延长线上应设置轴线控制桩,作为开槽后各阶段施工中确定轴线位置的依据。控制桩一般钉在槽边外 2～4 m 且不受施工干扰并便于引测和保存桩位的地方。

在一般民用建筑物中,为了方便施工,在基槽外一定距离处设置龙门板,如图 9.23 所示,龙门板的具体设置如下:

(1) 在建筑物四周和中间隔墙的两端基槽处约 1.5～2 m 的地方设置龙门桩,桩要钉得竖直、牢固,桩面与基槽平行。

(2) 根据场地内水准点,在每个龙门桩上测设出室内或室外地坪设计高程线,即 ±0 标高线。如地形条件不许可,可测设比 ±0 高或低一整数的标高线。根据标高线把龙门板钉在龙门桩上,使龙门板的上边缘标高正好为 ±0。

(3) 把轴线引测到龙门板上,将经纬仪安置在 H 点瞄准 F 点沿视线方向在龙门板上钉出一点,用小钉标志,倒转望远镜在 H 点附近的龙门板上钉一小钉。

(4) 把中心钉都钉在龙门板上以后,应用钢尺沿龙门板顶面检查建筑物轴线距离,其误差不超过 1/2 000。检查合格后以中心钉为准将墙宽、基槽宽标在龙门板上,最后根据槽上口宽度拉上小线撒出基槽灰线。

龙门板使用方便,可以控制 ±0 以下各层标高和槽宽、基础宽、墙宽。但它需要较多木材,占用场地大,所以有时也用轴线控制桩法来代替龙门板法。如图 9.23 所示,轴线控制桩设置在基础轴线的延长线上,控制桩离基槽外边线的距离根据施工场地的条件而定。

3. 基础施工测量

基础开挖前,首先根据细部测设确定的轴线位置和基础宽度,在地面上用白灰放出基础的开挖线。

开挖基槽时要随时注意挖土深度,当基槽挖到离槽底 30～50 cm 时,需要在槽壁上每隔

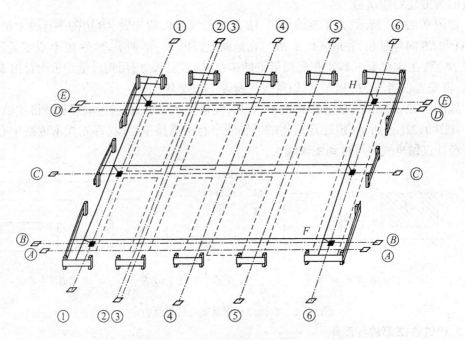

图 9.23　龙门板标定建筑物轴线

2～3 m设置一些水平桩,用以控制挖槽深度,如图9.24所示。例如,要钉出标高为 -1.000 m 的水平桩,首先把木杆放在附近一龙门板上,按十字丝横丝在木杆上所示位置画一水平红线,然后从此红线处再向上量出 1.000 m 的一段长度,画出第二条红线。把木杆紧贴基槽上下移动,直到第二条红线和十字丝的横丝重合时,靠木杆底部钉一小木桩即为要设置的水平桩,作为控制槽深和打基础垫层时的高程依据。

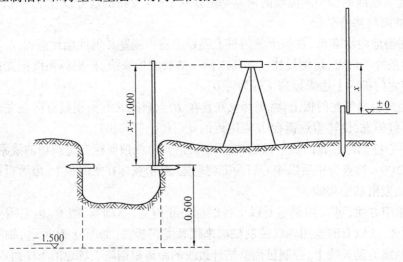

图 9.24　设置控制挖槽深度的水平桩

9.3.2　高层建筑施工测量

高层建筑物的特点是层数多、高度高,尤其是在繁华闹市区的建筑群中施工时,场地十分狭窄,这就给施工及测量工作带来很大困难。在施工过程中,对建筑物各部位的水平度、垂直度要求都十分严格。高层建筑的施工有多种方法,但目前多采用如下两种:一种是滑模施工,即分层滑升逐层现浇楼板的方法,另一种是预制构件装配式施工。国家建筑施工规范中对高层建筑结构的施工质量标准规定如表9.1所示。

表9.1 国家高层建筑结构施工质量标准

高层施工种类	竖向偏差限值		高程偏差限值	
	各层	总累计	各层	总累计
滑模施工	5 mm	$H/1000$(最大 50 mm)	10 mm	50 mm
装配式施工	5 mm	20 mm	5 mm	30 mm

所以,对于高层建筑施工测量,事先必须谨慎细致地制定测量方案,选用适当的测量仪器,并拟出各种控制和检测的措施来确保放样精度。

高层建筑施工测量主要包括基础施工测量;高楼墙体、柱列、楼板施工测量和幕墙施工测量等三大项,现就其中的基本测量工作分别介绍如下:

1. 轴线定位

根据施工场地的平面控制点,精确地测设相互垂直的纵横主轴线,如图9.25中以 $A—A$ 及 $B—B$ 作为高层建筑施工的基准线,在 AA 和 BB 轴线交点 O 安置经纬仪,检查两轴线所夹的角度是否等于 $90°±5″$。然后以 AA、BB 两主轴线为依据,建立高低两部分房屋的矩形控制网。再根据矩形控制网将各柱列轴线引测到设计的房屋轴线之外,用混凝土桩标定出来。同时,用四等水准测量方法建立水准点,根据设计的室内地坪标高,在附近固定的建筑物上测设出 ±0 点的标志,作为基础施工高程控制的依据。

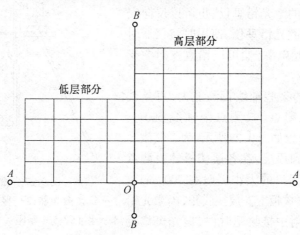

图9.25 高层建筑矩形控制网测设

2. 轴线投测

高层建筑的基础工程完工后,随着结构的升高,须以底层基准轴线点为依据,逐层向上投测,以控制建筑物的垂直度。投测轴线点的方法主要有经纬仪投测法和激光铅垂仪投测法两种。下面分别介绍这两种方法。

(1) 经纬仪投测法。将经纬仪安置在墙中心轴线或中心轴线延长线的控制桩上,如图

9.26中的 B 点或 B' 点位置,按正倒镜分中,向上逐层投测。如附近有高建筑物可供利用时,也可把墙中心轴线延长到高建筑物上,然后再在该处安置经纬仪向上投测,如图 9.26 中先由 A 点投测出 A_1 点,将经纬仪搬至 A_1 点投测出 A_2 点,再将经纬仪搬至 A_2 点继续向上投测。

值得注意的是进行轴线投测的经纬仪一定要经过严格检校,尤其是照准部水准管轴应严格垂直于竖轴,并在操作时仔细整平。

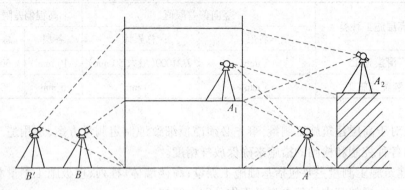

图 9.26　经纬仪投测高层建筑轴线

(2)激光铅垂仪投测法。激光铅垂仪是一种专用的铅直定位仪器,适用于高烟筒、高塔等高层建筑的铅直定位测量。

图 9.27 是激光铅垂仪的示意图。仪器的竖轴是一个空心筒轴,两端有螺扣联结望远镜和激光器的套筒,将激光器安在筒轴的下端,望远镜安在上端,构成向上发射的激光铅垂仪。也可以反向安装,成为向下发射的激光铅垂仪。使用时将仪器对中、整平后,接通激光电源,便可以铅直发射激光束。

为了把建筑物的某些轴线投测上去,每条轴线至少需要两个投测点。投测点距轴线 500 ~ 800 mm 为宜,平面布置如图 9.28 所示。为了使激光束能在底层直接打到顶层,在各层楼板的投测点处,需要预留孔洞,洞口的大小一般在 200 mm × 200 mm 左右。在投测楼板上安放接收靶,当激光铅垂仪发出的激光束射中接收靶时,根据光斑位置确定轴线位置。

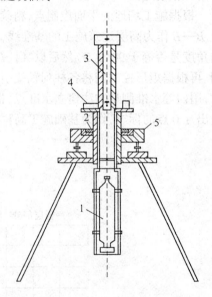

图 9.27　激光铅垂仪
1— 氦氖激光器;2— 竖轴;3— 发射望远镜;
4— 水准管;5— 基座

3.高层传递

±0 以上的高程传递,一般都沿建筑物外墙、边柱或电梯间等用钢尺向上量取。一幢高层建筑物至少要三个底层标高点向上传递。由下层传递上来的同一层几个标高点必须用水准仪进行检核,检查各标高点是否在同一水平面上,其误差应不超过 ± 3 mm。

4. 幕墙施工测量

高层建筑的幕墙是作为建筑物外部的保护层与装饰品,其施工特点是按设计尺寸在工厂加工,现场定位与装配,是属于精密金属结构的施工测量,精度要求高于土建结构施工10倍以上。但是,幕墙结构必须附着于土建结构之上,附着的方法为预埋铁板,为一级附着;安装或焊接铁基座(铁马)为二级附着,它可以作三维的位置调整;铝合金的主柱和横梁作为三级附着,然后安装显框或隐框玻璃。

幕墙施工测量一般应按下列程序进行:幕墙施工控制测量、土建结构竣工测量、幕墙施工放线测量,现分别介绍如下。

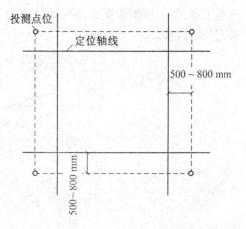

图 9.28　激光铅垂仪投点原理

(1) 幕墙施工控制测量。从控制到细部是测量工作的原则,幕墙施工测量属于精密工程测量(要求毫米级精度),尤应遵循这一原则。控制网的起算数据(起始点的坐标与起始方向角)必须与原有土建施工控制网相一致,以取得幕墙结构与土建结构的最佳吻合,但是,除了起始数据以外,必须建立自己的控制网系统与数据。

对于较复杂的高层建筑物,平面控制网一般要在大楼外围布设高精度的三维边角网,测定控制点的平面与高程中误差均为 ±3 mm。而一般高层建筑(立柱体的主楼,加面积较大的裙房),则布设矩形或十字形控制网较为合适,而高精度的垂准仪(天顶仪 ZL、天底仪 NL)则在布网中起着主要作用,例如,位于上海浦东 45 层的江苏大楼由 4 条垂准线组成矩形控制网,统一控制着裙房和主楼。垂准线用 Wild ZL 施测,土建施工时留下的室内垂直通道仍可利用,但也有因为已安装管道等物而不通视的,则在外墙另行建立由对中铁板组成的垂直通道。由此组成的各层矩形控制网能在 160 m 的高层建筑中保持 ±2 mm 的控制点点位精度。

高程控制可利用垂直通道,用同轴发射红外光的全站仪向天顶进行测距(附件直角目镜是不可缺少的),反光棱镜安放于对中铁板上。这是一种利用全站仪的性能、快速精确地测定各层高差的方法,标高误差一般不大于 ±2 mm。徕卡的各种全站仪 TC1600、TC1700、TC1800 对此项工作均很适用。

由于在建筑工程测量中视线的倾角往往很大,仪器的轴系误差影响严重。各种全站仪的纵轴倾斜补偿、双轴补偿有着特别明显的作用。在补偿范围内,观测者就不需要时时关心仪器平盘水准管气泡的偏斜,而保证能获得精确的测量成果。

(2) 土建结构竣工测量。由于幕墙的金属结构必须附着于土建结构之上,幕墙结构与土建结构的连接基座调节范围是有限的,因此,土建结构的施工误差为幕墙设计者所关心。根据各层的高程控制点可以测定预埋螺栓、预埋铁板等的中心位置,了解施工误差情况,如果发现施工误差超限,可以预先采取措施,以保证幕墙结构安装的精度。

(3) 幕墙施工的放线测量。在幕墙控制网的基础上,需要加密一些控制点线,放样出幕墙的每个连接构件的三维位置,用弹墨线的办法在实地标明。例如,江苏大楼主楼各层楼板的圆弧部分,预埋件中心的设计坐标和施工放线如图 9.29 所示,据此安置连接构件铁马的正确位置。墙面竖直方向拉紧钢丝,作为安装立柱的控制。施工放线是幕墙施工测量的最后一道工序,是一项细致而必须保证精度的工作,一般用极坐标法、距离交会法放样,并且必须有充分的检核。

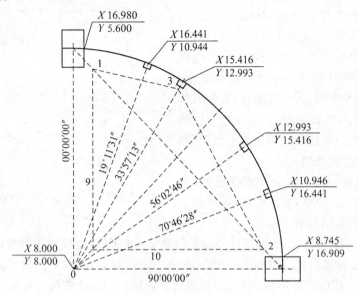

图 9.29 江苏大楼幕墙示意图(圆弧部分)

9.4 工业建筑的施工测量

在工业建筑中以厂房为主体,工业厂房一般分单层厂房和多层厂房,而厂房的柱子又分预制混凝土柱子和钢结构柱子等。本节介绍最常用的预制混凝土柱子单层厂房在施工中的测量工作,其施工程序主要分为:厂房控制网的测设、厂房柱列轴线测设、柱基施工测量和厂房构件的安装测量四个部分。

9.4.1 厂房控制网的测设

工业厂房多为排柱式建筑,柱列轴线的测设精度要求较高,因此,常在建筑方格网的基础上建立矩形控制网。首先设计厂房控制网角点的坐标,再根据建筑方格网用直角坐标法把厂房控制网测设在地面上,然后按照厂房跨距和柱子间距,在厂房控制网上定出柱列轴线。具体做法如下:

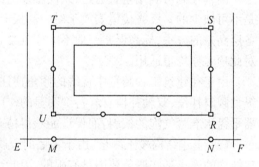

图 9.30 工业厂房矩形控制网测设

如图 9.30 所示,先根据厂房四个角点的坐标,在基坑开挖线以外 1.5 m 的距离设计出厂房控制网四个角点 U、T、S、R 的坐标。测设时安置经纬仪在方格点 E 上,瞄准另一方格点 F,用钢尺从 E 点沿 EF 方向精确测设一段距离等于 E、U 两点的横坐标差,定出 M 点。同样,从 F 点测设一段距离等于 F、R 两点的横坐标差,定出 N 点。然后将经纬仪安置在 M 点,根据 MF 方向用正倒镜测设 270° 角,定出 MT 方向。沿此方向精确测设 MU、MT,在地上定出 U、T

两点,打入木桩并在桩顶划"+"。同法再放仪器于 N 点,定出 R、S 两点,即得厂房控制网 U、T、R、S 四点。最后检查 $\angle T$、$\angle S$ 是否等于 $90°$,TS 是否等于设计长度,如果角度误差不超过 $10''$,边长误差不超过 $1/10\ 000$,则认为符合精度要求。

9.4.2 柱列轴线的测设

厂房矩形控制网测设出后,就可在矩形控制网的基础上定出柱列轴线。测设方法为:首先用钢尺在控制网各边上每隔柱子间距(一般为 6 m) 的整数倍(如 24 m,48 m) 钉出距离指

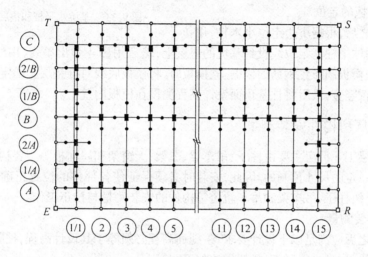

图 9.31 工业厂房柱列轴线测设

标桩,最后根据距离指标桩按柱子间距或跨距定出柱列轴线桩(或称轴线控制桩),在桩顶上钉小钉,标明柱列轴线方向,作为基坑放样的依据,如图 9.31 所示,A、B、C 和 ①、②、③… 轴线均为柱列轴线。

9.4.3 柱基施工测量

1. 柱基测设

柱基测设就是根据柱基础平面图和柱基础大样图的有关尺寸,把基坑开挖的边线用白灰标示出来以便挖坑。为此,需要安置两台经纬仪在相应的轴线控制桩上,如图 9.31 所示,根据柱列轴线在地上交出各柱基定位点,然后按照基础大样图的有关尺寸,如图 9.32 所示,用特制角尺,根据定位轴线和定位点放出基坑开挖线,用白灰标明开挖范围,并在坑的四周钉四个

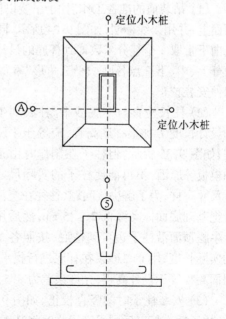

图 9.32 柱基平面图和大样图

小木桩,桩顶钉一小钉作为修坑和立模板的依据。在进行柱基测设时,应注意定位轴线不一定都是基础中心线,一个厂房的柱基类型很多,尺寸不一,测设时要特别注意。

2. 基坑抄平

当基坑挖到一定深度时,应在坑壁四周离坑底设计高程0.3～0.5 m处设置几个水平桩,如图9.33所示,作为基坑修坡和清底的高程依据。此外还应在基坑内测设出垫层的高程,即在坑底设置小木桩,桩顶恰好等于垫层的设计高程。

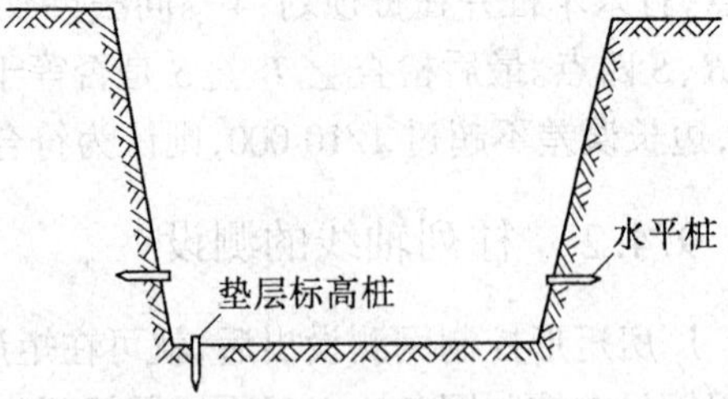

图9.33 基坑水平桩和垫层标高桩

3. 基础模板的定位

打好垫层之后,根据坑边定位小木桩,用拉线的方法,吊垂球把柱基定位线投到基坑的垫层上,然后用墨斗弹出墨线,用红油漆画出标记,作为柱基立模板和布置钢筋的依据。立模板时,将模板底线对准垫层上的定位线,并用垂球检查模板是否竖直,最后将柱基顶面设计高程测设在模板内壁上。

9.4.4 厂房构件安装测量

装配式单层工业厂房主要由柱子、吊车梁、屋架、天窗架和屋面板等主要构件组成,这些构件都是按照一定的尺寸预制的。因此,安装时必须保证使各部件的位置正确,以免影响工程质量。下面介绍柱子、吊车梁和吊车轨道等构件的安装测量与校正工作。

1. 柱子安装测量

柱子安装之后应满足以下设计要求:牛腿面高程必须等于其设计高程;柱脚中心线必须对准柱列中心线;柱身必须竖直。具体做法如下:

(1)吊装前的准备工作。柱子吊装以前,应根据轴线控制桩把定位轴线投测到杯形基础顶面上,并用墨线标明,如图9.34所示。同时还要在杯口内壁测设一条标高线,使从该标高线向下量取一个整分米数即到杯底的设计标高。并在柱子的三个侧面弹出柱中心线,每一侧面分上、中、下三点各画一小三角形"▲"标志,以便安装校正。

(2)柱长检查与杯底抄平。柱底到牛腿面的设计长度 L 加上杯底高程,应等于牛腿面高程,如图9.35所示。但柱子在制作时由于工艺和模板等原因,不可能使柱子的实际尺寸和设计尺寸一样,为了解决该问题,往往在浇注基础时把基础底面标高降低2～5 cm,然后用钢尺从牛腿顶面沿柱子边量到柱底,按照各个柱子的实际长度,用1:2砂浆在杯底进行找平,使牛腿面高程等于设计高程,允许误差为±5 mm。

(3)安装柱子时的竖直校正。如图9.36所示,柱子插入杯口后则用楔子临时将其固定,首先应使柱身基本垂直,然后再敲击楔子,使柱底中线与杯口中线对齐,偏差不超过±5 mm。接着进行柱子竖直校正,用两台经纬仪分别安置

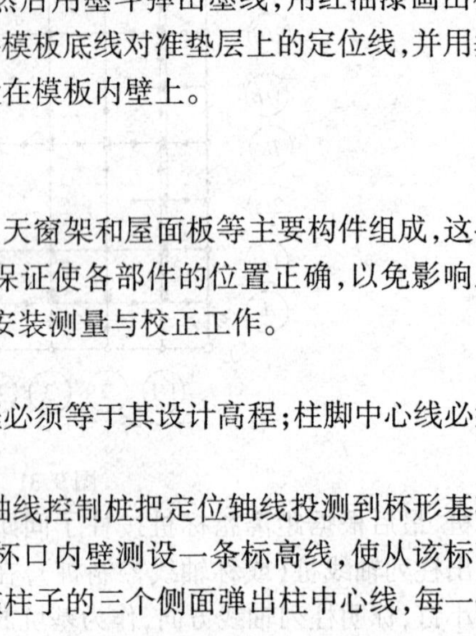

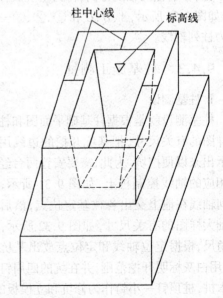

图9.34 柱基杯口测设柱中心线与标高线

在互相垂直的两条柱列中线上,离开柱子的距离约为柱高的 1.5 倍。先瞄准柱子下部中心线,再抬高望远镜,检查柱中心线是否一直在同一竖直面内,如有偏差,则指挥吊装人员用拉线进行调整。正镜使柱子定位后,立即倒镜,再测量一次,如正、倒镜观测结果有偏差,则取其中数再进行调整,直至竖直为止。

在实际工作中,往往是把数根柱子都竖起来然后进行校正。这时,可把仪器安置在轴线的一侧,并尽可能地靠近轴线,与中心线的夹角一般不超过 15°,这样一次可以校正数根柱子。

进行柱子竖直校正应注意以下几点:经纬仪应经过严格的检校,观测时照准部水准管气泡应严格居中,应随时检测柱子下部中线与杯口中线对齐等。

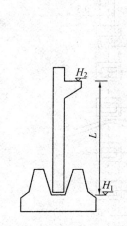

图 9.35 柱长检查与杯底抄平

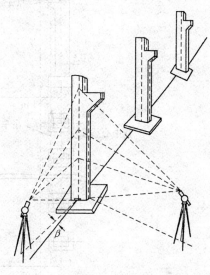

图 9.36 安装柱子时进行竖直校正

2. 吊车梁安装测量

吊车梁安装时应满足下列要求:梁顶高程应与设计高程一致,梁的上下中心线应和吊车轨道的设计中心线在同一竖直面内。具体作法是:

(1) 牛腿面抄平:用水准仪根据水准点检查柱子 ±0 标高,如果检测误差不超过 ±5 mm,则原 ±0 标高不变,如果误差超过 ±5 mm,则重新测设 ±0 标高位置,并以此结果作为修正牛腿面的依据。

(2) 吊车梁中心线投点:根据控制桩或杯口柱列中心线,按设计数据在地面上测出吊车梁两端的中心线点,钉木桩标志。然后安置经纬仪于一端后视另一端,抬高望远镜将吊车梁中心线投到每个牛腿面上,如果与柱子吊装前所画的中心线不一致,则以新投的中心线作为定位的依据。

(3) 吊车梁安装:在吊车梁安装前,已在梁的两端及梁面上弹出梁中心线的位置,因此,使梁中心线和牛腿面上的中心线对齐即可。

3. 吊车轨道安装测量

安装吊车轨道前,先要对吊车梁上的中心线进行检测,此项检测多用平行线法。如图 9.37 所示,首先在地面上从吊车轨道中心线向厂房中心线方向量出 1 m 长度,得平行线

EE'。然后安置经纬仪于平行线一端 E 点上,瞄准另一点 E',固定照准部,仰起望远镜投测。此时,另一人在梁上移动横放的木尺,当视线正对木尺上 1 m 刻划时,尺的零点应与梁面上的中心重合。如不重合应予改正,使吊车梁中心线至 EE' 的间距等于 1 m 为止。同法可检测另一条吊车轨道中心线。

吊车轨道中心线安装就位后,可将水准仪安置在吊车梁上,水准尺直接放在轨道顶上进行检测,每隔 3 m 测一点高程,与设计高程相比较,误差应在 ± 3 mm 以内。最后还要用钢尺检查两吊车轨道间跨距,与设计跨距相比较,误差不得超过 ± 5 mm。

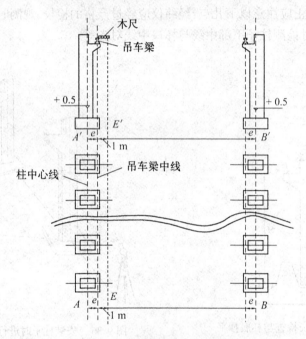

图 9.37 吊车轨道安装测量

9.5 大坝施工测量

大坝主要分为以农田灌溉、防洪蓄洪为主的土石大坝和以水力发电为主的混凝土重力大坝。除大坝本身外,大坝还包括溢洪道、电站及其他水工建筑物等。由于土石坝的结构要比混凝土坝简单,施工测量也比混凝土坝容易,精度也是前者低,后者高。但不管是土石坝还是混凝土重力坝,它们的施工测量大体分以下几个阶段:大坝轴线的定位与测设、坝身平面控制测量、坝身高程控制测量、坝身细部放样测量、溢洪道测设等。现以土石坝为例,介绍施工测量工作过程。

9.5.1 大坝轴线的定位与测设

坝址选择是一项很重要的工作,因为它涉及大坝的安全、工程成本、受益范围、库容大小等问题。所以,大坝选址工作必须综合研究,反复论证。选定大坝位置,也就是确定大坝轴线位置,它通常有两种方式:一种是由有关人员组成选线小组实地勘察,根据地形和地质情况并顾及其他因素在现场选定,用标志标明大坝轴线两端点,经进一步分析比较和论证后,再用永久性的标桩标明,并把轴线尽可能延长到两边山坡上;另一种方式是在地形图上根据各方面的勘测资料,确定大坝轴线位置。这种方法需要把图上的轴线位置测设到地面上。测设过程如下:首先建立大坝平面控制网,如图9.38所示,1、2是大坝轴线的两个端点,1′、2′是它们的延长点,A、B、C、D是大坝轴线附近的控制点,在图上量出1、2两点的平面直角坐标值,这样,可根据1、2、A、B四点的平面直角坐标,求出放样角 α_1、β_1、α_2、β_2,然后在 A、B 安置两台经纬仪,用角度交会法交出 1、2 点,用同样的办法还可以从 C、D 点检查 1、2 点是否正确。

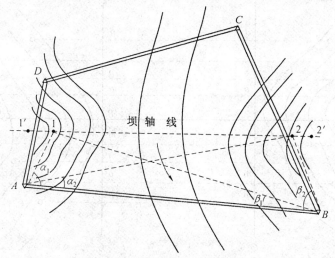

图9.38 大坝轴线定位测量

9.5.2 坝身平面控制测量

土石坝一般都比较庞大,其结构随工程的不同也有所区别,如图9.39所示,是土石坝坝身横断面的一种形式。为了进行坝身的细部放样,如坝身坡脚线、坝坡面、斜墙、坝顶肩边线,需要以坝轴线为基础线建立若干条平行线和垂直线来作为坝身的平面控制。

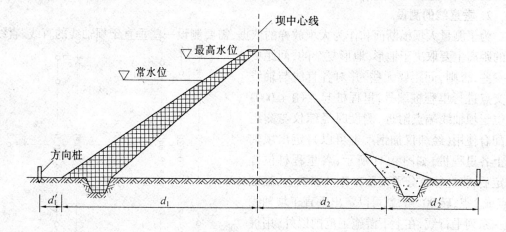

图9.39 大坝横断面

1. 平行线的测设

在大坝施工现场，由于施工人员、车辆、施工机械往来频繁，如果直接从坝轴线向两边量距离既困难，又影响施工进度，所以，在施工开始前，需要在大坝的上游和下游设置若干条与坝轴线平行的直线，如图 9.40 所示，相邻平行线的距离可根据具体情况在 10 m、20 m、30 m 之间变化。

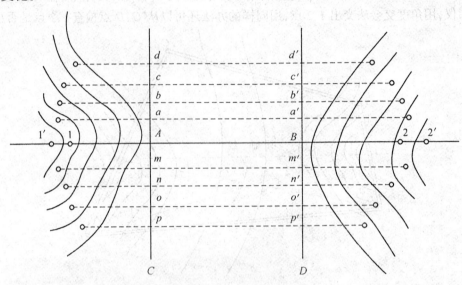

图 9.40　大坝平行线测设

如图 9.40 所示，1、2 点是坝轴线的两个端点，把经纬仪安置于其中一点，瞄准另一点，在此方向上在地面上测设 A、B 两点，A、B 两点应靠近轴线两端点为宜。再把经纬仪分别安置在 A、B 两点上，测设垂线 AC、BD，并在垂线上按规定的轴距定出 $a,b,c\cdots$ 和 $a',b',c'\cdots$ 点。则 $aa',bb',cc'\cdots$ 就是要测设的平行线，并把这些线延长到两侧山坡上，同时坝顶边线、坝面变坡线也应作为平行线一并测设出来。

2. 垂直线的测设

为了测量大坝横断面和作为大坝放样的依据，需要测设一些垂直于坝轴线的直线。直线间的距离主要取决于地形，地形复杂的，间距要小一些，否则，间距要大些。并对各直线与轴线的交点进行里程桩编号，里程桩起点(0 + 000)应位于坝轴线端点附近，测设时经纬仪与测距仪配合使用(经纬仪加钢尺也可以)，定出坝轴线上各里程桩，如图 9.41 所示，各里程桩位置确定后，将经纬仪分别安置在各里程桩上，瞄准 1 点或 2 点，转 90°角，就可以定出垂直于坝轴线的一系列平行线，在上下游施工范围以外，用桩子标定出来，这些桩称为横断面方向桩。

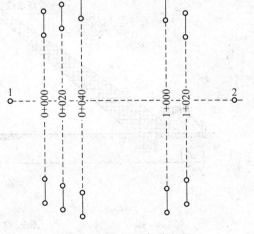

图 9.41　大坝垂直线测设

9.5.3 坝身高程控制测量

大坝施工期间,经常需要高程放样,为此必须首先在施工范围外建立高程控制网,以便随时引测到大坝上,对大坝进行高程控制。高程控制网中的水准点应是永久性水准点,并和附近的高级水准点连测,以获得各水准点的绝对高程。控制网可按三等或四等水准测量方法施测。此外,为了便于施工测量中的高程测设工作,还应在施工范围内建立不同高程的若干临时水准点,并把它们附合到永久性的水准点上。临时水准点容易遭到破坏,所以要注意保护,并要定期检测。

9.5.4 坝身的细部放样测量

坝身的细部放样主要包括坡脚线放样和边坡放样。

1. 坡脚线放样

利用坝身平面控制测量所测设的平行于坝轴线的方向线,即图 9.40 中的 aa', bb', cc' …,根据各条方向线上坝坡面的设计高程,可在两侧山坡上或地面上测设出该高程的地面点,该点即为坡脚点,然后将每个方向线上的坡脚点连接,撒以灰线,即得坝体实地上的坡脚线,如图 9.42 所示。

2. 边坡放样

为了使建成后的大坝满足设计要求,在施工时应进行边坡放样。它主要包括大坝每升高 1 m 左右上料桩测设,修坡时作为修坡依据的削坡桩的测设。

(1)上料桩的测设:根据大坝的设计断面图,可以计算出大坝坡面上不同高程的点离开坝轴线的水平距离,这个距离是指大坝竣工后

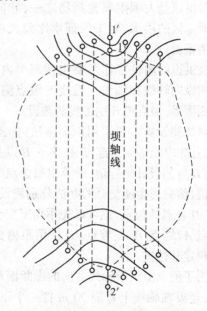

图 9.42 大坝坡脚线放样

坝面离开坝轴线的距离。但在大坝施工时,应多铺一部分料,根据材料和压实方法的不同,一般要高出 1~2 m,使压实并修理后的坝面恰好是设计的坝面,而坝顶面铺料超高部分视具体情况而定。在施测上料桩时,可采用测距仪或钢尺测量坝轴线到上料桩之距离,高程用水准仪测量,如图 9.43 所示。

(2)削坡桩测设:坝坡面压实后要进行修整,使坝坡面符合设计要求。根据平行线在坝坡面上打若干排平行于坝轴线的桩,离坝轴线等距离的一排桩所在的坝面应具有相同的高程,用水准仪测得各桩所在地点的坡面高程,实测坡面高程减去设计高程就得坡面修整的量。

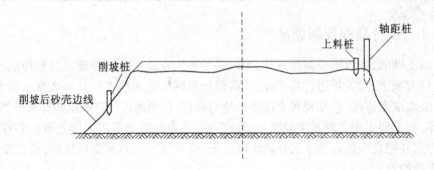

图 9.43　大坝上料桩和削坡桩测设

9.5.5　溢洪道测设

溢洪道是大坝附属建筑物之一，它的作用是排泄库区的洪水，对于保证水库及大坝的安全极为重要。

溢洪道的测设工作主要包括三个内容：溢洪道的纵向轴线和轴线上坡度变坡点测设；纵横断面测量；溢洪道开挖边线的测设。

具体测设方法可采用以下做法：如图 9.44 所示，首先求出溢洪道起点 A、终点 B 以及变坡点 C、D 等的设计坐标值，计算出每个点的放样角度值，然后用角度交会的办法分别测设出 A、B、C、D 各点的位置，也可以先用角度交会法确定起点 A、终点 B，变坡点 C、D 用距离丈量的方法确定其位置。

为了测出溢洪道轴线方向的纵断面和横断面图，还要在轴线上每隔 20 m 打一个里程桩，用水准测量的方法测出纵、横断面图。有了纵、

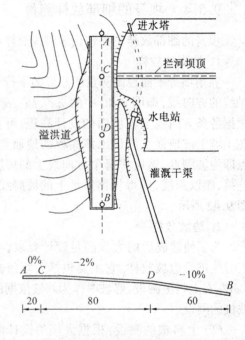

图 9.44　大坝溢洪道轴线测设

横断面图后，就可以根据设计断面测设出溢洪道的开挖边线。开挖溢洪道时，里程桩要被挖掉，所以，必须把里程桩引测到开挖范围以外，并埋桩标明。

9.6　建筑物的变形观测

随着我国经济的发展，各种复杂而大型的建筑物将日益增多。在建筑物的建造过程中，由于建筑物基础的地质构造不均匀，土壤的物理性质不同，大气温度的变化，土基的塑性变形，地下水位季节性和周期性的变化，建筑物本身的荷重，建筑物的结构及动荷载的作用，建筑物将发生沉降、位移、挠曲、倾斜及裂缝等现象，为了不影响建筑物的正常使用，保证工程质量和安全生产，同时也为今后合理地设计积累资料，必须在建筑物建设之前、建设过程中，以及交付使用期间，对建筑物进行变形观测。实践证明，变形观测已日益成为工程建设中的一项十分重要的工作内容。

建筑物的变形观测主要包括沉降观测、倾斜观测、裂缝观测和挠度观测,本节将分别阐述。

9.6.1 建筑物的沉降观测

建筑物的沉降是地基、基础和上层结构共同作用的结果。沉降观测就是测量建筑物上所设观测点与水准点之间随时间的高差变化量。通过此项观测,研究解决地基沉降问题和分析相对沉降是否有差异,以监视建筑物的安全。

1. 水准点和观测点的设置

建筑物的沉降观测是根据埋设在建筑物附近的水准点进行的,所以,水准点的布设要把水准点的稳定、观测方便和精度要求综合起来考虑合理地埋设。为了相互校核并防止由于个别水准点的高程变动造成差错,一般要布设三个水准点,它们应埋设在受压、受震范围以外,埋设深度在冻土线以下 0.5 m,才能保证水准点的稳定性,但又不能离开观测点太远(不应大于 100 m),以便提高观测精度。

观测点的数目和位置应能全面反映建筑物沉降的情况,这与建筑物的大小、荷重、基础形式和地质条件有关。一般情况下,沿房屋四周每隔 10 ~ 15 m 布置一点。另外,在最容易变形的地方,例如,设备基础、柱子基础、伸缩缝两旁、基础形式改变处、地质条件改变处等也应设立观测点。观测点的埋设要求稳固,通常采用角钢、圆钢或铆钉作为观测点的标志,分别埋设在砖墙上、钢筋混凝土柱子上和设备基础上,如图 9.45 所示。

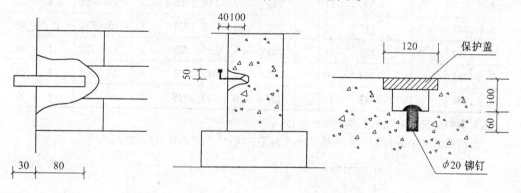

图 9.45 沉降观测点设置

2. 观测时间、方法和精度要求

一般在增加荷重前后,如基础浇灌、回填土、安装柱子和屋架、砌筑砖墙、设备运转等都要进行沉降观测。当基础附近地面荷重突然增加,周围大量积水及暴雨后,或周围大量挖方等均应观测。工程完工以后,应连续进行观测,观测时间的间隔可按沉降量大小及速度而定,在开始时可每隔 1 ~ 2 个月观测一次,以后随着沉降速度的减慢,可逐渐延长观测时间,直到沉降稳定为止。

水准点是作为比较观测点沉降量的依据,因此,要求它必须以永久性水准点为根据来精确测定。测定时应往返观测,并经常检查有无变动。对于重要厂房和重要设备基础的观测,要求能反映出 1 ~ 2 mm 的沉降量。因此,必须应用 S_1 级以上精密水准仪和精密水准尺进行往返观测,其观测的闭合差不应超过 $\pm 1\sqrt{n}$ mm(n 为测站数),观测应在成像清晰、稳定的时间内进行。对于一般厂房建筑物,精度要求可适当放宽些,可以使用适合四等水准测量的水准仪进行往返观测,观测闭合差不超过 $\pm 2\sqrt{n}$ mm。

3. 沉降观测的成果整理

每次观测结束后,应检查观测手簿中的数据和计算是否合理、正确,精度是否合格等。然后把历次各观测点的高程列入成果表 9.2 中,计算两次观测之间的沉降量和累计沉降量,并注明观测日期和荷重情况。为了更清楚地表示沉降、荷重、时间之间的关系,还要画出各观测点的沉降 – 荷重 – 时间关系曲线图,如图 9.46 所示。

表 9.2 沉降观测成果表

观测点	第一次 1985年5月24日			第二次 1985年7月24日			第三次 1985年9月24日			第四次 1986年2月24日			第五次 1986年8月24日		
	高程/m	沉降量/mm	累计沉降/mm	高程/m	沉降量/mm	累计沉降/mm	高程/m	沉降量/mm	累计沉降/mm	高程/m	沉降量/mm	累计沉降/mm	高程/m	沉降量/mm	累计沉降/mm
1	.756			.746	-10		.739	-7	-17	.736	-3	-20	.734	-2	-22
2	.774			.763	-11		.757	-6	-17	.754	-3	-20	.753	-1	-21
3	.775			.764	-11		.757	-7	-18	.754	-3	-21	.753	-1	-22
4	.777			.766	-11		.759	-7	-18	.756	-3	-21	.755	-1	-22
5	.747			.735	-12		.732	-3	-15	.731	-1	-16	.731	0	-16
6	.740			.729	-11		.725	-4	-15	.723	-2	-17	.722	-1	-18
7	.763			.753	-10		.745	-8	-18	.741	-4	-22	.740	-1	-23
8	.754			.743	-11		.737	-6	-17	.735	-2	-19	.734	-1	-20

注:1. 表中高程为简化注记,整数部分为 138 m。
    2. 荷载情况(t/m²):第一次:0;第二次:6.5;第三次:12.5;第四次以后:20。

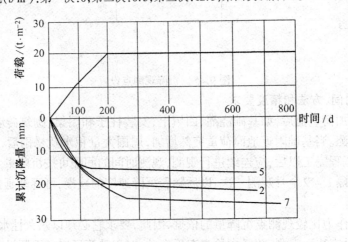

图 9.46 沉降 – 荷重 – 时间关系曲线

9.6.2 建筑物的倾斜观测

基础不均匀的沉降将使建筑物倾斜,对于高大建筑物影响更大,严重的不均匀沉降会使建筑物产生裂缝甚至倒塌。因此,必须及时观测、处理,以保证建筑物的安全。

(1) 对需要进行倾斜观测的一般建筑物,要在几个侧面观测。如图 9.47 所示,在离墙距离大于墙高的地方选一点 A 安置经纬仪后,分别用正、倒镜瞄准墙顶一固定点 M,向下投影取其中点 M_1。过一段时间再用经纬仪瞄准同一点 M,向下投影得 M_2 点。若建筑物沿侧面方向发生倾斜,M 点已移位,则 M_2 与 M_1 不重合,于是量得偏离量 e_M。同时,在另一侧面也可以测得偏移量 e_N,利用矢量加法可求得建筑物的总偏斜量 e,即

$$e = \sqrt{e_M^2 + e_N^2}$$

以 H 代表建筑物的高度,则建筑物的倾斜度为 $i = e/H$。

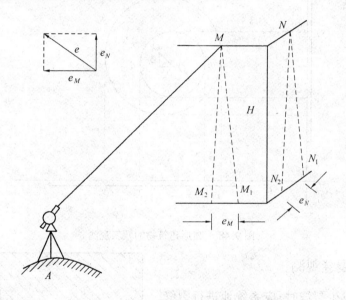

图 9.47 建筑物的倾斜观测

(2) 当测定圆形建筑物,如烟囱、水塔等的倾斜度时,首先求出顶部中心 O' 点对底部中心 O 点的偏心距,如图 9.48 中的 OO',其做法如下:

如图 9.48 所示,在靠烟囱底部所选定的方向平放一根标尺,使尺与方向线垂直。安置经纬仪在标尺的垂直平分线上,并距烟囱的距离不小于烟囱高度的 1.5 倍。用望远镜分别瞄准底部边缘两点 A、A' 及顶部边缘两点 B、B',并分别投点到标尺上,设读数为 y_1、y_2 和 y'_1、y'_2,则横向倾斜量

$$\delta_y = \frac{y'_1 + y'_2}{2} - \frac{y_1 + y_2}{2}$$

同法再安置经纬仪及标尺于烟囱的另一垂直方向,测得底部边缘和顶部边缘在标尺上投点的读数为 x_1、x_2 和 x'_1、x'_2,则纵向倾斜量为

$$\delta_x = \frac{x'_1 + x'_2}{2} - \frac{x_1 + x_2}{2}$$

烟囱的总倾斜量为

$$OO' = \sqrt{\delta_x^2 + \delta_y^2}$$

烟囱的倾斜方向为

$$\alpha_{OO'} = \arctan\frac{\delta_y}{\delta_x}$$

式中,α 为以 x 轴作为标准方向线所表示的方向角。

以上观测要求仪器的水平轴严格水平,否则,应用正倒镜观测两次取平均数。

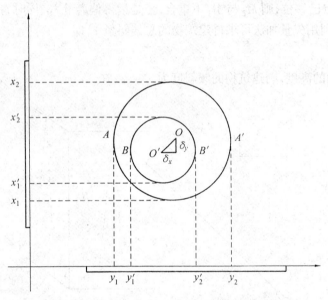

图 9.48　圆形建筑物的倾斜观测

9.6.3　裂缝观测

当建筑物发生裂缝时,应系统地进行裂缝变化的观测,并画出裂缝的分布图,量出每一裂缝的长度、宽度和深度。

为了观测裂缝的发展情况,要在裂缝处设置观测标志,如图 9.49 所示,观测标志可用两片白铁皮制成,一片为 150 mm × 150 mm,固定在裂缝的一侧,并使其一边和裂缝的边缘对齐,另一片为 50 mm × 200 mm,固定在裂缝的另一侧,并使其一部分紧贴在对侧的一块上,两块白

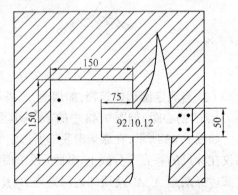

图 9.49　裂缝观测标志

铁皮的边缘应彼此平行。标志固定好后,在两片白铁皮露在外面的表面涂上红色油漆,并写上编号与日期。标志设置好后,如果裂缝继续发展,白铁皮将逐渐拉开,露出正方形白铁皮上没有涂油漆部分,它的宽度就是裂缝加大的宽度,可以用尺子直接量出。

9.6.4 挠度观测

建筑物在应力的作用下产生弯曲和扭曲时,应进行挠度观测。

对于平置的构件,在两端及中间设置三个沉降点进行沉降观测,可以测得在某时间段内三个点的沉降量 h_a, h_b, h_c,则该构件的挠度值为

$$\tau = \frac{1}{2}(h_a + h_c - 2h_b) \cdot \frac{1}{s_{ac}}$$

式中　h_a, h_c——构件两端点的沉降量;
　　　h_b——构件中间点的沉降量;
　　　s_{ac}——两端点间的平距。

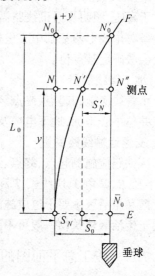

图 9.50　正垂线法进行挠度观测

对于直立的构件,要设置上、中、下三个位移观测点进行位移观测,利用三点的位移量求出挠度大小。在这种情况下,我们把在建筑物垂直面内各不同高程点相对于底点的水平位移称为挠度。

挠度观测的方法常采用正垂线法,即从建筑物顶部悬挂一根铅垂线,直通至底部或基岩上,在铅垂线的不同高程上设置观测点,借助光学式或机械式的坐标仪表量测出各点与铅垂线最低点之间的相对位移。如图 9.50 所示,任意点 N 的挠度 S_N 按下式计算,即

$$S_N = S_0 - S'_N$$

式中,S_0 为铅垂线最低点与顶点之间的相对位移;S'_N 为任一点 N 与顶点之间的相对位移。

9.7　竣工测量

竣工测量是指各种工程建设竣工、验收时所进行的测绘工作。竣工测量的最终成果就是竣工总平面图,它包括反映工程竣工时的地形现状、地上与地下各种建筑物、构筑物以及各类管线平面位置与高程的总现状地形图和各类专业图等。竣工总平面图是设计总平面图在工程施工后实际情况的全面反映和工程验收时重要依据,也是竣工后工程改建、扩建的重要基础技术资料。因此,工程单位必须十分重视竣工测量。

竣工测量包括室外的测量工作和室内的竣工总平面图编绘工作,其内容如下。

9.7.1　室外测量

1. 主要厂房及一般建、构筑物墙角和厂区边界围墙角的测量

对于较大的矩形建筑物至少要测三个主要房角坐标,小型房屋可测其长边两个房角坐标,并量其房宽注于图上。圆形建筑物应测其中心坐标,并在图上注明其半径。

2. 架空管线支架测量

要求测出起点、终点、转点支架中心坐标,直线段支架用钢尺量出支架间距及支架本身长度和宽度的尺寸,在图上绘出每一个支架位置。如果支架中心不能施测坐标时,可施测支

架对角两点的坐标,然后取其中数确定,或测支架一长边的两角坐标,量出支架宽度注于图上,如果管线在转弯处无支架,则要求测出临近两支架中心坐标。

3. 电讯线路测量

对于高压、照明及通讯线路需要测出起点、终点坐标及转点杆位中心坐标,高压铁塔要测出一条对角线上两基础中心坐标,另一对角的基础也应在图上表示出来,直线部分的电杆可用交会法确定其点位。

4. 地下管线测量

上水管线应施测起点、终点、弯头三通点和四通点的中心坐标,下水道应施测起点、终点及转点井位中心坐标,地下电缆及电缆沟应施测其起点、终点、转点中心的坐标。

5. 交通运输线路测量

厂区铁路应施测起点、终点、道岔岔心、进厂房点和曲线交点的坐标,同时要求测出曲线元素:半径 R、偏角 I、切线长 T 和曲线长 L。

厂区和生活区主要干道应施测交叉路口中心坐标,公路中心线则按铺装路面量取。

对于生活区建筑物一般可不测坐标,只在图上表示位置即可。

9.7.2 竣工总平面图的编绘

编绘竣工总平面图的室内工作主要包括:竣工总平面图、专业分图和附表等的编绘工作。

总平面图编绘的内容如下:

(1) 总平面图既要表示地面、地下和架空的建构筑物平面位置,还要表示细部点坐标、高程和各种元素数据,因此,构成了相当密集的图面,比例尺的选择以能够在图面上清楚地表达出这些要素、用图者易于阅读、查找为原则,一般选用 1/1 000 的比例尺,对于特别复杂的厂区可采用 1/500 的比例尺。

(2) 对于一个生产流程系统,如炼钢厂、炼铁厂、轧钢厂等,应尽量放在一个图幅内,如果一个生产流程的工厂面积过大,也可以分幅,分幅时应尽量避免主要生产车间被切割。

(3) 对于设施复杂的大型企业,若将地面、地下、架空的建构筑物反映在同一个图面上,不仅难以表达清楚,而且给阅读、查找带来很多不便。尤其现代企业的管理是各有分工的,如排水系统、供电系统、铁路运输系统等,因此,需要既有反映全貌的总图,又有能够反映详细的专业分图。

(4) 竣工总平面图上应包括建筑方格网点、水准点、厂房、辅助设施、生活福利设施、架空与地下管线、铁路等建筑物或构筑物的坐标和高程,以及厂区内空地和未建区的地形。有关建筑物、构筑物的符号应与设计图例相同,有关地形的图例应使用国家地形图图式符号。

(5) 总图可以采用不同的颜色表示出图上的各种内容,例如,厂房、车间、铁路、仓库、住宅等以黑色表示,热力管线用红色表示,高、低压电缆线用黄色表示,绿色表示通讯线,而河流、池塘、水管用蓝色表示等等。

(6) 在已编绘的竣工总平面图上,要有工程负责人和编图者的签字,并附有下列资料:

① 测量控制点布置图、坐标及高程成果表;

② 每项工程施工期间测量外业资料,并装订成册;

③ 对施工期间进行的测量工作和各个建筑物沉降和变形观测的说明书。

最后,把竣工总平面图及附表应移交使用单位。

思考题与习题

1. 测设和测图有什么根本区别?
2. 测设点的平面位置有哪几种方法?各适用在什么场合?
3. 测设的基本工作有哪些?
4. 施工测量包括哪些内容?它有哪些特点?
5. 龙门板的作用是什么?如何设置龙门板?在施工工地有时标定了轴线桩,为什么还要测设控制桩(引桩)?
6. 民用建筑物和工业厂房的施工放样有什么不同?
7. 如何进行柱子垂直校正的测量工作?
8. 试述高层建筑施工测量的主要工作。
9. 建(构)筑物沉降观测的目的是什么?有何特点和要求?
10. 吊车梁的安装测量应达到什么目的?每项目的是怎样来实现的?
11. 如何进行土坝坝身控制测量?
12. 简述溢洪道的放样方法。
13. 竣工测量的目的是什么?它和地形图测量有何区别?
14. 在地面上用已知尺长方程式 $l_t = 30 + 0.006 + 1.25 \times 10^{-5}(t - 20) \times 30$ m 的钢尺测设一段 48.000 m 的水平距离 AB,测设时温度比检定时温度低 3 ℃,所施于钢尺拉力与检定时拉力相同,又测得 AB 两点间桩顶的高差为 0.61 m,试计算在地面上用该钢尺需要量出多少长度。

15. 如图 9.51 所示,$\alpha_{MN} = 300°04'$;$x_M = 24.22$ m,$y_M = 86.71$ m,$x_A = 42.34$ m,$y_A = 85.00$ m,计算仪器安置在 M 点用极坐标法测设 A 点所需数据。

16. 已知 A、B 两控制点,坐标分别为 $x_A = 530.00$ m,$y_A = 520.00$ m,$x_B = 469.63$ m,$y_B = 606.22$ m,又已知 P 点的设计坐标为 $x_P = 522.00$ m,$y_P = 586.00$ m,试求用角度交会法测设 P 点数据。

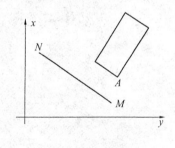

图 9.51

17. 试述测设一条坡度 $i = +10‰$ 直线 AB 的方法,现已知 A 点高程为 125.250 m,AB 两点间的水平距离为 80.000 m。

18. 已测设出直角 AOB 后,用仪器精确测得结果为 90°00′30″。又知 OB 长度为 100.000 m,问在垂直于 OB 的方向上 B 点应移动多少距离才能得到 90°的角度?

19. 利用高程为 44.570 m 的水准点,测设高程为 44.000 m 的室内 ±0 标高。设尺子立在水准点上时按水准仪的视线在尺子上画一条线,问在同一根尺子上应该在什么地方再画一条线,才能使视线对好此线时,尺子底部就在 ±0 标高的位置上?

20. 已知某厂房两个相对房角点的坐标,放样时顾及基坑开挖范围,拟在厂房轴线以外 6 m 处设置矩形控制网,如图 9.52 所示,求厂房控制网四角点 P、Q、R、S 的坐标值。

21. 如图 9.53 所示,在建筑方格网中拟建一建筑物,其外墙轴线与建筑方格网线平行,已知两相对房角设计坐标和方格网坐标,现按直角坐标放样,请计算测设数据,并说明测设步骤。

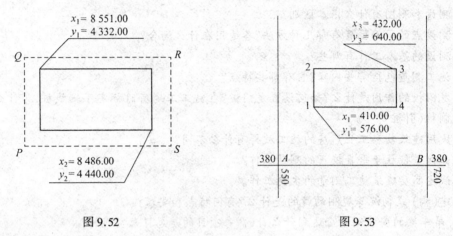

图 9.52　　　　　　　　　　　　图 9.53

22. 如图 9.54 所示,为测设建筑方格网主轴线的主点 A、O、B,根据已知控制点测设了 A'、O'、B' 三点。为了检核又精确测定了角 $\beta = 179°59'42''$,已知距离 $a = 150\text{ m}$,$b = 200\text{ m}$,求各点的移动量 δ。

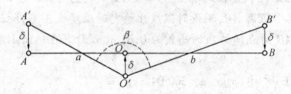

图 9.54

第10章 线路工程测量

10.1 概 述

线路工程测量是将道路的中心线或管道工程中心线根据设计要求标定在实地上所需要的测量工作。道路中心线包括直线、圆曲线、带缓和曲线的圆曲线、复曲线和回头曲线。而管道工程中心线由一系列折线组成,包括给排水、供热、灌溉、输油、天然气管道及电缆等。本章主要介绍线路测定中的中线测量,纵横断面测量和线路施工测量等内容。

10.2 中线测量

线路中线测量包括线路始点、终点、交点、转点的测设,线路转折角的测定、中线里程桩的标定、曲线的测设等。

10.2.1 交点的测设

道路线路的平面线型是由直线和曲线组成,而线路的起点、转折点、终点称之为线路的交点,用 D_J 表示(D_{J0},D_{J1},D_{J2}…),它是布设线路及详细测设直线和曲线的控制点。对一般等级公路,其交点的测设可采用一次定测的方法。对高等级的道路或地形复杂地段,则应在初测时所测的带状地形图上进行二次定线。二次定线后给出交点的设计坐标,然后根据具体情况用下列方法测设交点位置。

1. 根据导线点和交点的设计坐标测设交点

已知导线点和交点的设计坐标,可采用极坐标法、角度交会法计算出测设数据,然后测设交点,如图10.1所示。

根据导线点 D_9,D_{10} 和 D_{J4} 设计坐标,在 D_{10} 点按极坐标法计算的测设数据(β,D)测设 D_{J4}。

2. 穿线交点法测设交点

当无法用极坐标法直接测设交点时,可采用穿线交点法。根据导线点及二次定线后交点坐标,计算出测设交点相邻两条线路中线的 A,B,C,D 四个点的坐标,然后在 D_3D_4 导线上安置仪器用极坐标法测设出 A,B,C,D 四点,见图10.2。

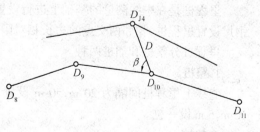

图10.1 极坐标法交点测设

当两相交直线 AB 和 CD 在地面确定后,即可进行交点。置经纬仪于 B 点,瞄准 A 点,正倒镜望远镜,在靠近交点 D_{J4} 的概略位置前后打下 ab 骑马桩。同理,仪器搬至 C 点定出

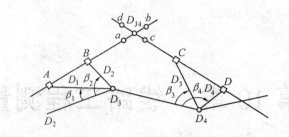

图 10.2 穿线交点法

cd 骑马桩,最后,用挂线法定出交点 D_{J4} 打下木桩并钉上小钉标志 D_{J4}。

10.2.2 线路转向角的测定

线路从一个方向转向另一个方向时,偏转后的方向与原方向间的夹角称为转向角(简称为转角),常用 α 表示。转向角有左转向角和右转向角之分。偏转后的方向位于原方向的右侧,称为右转向角 $\alpha_右$,位于原方向左侧的称为左转向角 $\alpha_左$。如图 10.3。

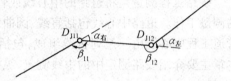

图 10.3 转向角的测定

线路测量中,不直接测转向角,通常观测线路前进方向的右角 β,然后计算出转向角 α。转向角可按式(10.1)计算

$$\begin{cases} \alpha_右 = 180° - \beta_右 & (当 \beta_右 < 180°时) \\ \alpha_左 = \beta_左 - 180° & (当 \beta_左 > 180°时) \end{cases} \tag{10.1}$$

右角 β 的测定,用不低于 J_6 级经纬仪观测一测回,两半测回角值之差的限差不大于 $±40″$。为了保证测角精度,线路还需要进行角度闭合差检核,高等级公路需和国家点连测。按附和导线闭合差计算与检核。

10.2.3 线路里程桩(中桩)的测设

为了确定线路中线的位置长度和中线上某些特殊点的相对位置,满足线路纵横断面测量以及为线路施工放样打下基础,需要沿中线方向设置的桩,称为里程桩,或称中桩。

里程桩是在中线测量的基础上进行设置的,一般采用边测量中线边设置里程桩。若用钢尺设置里程桩,相邻两交点间边长相对限差为 1/1 000,读至厘米。

里程桩分整桩和加桩两种。

1.整桩

直线上里程桩间隔为 20 m,50 m 设置一桩,曲线上根据曲线半径的不同,每隔 20 m,10 m,5 m 设一桩。

2.加桩

(1) 地形加桩:沿中线地面起伏变化处、横向坡度变化处设置的桩。

(2) 地物加桩:沿中线的人工或天然形成的构造物,如线路与铁路、公路、桥梁、涵洞、渠道、湖泊交叉处土壤、工程地质变化处需加设的桩。

(3) 曲线加桩:曲线上主点设置的桩,如曲线的起点,中点,终点等。

(4) 关系加桩:线路上的转点桩(中线上传递方向的点)和交点桩。

里程桩桩号用距线路起点的距离来表示。如某整桩距起点 500 m,则其桩号为 0+500①,桩号中"+"号前的数字表示公里数。

对交点、转点和曲线主点还应注明桩名缩写,我国采用如表 10.1 所示的汉语拼音缩写名称。

表 10.1 线路主要标志点名称表

标志点名称	简称	缩写	标志点名称	简称	缩写
交点		D_J	公切点		D_{GQ}
转点		D_{ZD}	第一缓和曲线起点	直缓点	D_{ZH}
圆曲线起点	直圆点	D_{ZY}	第一缓和曲线终点	缓圆点	D_{HY}
圆曲线中点	曲中点	D_{QZ}	第二缓和曲线起点	圆缓点	D_{YH}
圆曲线终点	圆直点	D_{YZ}	第二缓和曲线终点	缓直点	D_{HZ}

线路中线距离测量中若出现错误,如设置里程桩时,出现桩号与实际里程不符的现象叫断链。断链的主原因是由于计算和丈量发生错误或由于线路局部改线等造成的。断链有"长链"和"短链"之分,当线路桩号大于地面实际里程时叫短链,反之叫长链(图 10.4)。则总里程计算公式为

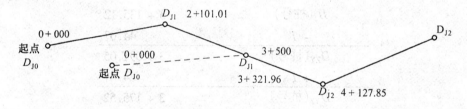

图 10.4 短链

线路总里程 = 终点桩里程 + 长链总和 − 短链总和

10.2.4 圆曲线的测设

道路弯道中一般用圆曲线连接不同的线路。以下主要介绍圆曲线的测设方法。圆曲线的测设一般分主点(曲线加桩)测设和详细测设(整桩)。

1. 圆曲线主点测设

(1)圆曲线主点的计算如图 10.5 所示。

已知某点的转向角 α、圆曲线半径 R,则圆曲线主点测设元素:

切线长 $$T = R \cdot \tan \frac{\alpha}{2} \tag{10.2}$$

曲线长 $$L = R \cdot \alpha / \rho \tag{10.3}$$

外矢距 $$E = R \frac{1}{\cos(\alpha/2)} - R = R(\sec \frac{\alpha}{2} - 1) \tag{10.4}$$

---

① 0+500 为在实际工程中表示桩号的一种方法,即 0 km + 500 m。

切曲差　　　　　$D = 2T - L$　　　　　(10.5)

T, E, L 用于主点测设。T, L, D 用于推算主点里程。上式中可以看出，T, L, E, D 均为 R 和 α 的函数。

(2) 主点里程号计算，已知交点里程见图 10.5，则

$$D_{ZY}(桩号) = D_J(桩号) - T$$
$$D_{YZ}(桩号) = D_{ZY}(桩号) + L$$
$$D_{QZ}(桩号) = D_{YZ}(桩号) - L/2$$

检核　　　　　$D_J = D_{QZ} + D/2$

【例 10.1】　已知交点的桩号为 $3 + 135.12, \alpha = 40°20'$（右偏），$R = 120$ m，求主点测设元素和主点的桩号。

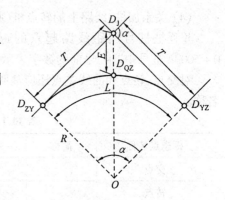

图 10.5　圆曲线主点测设

根据式 (10.2) ~ (10.5) 得

$$T = 44.072$$
$$L = 84.474$$
$$E = 7.837$$
$$D = 3.671$$

主点桩号为

D_J(桩号)	$3 + 135.12$
$-T$	44.07
D_{ZY}(桩号)	$3 + 091.05$
$+L$	84.47
D_{YZ}(桩号)	$3 + 175.52$
$-L/2$	42.24
D_{QZ}(桩号)	$3 + 133.28$
$+D/2$	1.84
检核：D_J(桩号)	$3 + 135.12$

(3) 主点测设。将经纬仪安置在交点 D_J 上，后视相邻交点或转点，量取切线长 T，得曲线起点 D_{ZY} 并打下木桩。自 D_{ZY} 量取至最近一个直线整桩的距离，以资校核。再将望远镜瞄准前视方向的交点或转点，量取切线长 T，得曲线终点 D_{YZ} 位置并打下木桩。最后沿角分线方向量取外矢距 E，得曲线终点 D_{QZ} 并打下木桩。

2. 圆曲线的详细测设

在主点测设后，为将圆曲线的形状和位置详细地在地面上表示出来，还应沿着曲线一定桩距 l_0 加密曲线桩。一般情况下，l_0 有如下规定：$R \geq 60$ m，$l_0 = 20$ m；30 m $< R < 60$ m，$l_0 = 10$ m；$R \leq 30$ m，$l_0 = 5$ m。圆曲线详细测设方法有多种，现在介绍两种常见的方法。

(1) 直角坐标法（切线支距法，图 10.6）。以曲线起点（D_{ZY}）或终点（D_{YZ}）为坐标原点，切线方向为 X 轴，过原点（D_{ZY} 或 D_{YZ}）的半径方向为 Y 轴，根据计算坐标 x 和 y 值来确定曲线上各点。如图 10.6 所示，要在圆曲线上确定弧长为 l_i 的 P_i 点，其坐标可按式 (10.6) 计算，即

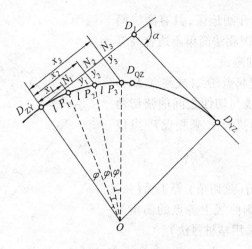

图 10.6 切线支距法

$$\begin{cases} x_i = R\sin\varphi_i = l_i - \dfrac{l_i^3}{6R^2} \\ y_i = R(1 - \cos\varphi_i) = \dfrac{l_i^2}{2R} - \dfrac{l_i^4}{24R^3} \end{cases} \qquad (10.6)$$

其中,$\varphi = \dfrac{l_i}{R}$,$i = 1,2,3$;l_i 为 $\overset{\frown}{D_{ZY}D_i}$ 之弧长。

为了避免支距 y 值过长,影响测设精度,一般都采用由 D_{ZY} 和 D_{YZ} 向 D_{QZ} 点测设。测设时可采用整桩号法,即曲线上除主点外的各桩号对应弧长 l_i 能被 l_0 整除。

【例 10.2】 用【例 10.1】中的数据来求按切线支距法详细测设圆曲线($l_0 = 20$ m)的测设数据,见表 10.2。

表 10.2 切线支距法曲线详细测设计算表

曲线里程桩号	各桩至 D_{ZY} 或 D_{YZ} 点的曲线长 l_i	纵距 x	横距 y	相邻桩点间的弧长 l	相邻桩点间的弦长 C
D_{ZY} 3 + 091.05	0.00	0.00	0.00		
3 + 100	8.95	8.94	0.33	8.95	8.95
3 + 120	28.95	28.67	3.48	20	19.98
D_{QZ} 3 + 133.28	42.23	41.36	7.35	13.28	13.27
D_{YZ} 3 + 175.52	0.00	0.00	0.00		
3 + 160	15.52	15.48	1.00	15.52	15.51
3 + 140	35.52	35.00	5.22	20	19.98
D_{QZ} 3 + 133.28	42.24	41.37	7.30	6.72	6.72

测设方法如下:

① 由 D_{ZY} 点沿 D_J 方向分别量取 $x_1,x_2,x_3,\cdots,x_n$,定垂足 N_i;

② 分别在各垂足 N_i 处依次用方向架或经纬仪定出直角方向,量取 $y_1,y_2,y_3,\cdots,y_n$ 即可定出曲线点 P_i。

③ 用上述方法测定 D_{QZ} 位置,以资检核;

④ 由 D_{YZ} 点开始用①~③项方法,测出曲线另一半。

此方法适用于平坦开阔地区,具有测法简单,误差不积累等优点。因测法简单不适合高等级公路、曲线桥梁的详细测设。

(2) 偏角法。以曲线起点 D_{ZY}(或终点 D_{YZ})至曲线上一点 P_i 的弦线与切线之间的弦切角 Δ_i(称之偏角)和相邻的弦长 C 来测设 P_i 点位置的方法。

① 偏角的计算:

根据几何原理,偏角(弦切角)等于弧(弦)长所对圆心角的一半,则曲线上各点的偏角为(偏角测设圆曲线一般采用整桩号法)

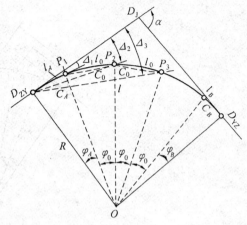

图 10.7 偏角法

P_i 点 $\quad \Delta_i = \varphi_i/2 = \dfrac{1}{2}\dfrac{l_i}{R}\cdot\rho \quad$ (10.7)

P_1 点 $\quad\quad\quad\quad \Delta_1 = \varphi_A/2 = \dfrac{1}{2}\dfrac{l_A}{R}\cdot\rho = \Delta_A$

P_2 点 $\quad\quad\quad\quad \Delta_2 = (\varphi_A + \varphi_0)/2 = \dfrac{1}{2}\dfrac{l_A}{R}\cdot\rho + \dfrac{l_0}{2R}\rho = \Delta_A + \Delta_0 \quad$ (10.8)

P_3 点 $\quad\quad\quad\quad \Delta_3 = (\varphi_A + 2\varphi_0)/2 = \dfrac{1}{2}\dfrac{l_A}{R}\cdot\rho + \dfrac{2l_0}{2R}\rho = \Delta_A + 2\Delta_0$

………………………………

P_n 点 $\Delta_n = [\varphi_A + (n-1)\varphi_0]/2 = \dfrac{l_A + (n-1)l_0}{2R}\cdot\rho = \Delta_A + (n-1)\Delta_0$

终点 P_{n+1} 点为

$$\Delta_{n+1} = [\varphi_A + (n-1)\varphi_0 + \lambda_B]/2 = \dfrac{l_A + (n-1)l_0}{2R}\cdot\rho = \Delta_A + (n-1)\Delta_0 + \Delta_B = \dfrac{\alpha}{2}$$
(10.9)

式中,$\varphi_A, \varphi_B, \varphi_0$ 和 $\Delta_A, \Delta_B, \Delta_0$ 分别为首尾弧长 l_A, l_B 整弧长 l_0 所对圆心角和偏角,$(n-1)$ 为整弧段长;Δ_{YZ} 是终点的总偏角,应等于 $\alpha/2$。曲线上的弦长 C 如图 10.8 所示,其计算成为

$$C = 2R\cdot\sin\dfrac{\varphi}{2} = 2R\left[\dfrac{\varphi}{2} - \dfrac{(\varphi/2)^3}{3!} + K\right]$$

取前两项并以 $\varphi = l/R$ 代入,则

$$C = 2R\left(\dfrac{l}{2R} - \dfrac{l^3}{48R^3}\right) = l - \dfrac{l^3}{24R^2} \quad (10.10)$$

由此,弧弦差为

$$d = l - C = \dfrac{l^3}{24R^2} \quad (10.11)$$

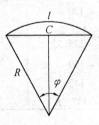

图 10.8 弦长

【例 10.3】 用【例 10.1】数据求按偏角法详细测设圆曲线($l_0 = 20$ m)的测设数据见表 10.3。

表 10.3 偏角法曲线详细测设计算表

曲线里程桩号	相邻点间弧长 l	偏 角 值	相邻点间弦长 C	备 注
$D_{ZY}3 + 091.05$	8.95	$0°00'00''$	$8.95(C_A)$	
$3 + 100$		$2°08'12''$		
	20.00		$19.98(C_0)$	
$3 + 120$		$6°54'41''$		
	20.00		$19.98(C_0)$	
$3 + 140$		$11°41'10''$		
	20.00		$19.98(C_0)$	
$3 + 160$		$16°27'39''$		
$D_{YZ}3 + 175.52$	15.52	$20°09'57''$ ($20°10'00''$)	$15.51(C_B)$	
$D_{QZ}3 + 133.28$		$10°05'00''$		

② 测设方法：

a. 经纬仪安置在 D_{ZY} 点,照准 D_J 点,使水平度盘归零,顺时针拨 $\Delta_1 = \Delta_A = 2°08'12''$,量出 $C_A = 8.95$ m,定出 P_1 点;

b. 拨累加偏角 $\Delta_2 = 6°54'41''$,从 P_1 点量出整弧长 l_0 的弦长 $C_0 = 19.98$ m 与视线方向相交定出 P_2;

c. 依次类推即可测设出各桩点。

当测设到 D_{QZ} 点和 $D_{YZ}(D_{ZY})$ 点时,应做检查,如两者不重合,其闭合差不应超过下述规定:横向误差(半径方向)为 ± 0.1 m;纵向误差(切线方向)为 $L/1\ 000$ m(L 为曲线长)。

10.2.5 缓和曲线测设

1. 缓和曲线与直线和圆曲线的衔接

缓和曲线是设置在直线和曲线之间的一种线型,它起到缓和和过渡作用,以使车辆安全、迅速舒适地运行,见图 10.9。

缓和曲线一般采用螺旋线来设置,即曲线上任一点的曲率半径 ρ 与该点至起点的曲线 l 成反比,即 $\rho = \dfrac{c}{l}$,c 为常数。

当 l 增至缓和曲线全长 l_0 时,其曲率半径 ρ 等于圆曲线半径 R,故

$$l \cdot \rho = l_0 \cdot R = 常数 = c \quad (10.12)$$

c 与车速有关,我国公路测量中一般采用 $c = 0.035\ v^3$,v 为车辆平均车速,以 km/h 表示。则相应的缓和曲线长度为

$$l \geq 0.035 \dfrac{v^3}{R} \quad (10.13)$$

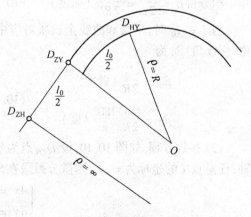

图 10.9 直线与曲线的衔接

由式(10.13)可见,当 v 一定时,R 愈大则 l_0 愈短。故当行车速度 v 小到一定数值或圆曲线半径 R 大到一定数值时,则可不必设置缓和曲线。为安全起见,l_0 应取计算结果稍大的值,且取 5 m 和 10 m 的整倍数。

我国《公路工程技术标准》中规定:当平曲线半径小于不设超高的最小半径时,应设缓和曲线,四等公路可不设缓和曲线,缓和曲线一般采用螺旋线,其长度应根据相应等级的行车速度求算,并应大于表10.4中规定。

表10.4 缓和曲线长度一览表

地形	高速公路		一		二		三		四	
	平原微丘	山岭重丘	平原微丘	山岭重丘	平原微丘	山岭重丘	平原微丘	山岭重丘	平原微丘	山岭重丘
缓和曲线长度/m	100	70	85	50	70	35	50	25	35	20

2. 缓和曲线参数

带缓和曲线的圆曲线主点共有五个,即直缓点(D_{ZH}),缓圆点(D_{HY})、曲中(D_{QZ})点、圆缓(D_{YH})点、缓直(D_{HZ})点。测设五个主点的计算元素除与α、R有关外,还与P内移值,q切线增长值,l_0缓和曲线长和β_0缓和曲线角度有关,故α、R、p、q、l_0、β_0称为缓和曲线参数。其中,α是实测的,R和l_0是按道路等级设计标准确定的,其余三个元素的几何意义、计算公式及参数方程为:

(1) 缓和曲线角(切线角)的计算公式。如图10.10所示,缓和曲线上任一点i处的切线与过起点切线的交角称为切线角。

切线角与缓和曲线上任一点的弧长所对应的中心角相等,在i处取一微弧段dl所对应的中心角$d\beta$(顾及公式)为

$$d\beta = \frac{dl}{\rho} \quad (10.12)$$

则

$$d\beta = \frac{l}{c}dl$$

积分得 $\beta = \dfrac{l^2}{2c} = \dfrac{l^2}{2Rl_0}$ (弧度) (10.14)

当$l = l_0$时,则缓和曲线全长所对应中心角(切线角)β_0为

$$\beta_0 = \frac{l_0}{2R} \text{(弧度)}$$

$$\beta_0 = \frac{l_0}{2R}\frac{180°}{\pi} \text{(度)}$$

(10.15)

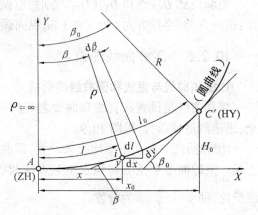

图10.10 缓和曲线角(切线角)

(2) 参数方程。如图10.10,设D_{ZH}点为坐标原点,过直缓点D_{ZH}的切线为X轴,半径为Y轴,任意点i的坐标为x_i,y_i,则微分弧段在坐标轴上的投影为

$$\begin{cases} dx = dl \cdot \cos\beta \\ dy = dl \cdot \sin\beta \end{cases}$$

将式中$\cos\beta$,$\sin\beta$按级数展开,积分后略去高次项得

$$\begin{cases} x = l - \dfrac{l^5}{40R^2 l_0^2} \\ y = \dfrac{l^3}{6Rl_0} \end{cases} \tag{10.16}$$

当 $l = l_0$ 时，即 HY 点的坐标为

$$\begin{cases} x_0 = l_0 - \dfrac{l_0^3}{40R^2} \\ y_0 = \dfrac{l_0^2}{6R} \end{cases} \tag{10.17}$$

(3) 内移植 p。如图 10.11，当圆曲线加设两端缓和曲线后，为使两端缓和曲线起点(D_{ZH})和终点(D_{HZ})位于切线上，必须将圆曲线向内移动一段距离 p，其公式为

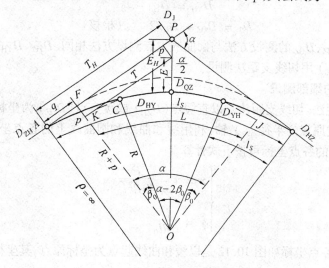

图 10.11 圆曲线带缓和曲线

$$p + R = Y_0 + R \cdot \cos \beta_0$$

则
$$p = Y_0 - R(1 - \cos \beta_0)$$

将 $\cos \beta_0$ 按级数展开，并将 β_0, y_0 值带入后，得

$$p = \dfrac{l_0^2}{6R} - \dfrac{l_0^2}{8R} = \dfrac{l_0^2}{24R} \tag{10.18}$$

(4) 切线增长值 q。如图 10.11 所示，其公式为

$$q = x_0 - R \cdot \sin \beta_0 \tag{10.19}$$

将 $\sin \beta_0$ 按级数展开，并将 x_0, β_0 值代入，得

$$q = l_0 - \dfrac{l_0^3}{40R^2} - \dfrac{l_0}{2} + \dfrac{l_0^3}{48R^2} \approx \dfrac{l_0}{2} \tag{10.20}$$

3. 缓和曲线主点测设

(1) 测设元素的计算。从图 10.11 可以看出，加入缓和曲线后，其曲线要素可以用下列公式计算，即

切线长 $$T_H = (R + p) \cdot \tan \dfrac{\alpha}{2} + q \tag{10.21}$$

曲线长 $\qquad L_H = R(\alpha - 2\beta_0)\dfrac{\pi}{180°} + 2l_0$ (10.22)

外矢距 $\qquad E_H = (R + p) \cdot \sec\dfrac{\alpha}{2} - R$ (10.23)

切曲差 $\qquad D_H = 2T_H - L_H$ (10.24)

(2) 主点里程计算与测设

已知交点里程和曲线元素值,则主点里程计算为

直缓点 $\qquad D_{ZH} = D_J - T_H$

缓圆点 $\qquad D_{HY} = D_{ZH} + l_0$

曲中点 $\qquad D_{QZ} = D_{ZH} + L_H/2$

缓直点 $\qquad D_{HZ} = D_{QZ} + L_H/2$

圆缓点 $\qquad D_{YH} = D_{HZ} - l_0$

交 点 $\qquad D_J = D_{QZ} + D_H/2 \qquad$ (检核)

主点 D_{ZH}、D_{HZ}、D_{QZ} 的测设方法与圆曲线主点测设方法相同。D_{HY}、D_{YH} 点是根据缓和曲线终点坐标(x_0、y_0) 用切线支距法测设。

4. 缓和曲线的细部测设

(1) 切线支距法。切线支距法是以直缓点(D_{ZH})或缓直点(D_{HZ})为坐标原点,以过原点的切线为 X 轴,过原点的半径为 Y 轴,利用缓和曲线和圆曲线上的各点坐标(x、y) 测设曲线,缓和曲线段上的各点坐标可按下式计算

$$\begin{cases} x = l - \dfrac{l^5}{40R^2l_0^2} \\ y = \dfrac{l^3}{6Rl_0} \end{cases}$$

圆曲线上的各点坐标如图 10.12 是以缓和曲线起点为坐标原点,其坐标值为

$$\begin{cases} x = x' + q = R \cdot \sin\varphi \\ y = y' + p = R(1 - \cos\varphi) + p \end{cases} \qquad (10.25)$$

(2) 偏角法。偏角可分为缓和曲线上的偏角和圆曲线上的偏角两部分进行计算。如图 10.13 所示。

若缓和曲线自 D_{ZH}(或 D_{HZ})开始测设,则曲线上任意点 P 与 D_{ZH} 点的连线相对于切线的偏角 δ_P 的计算方法如下,因 δ_P 较小,所以

$$\delta_p = \tan\delta_p = \dfrac{y_p}{x_p}$$

应用式(10.16) 则得

$$\delta_p = \dfrac{l_p^2}{6Rl_0} \qquad (10.26)$$

当 $l = l_0$ 时 $\delta_0 = \dfrac{l_0}{6R}$,$\beta_0 = \dfrac{l_0}{2R}$,且

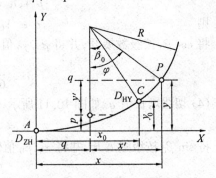

图 10.12 切线支距法曲线坐标计算

$$\delta_0 = \frac{l_0}{6R} = \frac{\beta_0}{3} \quad (10.27)$$

则由图 10.13 得

$$b_0 = \beta_0 - \delta_0 = \beta_0 - \frac{\beta_0}{3} = 2\delta_0 \quad (10.28)$$

测设方法如图 10.13,用偏角法测设缓和曲线段与用偏角法测设圆曲线一样,首先拨出偏角 δ_p 与分段弦长(可用弦长代替) 相交定出一点,再依次测设其他点,直到视线通过 D_{HY} 点,检核合格为止。

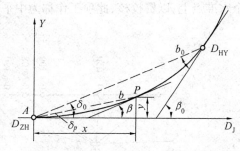

图 10.13 缓和曲线偏角计算

测设圆曲线部分时,如图 10.13,通常是从 D_{HY} 点上利用各点与 D_{HY} 点的连线相对于 D_{HY} 点切线的偏角进行测设。所以,测设圆曲线部分首先是设置过 D_{HY} 点的切线方向 $b_0 = \beta_0 - \delta_0$,即根据 D_{ZH} 与 D_{HY} 连线的延长线方向与 b_0 的角值进行设置。

与圆曲线测设方法相同,可先求出圆曲线上各点的偏角 δ_i,即

$$\delta_i = \frac{l_i}{2R} \cdot \frac{180°}{\pi}$$

将经纬仪安置于 D_{HY} 点,后视点且使水平度盘读数为 b_0(路线为右转时,改用 $360° - b_0$),逆时针转动仪器,当读数为 $0°00'00''$ 时,视线方向即为点切线方向。倒镜后即可按偏角法测设圆曲线。

10.3 线路纵横断面测量

10.3.1 纵断面测量与纵断面的测绘

纵断面测量是测定各里程桩高程以决定线路纵坡急缓和工程大小,并直观地将其投影到中剖面上。

纵断面测量可通过路线水准测量分两步进行,即基平测量:沿线路方向设置若干个水准点,建立路线高程控制。中平测量:以水准点高程为基准,将里程桩地面高程分段测定。

1. 基平测量

根据需要设置永久性或临时性的水准点。永久性水准点需埋设标石,也可设置在永久性建筑物的基础上。水准点密度应根据地形和工程需要而定,丘陵和山区每隔 0.5 ~ 1 km 设置 1 个,平原地区每隔 1 ~ 2 km 设置 1 个。

基平测量限差要求为往返观测或两组单程观测的高差(mm) 不符值应满足下式,即

$$f_h \leq \pm 30\sqrt{L} \quad \text{或} \quad f_h \leq \pm 9\sqrt{n}$$

式中,L 为单程水准路线长度,以 km 计;n 为测站数。

闭合差满足要求时,取平均值作为相邻两水准点间高差,否则重测。最后经平差后计算各水准点高程。

2. 中平测量

以相邻水准点为一测段,从一水准点开始沿中线逐点施测中桩的地面高程,并符合于下

一个水准点上,以资校核,此项工作称为中平测量。如图 10.14 所示。

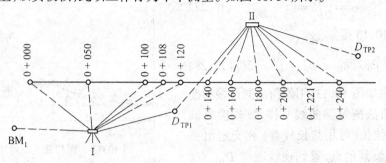

图 10.14 中平测量

有 BM_1 至 D_{TP2} 一段的中平测量示意图。中平测量采用单仪高法,后视及转点读至毫米,在两转点间所有的中桩统称为中间点,其读数为中间视,可读至厘米(只为计算本点高程)。为减少高程传递误差,观测时应先观测后视及转点(转点亦可设在某里程桩上),再逐点测中间视。表 10.5 记录了 $BM_1 \sim D_{TP2}$ 的一段中平水准测量。

表 10.5 中平水准测量

测站	测点	水准尺读数			仪器视线高程	高程
		后视	中视	前视		
I	BM_1	2.191			14.505	12.314
	0+000		1.62			12.89
	0+050		1.90			12.61
	0+100		0.62			13.89
	0+108		1.03			13.48
	0+120		0.91			13.60
	TP_1			1.006		13.499
II	TP_1	2.162			15.661	13.499
	0+140		0.50			15.16
	0+160		0.52			15.14
	0+180		0.82			14.84
	0+200		1.20			14.46
	0+221		1.01			14.65
	0+240		1.06			14.60
	TP_2			1.521		14.140

纵断面水准测量的高差闭合差(mm)f_h 为

$$f_h \leq f_{h容} = \pm 50\sqrt{L}$$

注意:f_h 满足要求时不进行闭合差的调整,用原计算的各中桩高程作为绘制纵断面图的依据。下一段的中平测量的起始高程以原基平测量的结果为准。

中间点的视线高程及前视点高程,一律按所属测站的视线(仪器)高程进行计算。每一测站的计算公式为

视线(仪器)高程 = 后视点高程 + 后视读数
中 桩 高 程 = 视 线 高 程 − 中间视读数
转 点 高 程 = 视 线 高 程 − 前视读数

3. 纵断面图的绘制

通过道路中线的竖向剖面图称为道路的纵断面图,见图 10.16。它反映了路中线地面高低起伏、设计路线的坡度及纵向土石方工程的填挖情况。纵断面图是道路设计和施工中的重

要资料。

为了明显地表示地面的起伏,一般纵断面的高程比例尺比里程(水平)比例尺大10到20或50倍。

在纵断面图的上半部分由原地面各点连成的折线称为地面线(又称黑线);设计路的路基边缘各点的连线称为设计线(又称红线)。图上还注有竖曲线示意图及其曲线元素、水准点编号、高程和离中心点的位置;桥梁的类型、孔径、跨度、长度、里程桩号和设计水位;涵洞的类型、孔径和里程桩号等。图的下部只注记百米桩号,里程只写1~9的数字,并注里程数。

直线与曲线:根据中线测量资料绘制的平曲线部分用凸、凹的矩形表示,凸表示线路向右转,并在矩形内注明交点编号和曲线半径等。

地面高程:按中平测量成果填写。

设计高程:根据道路等级及技术要求规定的设计纵坡和水平距离计算的。

坡度与距离:用斜线和水平线表示设计坡度的方向。斜线由下而上表示下坡,由上而下表示下坡,水平线表示平坡,斜线上方用百分率表示坡度值。

填高挖深:设计标高与地面标高之差即为线路中心线的填挖高度值。

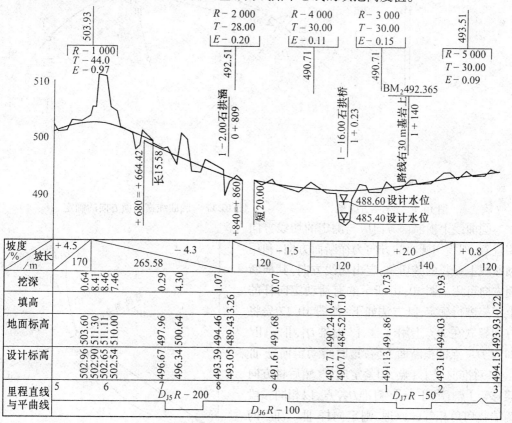

图 10.15 线路纵断面图

10.3.2 横断面测量

横断面测量是在中线里程桩处垂直线路方向上测量地面的起伏变化,其内容有:定出横断面方向、测量横断面上地形起伏点至中线点高差、测量该地形点至中线的水平距离及绘制横断面图,供设计路基、计算土石方量以及放样核检路基形状使用。

横断面测量的宽度由道路等级及地形情况而定,一般在中线两侧各测 10～50 m,限差一般为:高差容许误差 $\Delta_h/\text{m} = 0.1 + h/20$,$h$ 为测点至中桩间的高差;水平距离相对误差为 1/50。

1. 横断面方向的测定

由于横断面测量精度较低,而且只有在横断面有变化时才在该桩将其测定。因此,横断面测量多采用简易方法。确定横断面方向根据线型不同可分为三种情况:直线、圆曲线、缓和曲线。

直线及圆曲线上某桩的横断面方向可用十字方向架确定,见图 10.16。

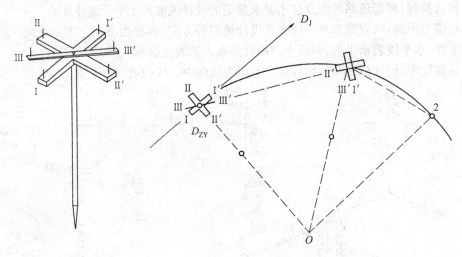

圆曲线上横断面方向应与测定的切线方向相垂直,即指向圆心的方向为横断面方向,利用圆曲线上弧长的弦切角,定出切线方向,其横断面方向可用如图 10.16 所示的有活动定向杆的十字架进行确定,其方法如下:如图 10.17 先将方向架立在 D_{ZY} 上用 Ⅰ - Ⅰ′ 对准 D_J,Ⅱ - Ⅱ′ 即为 D_{ZY} 点的横断面方向,这时转动定向杆 Ⅲ - Ⅲ′ 对准曲线上 1 点,固紧定向杆。然后将方向架移至 1 点,用 Ⅱ - Ⅱ′ 对准 D_{ZY} 点,以相同弧段两端弦切角相等的原理,则定向杆 Ⅲ - Ⅲ′ 的方向即为 1 点的横断面方向。为了测定 2 点处横断面,则方向架仍在 1 点不动,只转动定向杆,对准 2 点,固紧定向杆,然后将方向架移至 2 点,用 Ⅱ - Ⅱ′ 对准 1 点,则 Ⅲ - Ⅲ′ 方向即为 2 点横断面方向。以下各点方法相同。

图 10.16 十字方向架　　图 10.17 圆曲线横断面方向的确定

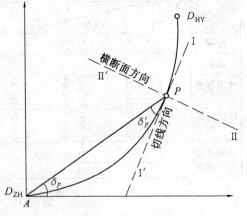

图 10.18 缓和曲线上横断方向的确定

缓和曲线上某桩号横断面方向的确定,是根据过该点的法线方向即过该点切线的垂直方向。因为缓和曲线上的曲率是变化的,但又有规律可循。如图 10.18 所示,缓和曲线上任意点 P 至缓和曲线起点弦切角 δ'_p 等于缓和曲线起点至缓和曲线上任意点弦切角 δ_p 的 2 倍,则 $\delta'_p = 2\delta_p$,因此,缓和曲线上任一点 P 的切线可以确定,即后视缓和曲线起点 A 后,拨 δ'_p 角度确定切线方向。然后定出缓和曲线横断面方向 $\text{II}\,\text{II}'$。

2.横断面测量方法

(1) 标杆皮尺法。如图 10.19,在里程桩号 5 + 100 处定出横断面方向后,用皮尺量距(目估皮尺水平),标杆直接读出相邻两点间高差,边测边记录,见表 10.6。

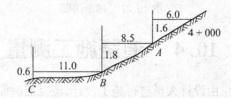

图 10.19 标杆皮尺法

表 10.6 标杆皮尺法数据记录

左侧			桩号	右侧			
...			...	...			
...			...	...			
$\dfrac{-0.6}{11.0}$	$\dfrac{-1.8}{8.5}$	$\dfrac{-1.6}{6.0}$	4 + 000	$\dfrac{+1.5}{4.6}$	$\dfrac{+0.9}{4.4}$	$\dfrac{+1.6}{7.0}$	$\dfrac{+0.5}{10.0}$
$\dfrac{-0.5}{7.8}$	$\dfrac{-1.2}{4.2}$	$\dfrac{-0.8}{6.0}$	3 + 980	$\dfrac{+0.7}{7.2}$	$\dfrac{+1.1}{4.8}$	$\dfrac{-0.4}{7.0}$	$\dfrac{+0.9}{6.5}$

(2) 水准仪法。此方法适用地势较平坦且横断面方向高差变化不大时,见图 10.20。

施测时用钢尺(或皮尺)量距,水准仪后视中桩标尺,以中线上某一桩号如 1 + 100 的地面高程 121.56 m 为后视点,一中线两侧地面坡度变化点为前视,水准尺读数至厘米,水平距离量至分米即可,其横断面测量记录如表 10.6 中按路线前进方向分左侧与右侧由下往上记录。

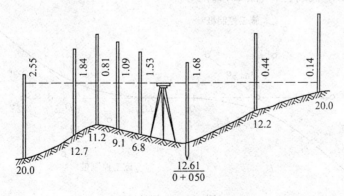

图 10.20 水准仪法测定横断面

(3) 根据横断面测量中所测得各测点间的高差和水平距离即可绘制横断面图,如图 10.21 所示。

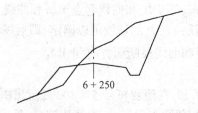

图 10.21 横断面图

10.4 道路施工测量

公路在定测的基础上,由设计人员进行施工设计,经批准后即可施工。

施工阶段的测量工作主要是根据工程进度要求,及时恢复道路中线和测设路面高程等。

10.4.1 恢复中线

施工前应对定测阶段设置的原桩点(交点、转点、曲线主点及中桩)进行复核。在恢复中线过程中,如涵洞、挡土墙等位置一并定到实地上。

10.4.2 设置施工控制桩

1. 平行线法

中桩在施工中将被挖掉。为控制中线位置,通常在中线两侧的等距离处设置两排控制桩,其间距以 10～30 m 为宜(图 10.22)。

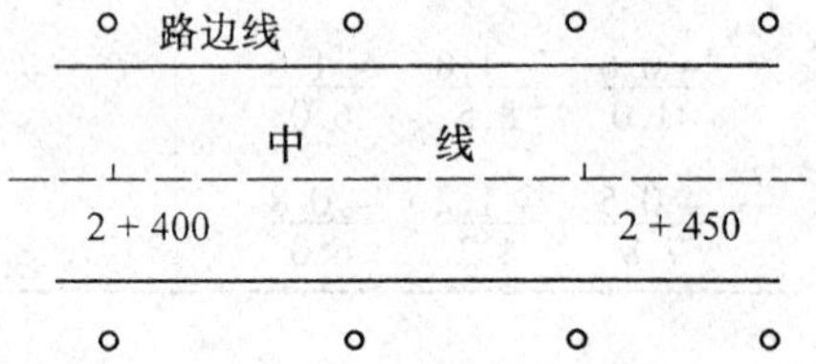

2. 延长线法

延长线法适用于地势起伏较大,直线段较短的山区路段,是在道路转折处的中线延长上设置两个施工控制桩,这些桩一般在交点桩 D_J 测设曲线中点 D_{QZ} 同时进行(图 10.23)。

图 10.22 施工控制桩的放样

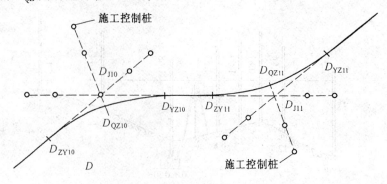

图 10.23 延长线法

10.4.3 路基边桩的测设

路基施工前,应把路基两侧边坡与原地面相交坡脚点(或坡顶点)位置找出来,即确定路基边桩以便施工。路基边桩的位置按填土高度或挖土深度及断面的地形情况而定,常用的路基边桩放样方法如下。

1. 平坦地面路基边桩的测设

(1) 路堤。如图 10.24 所示,坡脚至中心桩的距离为

$$l_{左} = l_{右} = \frac{B}{2} + m \cdot h$$

式中,B 为路基设计宽度,m 为边坡设计坡率,h 为填土高度。

(2) 路堑。如图 10.25 所示,坡顶至中心桩的距离为

$$l_{左} = l_{右} = \frac{B}{2} + S + m \cdot h$$

式中,B 为路基宽度,S 为边沟宽度,h 为挖土深度。

根据以上二式计算出 l 后,从中心桩向两侧量出 l 距离,并用木桩标定其位置。

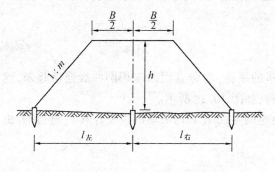

图 10.24　路堤

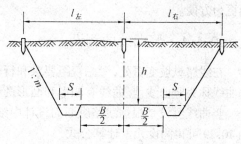

图 10.25　路堑

2. 倾斜地面的路基边桩的测设

(1) 路堤。如图 10.26 所示,上侧坡脚至中心桩距离为

$$\begin{cases} D_{上} = \dfrac{B}{2} + m(H - h_{上}) \\ D_{下} = \dfrac{B}{2} + m(H + h_{下}) \end{cases} \tag{10.29}$$

式中,$h_{上}$、$h_{下}$ 为上侧坡脚或下侧坡脚至中心桩高差。

(2) 路堑。如图 10.27 所示,上侧坡顶至中心桩的距离为

$$\begin{cases} D_{上} = \dfrac{B}{2} + S + m(H + h_{上}) \\ D_{下} = \dfrac{B}{2} + S + m(H - h_{下}) \end{cases} \tag{10.30}$$

式中,$h_{上}$、$h_{下}$ 分别为上侧坡顶或下侧坡顶至中心桩高差。

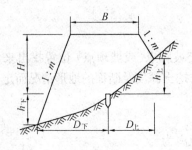
图 10.26　路堤

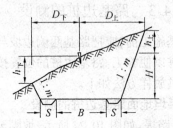
图 10.27　路堑

倾斜地面的路基边桩放样,无论是路堤或路堑,由于 $h_上$ 和 $h_下$ 是未知数,所以,$D_上$ 和 $D_下$ 不能直接一次求出,而是采用逐渐趋近的方法来实现之,其步骤为:

① 根据 H 和地面横坡大小,假定 D'_i,计算 h'_i,并初步定边桩;

② 实测此桩与中桩的高差 h''_i;

③ 如果 $h''_i = h'_i$ 即边桩正确,否则要进行调整,用实测 h''_i 再计算 D''_i,一般可用 2 ~ 3 次趋近,使计算高差等于实测高差,即边桩为正确位置,并用木桩标定。如与图解法结合起来则更为方便。

10.4.4　竖曲线的测设

在线路纵坡变更处,考虑视距要求和行车的平稳,在竖直面内应用圆曲线连接起来,这种曲线称为竖曲线。竖曲线有凹形和凸形两种,如图 10.28 所示。

竖曲线测设是根据线路纵断面设计中给定的半径 R 和两坡道的坡度 i_1 和 i_2 进行的。由图 10.29 可得测设元素计算公式

$$\begin{cases} T = R\tan\dfrac{\alpha}{2} \\ L = \alpha R \dfrac{\pi}{180°} \\ E = R(\sec\dfrac{\alpha}{2} - 1) \end{cases} \quad (10.31)$$

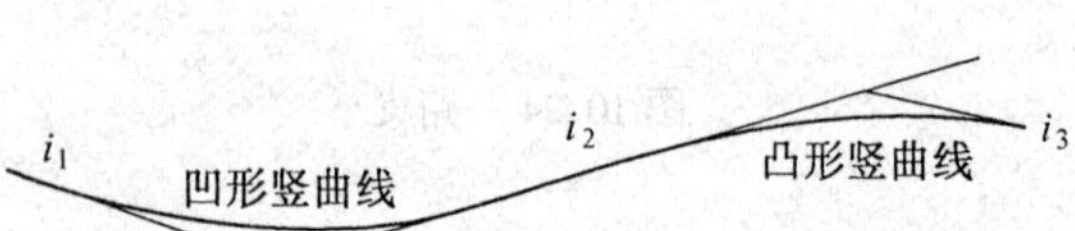

图 10.28　竖曲线

α 角很小,可以认为

$$\begin{cases} \tan\dfrac{\alpha}{2} = \dfrac{\alpha}{2} \\ \alpha = i_1 - i_2 \end{cases}$$

因此

$$T = \dfrac{1}{2}R(i_1 - i_2)$$

E 值可按下面推导的简化公式计算,因 α 很小,可以认为

$$CD \approx DF = E$$

又 $\triangle AFO \backsim \triangle ACF$,因此

$$R : AF = AC : CF = AC : 2E$$

即 $E = \dfrac{AC \cdot AF}{2R}$

设 $AC \approx AF = T$,则

$$E = \dfrac{AC^2}{2R} = \dfrac{T^2}{2R}$$

同理可导出竖曲线中间各点的纵距(即标高改正数)计算式为

$$y = \dfrac{x^2}{2R} \quad (10.32)$$

上式中 y 值在凹形竖曲线中为正号,在凸形竖曲线中为负号。

【例 10.4】 设 $i_1 = -1.114\%$,$i_2 = +0.154\%$,变坡点的桩号为 $1+670$,高程为 48.60 m,设置 $R = 5\,000$ m 竖曲线,求各测设元素、起点和终点桩号、曲线上 10 m 间距里程桩的标高改正数和设计高程。则按公式可求得

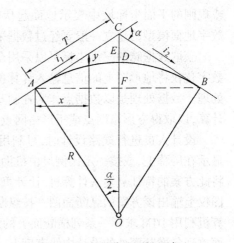

图 10.29 竖曲线测设元素

竖曲线起点桩号 = $1 + (670 - 31.7) = 1 + 638.3$;
竖曲线终点桩号 = $1 + (638.3 + 63.4) = 1 + 701.7$;
竖曲线起点坡道高程 = $48.60 + 31.7 \times 1.114\% = 48.95$ m;
竖曲线终点坡道高程 = $48.60 + 31.7 \times 0.154\% = 48.65$ m。

然后,按 $R = 5\,000$ m 和相应的桩距 x_i,即可求得各标高改正数 y_i,如表 10.7 所示。

表 10.7 各标高改正数

桩 号	起点、终点距 /m	标高改正数 y /m	坡道高程 /m	竖曲线高程 /m	备 注
$1 + 638.3$		0.00	48.95	48.95	竖曲线起点
$1 + 650$	$x_1 = 11.6$	$y_1 = 0.01$	48.82	48.83	$\}i_1 = -1.114\%$
$1 + 660$	$x_2 = 21.7$	$y_2 = 0.05$	48.71	48.76	
$1 + 670$	$x_3 = 31.7$	$E = 0.10$	48.60	48.70	坡度变化点
$1 + 680$	$x_2 = 21.7$	$y_2 = 0.05$	48.62	48.67	$\}i_2 = +0.154\%$
$1 + 690$	$x_1 = 11.7$	$y_1 = 0.01$	48.63	48.64	
$1 + 701.7$		0.00	48.65	48.65	竖曲线终点

竖曲线上主点、辅点的测设,实质上是在曲线范围内的里程桩上测出竖曲线的高程。因此实际工作中,测设竖曲线多与测设路面高程桩一起进行。测设时只需把已算出的各点坡道高程再加上(凹形竖曲线)或减去(凸形竖曲线)相应点上的标高改正数即可。

10.4.5 道路工程测量的现代化

1.数字地面模型在道路工程中的应用

在铁路、公路勘测设计过程中,通常是在地形图上研究线路方案,同时还利用地形图绘制线路中线的纵横断面图和计算土石方工程量。由于在地形图上图解大量点位,使数据精度大大降低。如果能将实测的数据与应用程序存储在计算机内,从而建立起一系列离散点

或规则的平面坐标域中表示地面起伏特征的数据集合,这就是数字地面模型,简称 DTM。数字地面模型的建立一般要经过数据采集(采样)、数据处理(内插)等过程。

获取数据眯的三维坐标可以采用全站仪实测的方法,也可利用摄影测量方法,还可利用数字化仪将地形图上的信息输入计算机。有了这些原始数据,就可以编制相应的软件加以处理。数据处理是以数据点作为控制基础,以某一种数字模型来模拟地表面,进行内插加密计算,以取得方格网点或矩形格网点的高程值。

设计人员进行线路设计时,可利用 DTM 与设计软件系统,先调出线路某段带状地形图显示在屏幕上,或按一定比例尺由机助绘图仪绘出地形图,设计人员研究后选出某一方案,将此方案的特征点输入计算机,让计算机利用 DTM 求算沿中线各点的高程。在屏幕上或绘图仪上输出该方案的纵断面图。按纵断面图选定线路坡度,并把设计意图输入计算机中,计算机利用 DTM 求算一系列横断面上的地面高程,然后,将存储在计算机内的线路标准横断面放到各横断面处的设计中线高度上,就可以计算各横断面的填挖面积,再乘以横断面间距可求得填挖方量。

2. 实时 GPS 测量在道路工程测量中的应用

高等级公路 GPS 控制宜采用静态测量。在一般道路的控制测量中,如采用实时 GPS 动态测量,能快捷地进行定位,在达到预定精度后即可停止作业,大大地提高了作业效率。

实时 GPS 动态测量也可应用于 DTM 的数据采集,在沿线路每个地形特征点上仅停留几分钟,即可获得它们的三维坐标,结合输入点的特征编码及属性信息,构成特征点的数据。通过数据处理形成数字地面模型。设计人员根据数字地面模型和设计软件系统选出合理的线路方案,并显示或打印出所需地段的带状图和断面图。放样中线时,设计人员只需在 DTM 上将中线确定,并将中线桩点坐标输入 GPS 接收机,系统就会定出放样定位。由于每个点位的测量都是独立的,不会产生误差积累。

据报道,加拿大魁北克省交通厅用特制汽车实现实时 GPS 动态测量绘制高速公路断面图,获得良好的效果。

3. 自动化断面测量系统

国外曾研制生产 DQM2 道路断面全自动化测量系统和 PMS2 横断面高速自动化测量系统。该系统装在汽车上,车前的电子闪光器在 80 km/h 的行驶速度中,以每秒 1/2 000 频率的电子闪光形成光剖面,这个光剖面被装在车后的视频摄像机记录下来,通过计算机处理,自动绘制断面图。据报道该仪器的纵、横向距离测量精度分别为 10 cm 与 1 cm,高程达毫米精度。

10.5 大型桥隧工程测量

桥梁和隧道是线路的重要组成部分。凡桥长大于 500 m 的各种桥称为特大桥,长度大于 4 km 的隧道称为长大隧道,也即是本节讨论的大型桥隧工程。除铁路公路隧道外,还有矿山巷道、城市地铁、水工隧洞等类似工程,另外中小型桥隧工程更多。它们的测量工作有许多共性,但大型桥隧工程的要求高、内容全、更有代表性。

10.5.1 大型桥梁工程测量

1. 桥址测量

主要有桥址中线测定、桥址地形测绘、水文测量和施工控制测量。

(1)桥址中线测定。在草测、初测和定测阶段均涉及桥址中线测定,这里以定测为例。用控制桩确定出桥址中线,必要时增设加桩、曲线交点桩,均为永久性桩。同时要测量桥址中心断面并绘断面图。

(2)地形测绘。在充分利用已有图纸资料基础上,进行补测和重测,包括 1:2 000 ~ 1:5 000 的桥址方案地形平面图。桥址确定后,测绘供桥梁设计用的 1:500 ~ 1:1 000 的桥址地形平面图和更大比例尺的墩台局部地形图等。

(3)水文测量。包括桥址选线草测、初测和定测阶段的水文资料搜集、调查、水文站建立、水位观测、洪水调查、河道变迁调查、水文断面测量、流速流向测量、流量计算以及河床地形测绘等工作。这些资料对桥址确定、桥高设计、桥跨及墩台设计以及桥梁施工有特殊意义。

(4)施工控制测量。包括平面和高程控制测量。平面控制要基于桥址中线测定以控制桥梁轴线(方向、长度),满足墩台等建筑物的放样要求,保证与线路的整全连接。平面施工控制网的图形多以三角形、大地四边形为基本图形,宜采用边角网或 GPS 网,坐标轴与桥轴线方向一致,桥轴线为网的一条边(参见图 10.30)。按目前的测量技术,桥轴线长度的精度要求容易满足。无论以桥长精度还是墩台中心点位精度为准则确定网的精度,都很容易在网的优化设计中通过程序实现。

高程控制的目的是统一高程基准,同时满足高程放样的要求,通过在两岸桥址附近设立基本水准点和工作水准点组成高程控制网。采用跨河水准测量,用双线过江,不同时段的观测方法与两岸的水准线路组成闭合环,其精度可达国家一、二等水准测量精度。国外还有采用过河或过海的液体静力水准测量进行两岸连测的方法。

2. 桥梁施工测量

施工测量主要指根据施工控制网和桥梁设计数据,将桥梁逐步放样到实地所进行的一切测量工作。其中包括桥墩台基础施工和定位测量,墩台放样测量和全桥贯通测量,主梁架设测量。对于大型斜拉桥还有高塔柱施工测量,索道管的定位测量,施工期桥墩台沉降观测,高塔柱摆动观测,施工各阶段的竣工测量,竣工后通车前的静荷载、动荷载试验中的桥梁变形测量。此外,还有许多相关的调整如施工控制网的复测与加密,施工场地和运输线路测量,桥墩基础施工中大型双壁钢围堰的拼装测量,定位测量,钻孔桩测量和施工期间的水文观测等。下面择其一二予以简介。

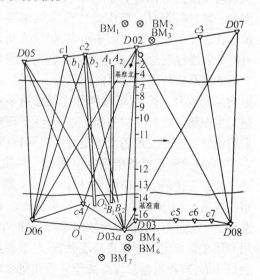

图 10.30 某大桥施工控制网

(1)大型双壁钢围堰的定位测量。桥墩位

于江中,其基础施工采用围堰法进行。武汉长江二桥主塔墩位于主航道上,水深达 41 m,围堰直径 28.4 m,在河床覆盖层下沉约 22 m,内布设 21 根直径 2.5 m 的钻孔桩,钻入岩石深度达 27 m。钢壁围堰采用分节拼装方法或分节整体吊装方法通过浮动的拼装船下沉,然后逐渐接高,整个拼装都要在测量的指导下进行。在实践中,总结了一套"倾斜经纬仪法"建立基准平面和中轴线的方法进行水中围堰的接高放样。

双壁钢围堰的初步定位在前后定位船、导向船所构成的锚定系统中进行,采用两方向的角差－位移图解法作快速定位,而在精密定位中,则采用三点的角差－位移图解法加极坐标法。在围堰吸泥下沉期,要采用不同方法比较和进行重复测量等措施保证放样的准确性和可靠性。角差－位移图解法和极坐标的原理十分简单,特别是用电子全站仪,可以用自由设站的方法快速精确地得到测站点的坐标,用极坐标法可测量任意一点的坐标,也可根据放样眯的设计坐标计算放样数据,同时还可通过三角高程测量得到点的高程,较之角差－位移图解法更方便。这些方法除了用于围堰的精密定位和竣工测量外,也用于桥墩中心的精密放样和测定。

(2)斜拉桥主梁架设测量。武汉长江二桥的斜拉段主梁系跨度为 180 m + 400 m + 180 m 的双塔双索面预应力混凝土加劲梁(图 10.31)。采用双向对称悬臂法由索塔下双向架设、跨中合拢的方法。测量的任务是保证成桥线型符合设计要求。实际中采用 8 m 节段牵索挂篮进行主梁架设,在挂篮悬绕施工中要做挂篮、走道的安装测量、挂篮定位测量、模板检查测量、标高测量;混凝土灌注过程中,要做监视测量、养护后混凝土主梁的竣工测量等。因为主梁施工是从索塔向两侧对称每 8 m 一节段向两侧延伸,浇注一块,挂索一块,整个梁体全靠缆索挂牵。梁体在塔柱两侧处在动态平衡中,如果失衡,则可能危及塔柱安全,故在施工中要做主梁线型、

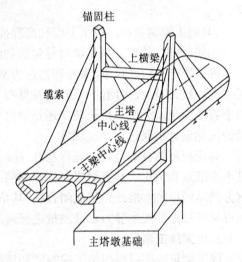

图 10.31 斜拉桥主塔与主梁示意图

主梁中线和塔柱变形三项监控测量。在监控测量中,要考虑温度、日照、风力等外界条件的影响以及索力不相等、塔柱两侧主梁重量不对称等影响所产生的位移。上述测量均在主梁施工平面和高程控制的基础上进行,其平面施工控制网为与桥轴线平行的矩形网,高程控制采用电磁波测距三角高程法用对向观测将桥址高程网高程传递到主塔墩平台的高程点上。

(3)斜拉桥索道管精密定位测量。斜拉缆索和索道管是连接主塔和主梁的重要构件。武汉长江二桥两个主塔墩 95.8～139.3 m 高度的 4 个上塔共埋设了 392 根缆索管,对称地分布在主塔上、下游两侧 760 m 长的梁面上。每个上塔柱缆索管的精密定位基于三个竖直基准面:一个过塔柱中线与桥轴线平行,另两个相互平行且与第一个竖面正交。施工测量中采用专用线架标定上述竖直基准面,通过量测点到竖面垂距的原理确定上塔柱缆索管顶口和底口中心,高程根据起算点高程采用几何水准测量配合钢尺传递测定。其平面位置和高程的放样中误差在 ±4 mm 以内。主梁缆索管的定位是在矩形网控制下进行的,它由桥轴线、两对称的线索中心线和与之垂直的里程线组成。实地定位时,以缆索中心线为基准线测定

管口中心标志的编距（Y坐标），以里程线为依据用钢尺丈量确定管口中心的X坐标，用水准测定高程，使之与设计位置一致。对于每根缆索在主梁顶口、底口的放样都要编制相应的放样数据图。主梁的动态施工特点显著，为克服动态施工中梁面高程和长度随时间的变化，要采用相对时间法和实时修正法进行改正。在缆索管定位中还要考虑缆索自重所引起的垂曲，对缆索管倾角进行顾及垂曲影响的改正等。测量人员必须根据实际情况制定合理的测量方案，分析各种误差影响，保证精度要求，同时要与设计和施工人员密切配合，为设计和施工提供可靠数据，在减少施工干扰的情况下保证按设计施工。

10.5.2 长大隧道工程测量

长大隧道是道路建设的控制性工程。勘测工作是隧道设计的基础和依据，施工测量属于隧道施工的生产环节，变形监测则是隧道安全运营的保障。

我国在解放前仅有中小隧道331座，总长约100 km。解放后至20世纪80年代末，共修建隧道4 423座，总计2 248 km。其中1988年建成的衡(阳)广(州)复线上的大瑶山双线隧道，长达14.295 km，当时名列世界第十位；目前正在修建的西(安)康(安康)线秦岭隧道，长达18.5 km，居世界第三位。长大隧道掘进工程的成功，代表了隧道工程测量技术的发展水平，与整个测绘科技的进步密切相关。国家1:1万基本地形图为隧道选址提供了基础图件；遥感技术提供的多光谱影像，可对隐患地质构造和水文地质条件进行推断；光电测距仪、电子全站仪以及全球定位系统技术的应用，使隧道施工平面控制网的建立得到变革性的改变；电子计算机的普遍使用，使隧道控制网的优化设计和贯通误差估算变得十分简单；隧道施工方法的发展变化，要求测量技术与之相适应："长隧短打"法要通过竖井、斜井增加开挖面，因此，竖井联系测量和陀螺经纬仪定向测量变得很重要。采用喷锚支护和新奥法施工技术，则需要进行施工期的变形测量。秦岭隧道采用从德国引进的数百米长的大型隧道掘进机，从两端向中间开挖，整个隧道只有一个贯通面，指导掘进的激光指向仪和激光断面仪得到了应用。跨越英法海峡的海底隧道，长达50 km，施工测量采用了最先进的自动导向系统TG260和TUMA。

1. 隧道勘测和位置选择

隧道位置选择、工程布置、结构设计以及投资预算是规划设计中最重要的工作，它们是依据地质调查、勘探和工程测绘资料进行的。测量工作主要包括：隧道平面地形图测绘；洞口、横洞、斜井、竖井处1:500局部地形图测绘；洞口段的中线测量即隧道中心线的测定；隧道中桩的高程测量，绘制隧道纵断面图；隧道洞口、不良地质段的横断面测绘。隧道位置特别是山岭隧道的位置选择从地形的角度来讲，是建立在广泛的测量资料基础之上的。越岭隧道要考虑越岭垭口、隧道标高(与隧道长度相关)和两侧展线三要素。河谷线隧道则要考虑沿河傍山、地质不良地段，隧道应往山里靠和截弯取直的原则。隧道构成隧道群还是采用长隧道，隧桥工程毗邻问题，隧道与明洞或路堑的比选，洞口位置选择以及辅助坑道(竖井、斜井、横洞、平行导坑)选择等，都要求提供相应的测绘资料。

2. 隧道控制测量

控制测量的目的在于保证两相向开挖在贯通面处按设计要求在中线横向和底板高程上正确贯通。对于4 km以上的长大隧道，贯通误差的限差、洞外、洞内控制测量误差所引起的贯通误差(称影响值)的限差如表10.8所示，中误差为限差的1/2。

表 10.8 贯通误差限差

测量部位	横向限差/mm					高程限差/mm
	两开挖洞口间的长度/km					
	4~8	8~10	10~13	13~17	17~20	
洞外控制	90	120	180	240	300	36
洞内控制	120	160	240	320	400	34
总 和	150	200	300	400	500	50

根据影响值的限差要求,可以确定洞内洞外控制测量的观测精度。由于长大隧道基本上是直线隧道,洞内只能布设直伸等边导线,这时横向贯通误差与测边精度无关,由测角误差 m_β 所引起的横向贯通中误差(亦称贯通误差影响值)为

$$m'_q = \pm \sqrt{\left(\frac{nsm''_\beta}{\rho''}\right)^2 \cdot \left(\frac{n+1.5}{3}\right)}$$

式中,n 为洞内导线边数,s 为平均边长,单位为 m,$\rho'' = 206\,265$。因此,可以根据隧道长度、导线边长、边数和允许的影响值中误差计算测角精度。高程贯通误差限差与隧道长度无关。由洞内、洞外水准路线长度,很容易根据允许的贯通中误差计算每公里水准测量高差的中误差。

隧道纵向贯通精度的要求较低,限差 Δ_l 小于或等于隧道长度的 1/2 000 即可。故隧道横向贯通误差影响值 m_q 与洞外平面控制测量误差如 m_β、m_l 之间的关系成为隧道控制测量要研究的主要问题。

传统的近似方法是按导线公式估算,即

$$m''_q = \pm \sqrt{\left(\frac{m''_\beta}{\rho''}\right)^2 \sum R_x^2 + \left(\frac{m_l}{l}\right)^2 \sum d_y^2}$$

式中,$\sum R_x^2$ 为各测角导线点至贯通面距离(单位为 m)的平方和;$\sum d_y^2$ 为各导线边在贯通面上投影长(单位为 m)的平方和。m_l/l 为导线边长的平均相对精度。

洞外平面控制网的布设方式和类型很多,有测角网、边角网、导线网和混合网等。自从电磁波测距仪问世以来,再不采用基线丈量法或横基尺法测边,纯测角网已趋于淘汰。以主副导线和三角形构成的导线混合网得到广泛应用。自 20 世纪 90 年代以来,GPS 网已用于隧道控制测量,无疑,它将完全取代常规地面网而在长大隧道工程中得到应用。

导线公式只适合地面网而不适合 GPS 网,因为它把地面网只按最靠近隧道中心线的边构成的导线对待,近似程度因网而异。一般估计出的 m_q 偏大,按 m_q 计算的测角、测边精度偏高,实际上很安全,且计算简单,可手算,作业人员乐于使用,但将增加测量的费用和外业工作量,故不宜在长大隧道测量中采用。

洞外平面控制网测量误差对横向贯通误差影响的严密公式分别按方向的条件平差法和按方向的间接平差法导出,都是根据进出口推算所得贯通点横坐标差的权函数表达式计算横向贯通误差影响值的中误差。前者对于测角网可编程自动计算;而后者可适用于任意地面网,也适合于 GPS 网,在通用平差程序中加一段子程序即可,该法称坐标差权函数法。在特定坐标系中,贯通点 P 的 y 坐标差的权函数式为

$$d(\Delta y) = -a_{JA}\Delta X_{JP}dx_J - (1 + b_{JA}\Delta X_{JP})dy_J + a_{JA}\Delta X_{JP}dx_A +$$
$$b_{JA}\Delta X_{JP}dy_A - a_{CB}\Delta X_{CP}dx_B - b_{CB}\Delta X_{CP}dy_B +$$
$$a_{CB}\Delta X_{CP}dx_C + (1 + b_{CB}\Delta X_{CP})dy_C$$

式中,a、b 为相应边的方向系数,ΔX、ΔY 为相应点的坐标差。不难理解,横向贯通误差影响值仅与进口点(J)、出口点(C)、定向点 A、B 的精度和贯通点的位置有关。对于一个设计方案,给定观测精度可计算出相应的 m_q,进行多方案计算比较,很快得到满足贯通要求的测量方案设计及其观测值精度。

3. 隧道施工测量

首先是洞口投点及线路进洞关系计算,对于有竖井、斜井的隧道,要做联系测量,将地面平面坐标、方向和高程传递到洞内以指导开挖。在隧道掘进过程中,要进行隧道中心线测设,洞内导线控制测量,隧道断面测量和结构放样;对于线埋隧道要做地表下沉观测;对新奥法施工的隧道要做拱部下沉观测。长大隧道施工测量中,激光指向仪和自动导向系统已投入应用,后者用于大型掘进机导向,它由过程计算机、测量机器人、电子测倾仪和超声测距仪组成,可测量水平角、天顶距、斜距、纵横向倾斜度,实时计算掘进机瞬时行驶轴线与设计轴线在水平和垂直方向的偏差,通过屏幕显示和计算机调节,控制掘进机的行驶。

隧道贯通后要及时测定出实际的贯通误差并进行调整(图 10.32)。

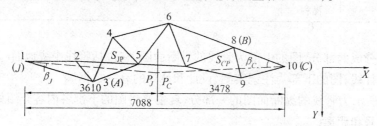

图 10.32 横向贯通误差影响值计算示例图

主要包括净空断面测量、中线基桩和永久性水准点测定。对于病害隧道,结构复杂和采用新技术设计施工的长大隧道,要做变形监测以监视病害的变化,为衬砌与支护设计施工提供基础性资料。安全监测有裂缝观测、沉降观测、水平位移观测等。

4. 秦岭隧道工程洞外控制测量

全长 18.5 km(居世界第 3 位)的秦岭隧道工程位于西康线秦岭山脉中段,平面控制采用 GPS 网,进行了三期测量:第一期 9 个点(进口 5 个点,出口 4 个点),第二期 12 个点(进出口各 6 个点),第三期 12 个点(进口 5 个点,出口 7 个点)。三期采用不同的双频接收机观测,三期公共点的较差在 7 mm 以内。高程控制采用一等水准测量,水准路线全长 124.8 km,沿线还进行了重力测量以进行重力异常改正。秦岭隧道由主副隧道组成,主隧道采用大型掘进机开挖,仅一个贯通面。目前,副隧道已经贯通,实测的横向贯通误差为 12 mm,高程贯通误差仅 1 mm。说明了洞外平面、高程控制测量具有极好的可靠性和极高的精度,代表了国内的最高水平。

10.6 管线工程测量

管线工程如给水、排水、暖气、煤气、输电、输油等是市政和工矿企业建设中的一项重要工程。管线工程包括两项任务,一是为管道设计提供地形图和断面图;二是管道施工工作量。具体内容如下:

10.6.1 管线纵断面图的绘制

管线纵断面图绘制时以管线的里程为横坐标,高程为纵坐标,为了更明显地表示地面的起伏,一般纵断面图的高程比例尺要比水平(里程)比例尺大 10~20 倍。见表 10.9。

表 10.9 纵横断面的水平、高程比例尺参考表

线路断面图名称		城市建筑区	一般地区	山区
线路纵断面图	水平	1:500 1:1 000	1:1 000 1:2 000	
	高程	1:50 1:100	1:100 1:200	1:200 1:5 000
线路横断面图	水平			
	高程	1:50 1:100	1:100 1:200	1:200

纵断面图分成两部分,图的上部为管线的纵断面图,它包括管线中线地面起伏的断面和管道纵断面设计线;图的下部为注记实测、设计和计算的有关数据。

图 10.33 所示为管线的纵断面图的一部分,现主要将图的下部各内容介绍如下:

1. 里程桩号和距离

在横坐标上按水平比例尺标出整桩和加桩位置,并注记桩号和距离。

2. 地面高程

注明各里程桩的地面高程,凑整至厘米,排水管道技术设计断面图上高程应注记至毫米。同时按照高程比例尺,在纵断面图上相应的垂直线上确定各桩号的位置,并把相邻点用直线连接起来,则为管线中线地面起伏的断面。

3. 坡度

根据设计要求,在纵断面图上绘出管道的设计线,在坡度栏里注记坡度的方向,由下而上斜线表示上坡,由上而下斜线表示下坡,水平线表示管线为平坡,线上方注明以千分数表示的坡度值,线下方注记该坡度的距离,不同的设计坡段以竖线分开,为了计算方便,坡度设计时应尽可能凑整。

4. 管底高程

由管线相邻后一点的高程和设计坡度以及各桩之间的距离,按下式逐点推算出各里程桩号管底设计高程,并将设计高程注记在管底高程栏内。

某点设计高程 = 相邻后一点的高程 + 设计坡度 × 相邻点之间距离。

【例 10.5】 如图 10.33 中 0+150 管底高程为 32.80 m,管道坡度为 -12‰,则 0+185.40 管底高程(m)为:32.80 - 12‰ × 35.4 = 32.38。

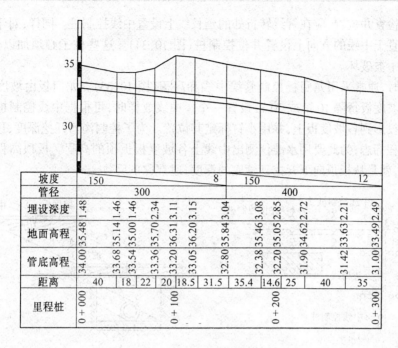

图 10.33 管线纵断面图

5. 管径

按设计要求采用的管径大小,一般以毫米为单位,本例 d = 300 mm 或 400 mm。同时在纵断面图上按其设计坡度和管径绘出管道,即为管道纵断面设计线。

6. 埋置深度

地面高程减去管底高程即为管道的埋深。

一张完整的纵断面图上,除了上述内容外,还应把本管线与旧管线相接处和交叉处,以及与之交叉的地下构筑物的位置在图上绘出。纵断面图的绘制,一般要求起点在左侧,有时由于管线起点方向在管线的前进方向右侧,为了与管线平面图的注记方向一致,纵断面图往往要倒展。

10.6.2 管线施工放样

管线的定线工作要求测量人员严格按照图纸上的设计位置,根据管线起点、终点和转折点的设计坐标,或与其他固定建筑物的相关尺寸把它们正确地测设到地面上,供管线的技术设计使用。由于管线的方向一般都用管子弯头来改变,故不要测设圆曲线。

根据测绘资料及其他有关资料完成管线技术设计后,即可着手地下管线的施工放线测量。如设计阶段所定出的管线中线位置,恰好就是施工放线时所需的中线位置,而且中线上的木桩仍保留在地面上时,则进行一次检查即可。如施工的管线位置有变化,那么,就要由设计资料查出管线各转折点的坐标,或与其他固定建筑物的关系,按前述方法把管线位置测设到地面上。在中线上每隔 20 m 测设一点,同时还要定出检查井的位置,并用木桩标定。

管线中线定出后,根据管径大小、管道埋深以及土质情况,决定开挖沟槽深度,并在地面上撒灰线标明开挖边线(图 10.34)。

在施工时,开挖到一定深度后,中线桩和检查井的木桩都将被挖掉。为了施工中随时恢复中线桩和检查井位置,应在管线转折处的延长线上设置中线控制桩。同样,对于每个检查井也应在垂直于中线的方向上设置井位控制桩(图 10.34)。这些桩子必须加以保护,以免在施工过程中被破坏。

在施工时,通常采用龙门板控制管线中线和高程(图 10.35)。龙门板由坡度板与坡度立板组成。坡度板每隔 10 m 或 20 m 设置一个。中线放样时,可根据中线控制桩用经纬仪把管线中线投影到各坡度板上,并用小钉标定其位置。为了控制沟槽开挖深度,还要在坡度板上标出高程标志,为此要用水准仪测出中线上各坡度板板顶的高程。板顶高程与管底设计高程之差,就是从板顶向下开挖到管底的深度,通常称下反数。

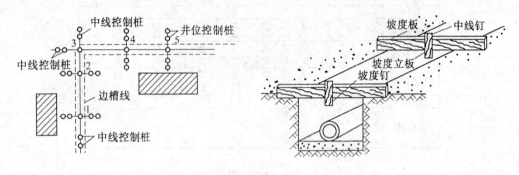

图 10.34　地下管线放样　　　　　图 10.35　龙门板

思考题与习题

1. 何谓圆曲线主点?如何测设圆曲线的主点位置?
2. 圆曲线详细测设时,常用的方法有哪几种?并说明其相应的测设元素和计算公式?
3. 为什么要在直线和圆曲线之间加入缓和曲线?它应满足的条件是什么?
4. 带缓和曲线的圆曲线的主点有哪些?如何进行测设?
5. 求带缓和曲线的圆曲线主点元素时,除 R 和 α 外需要知道哪几个参数及其公式?用图表示其几何意义。
6. 基平测量和中平测量的方法及精度要求?
7. 纵、横断面测量目的是什么?纵断面测量有哪些工作?
8. 线路中线测量包括哪几项内容?
9. 管道工程施工测量中设置的龙门板有哪几部分组成?作用是什么?
10. 线路工程测量中,转向角指的是什么?如何进行测量?
11. 已知圆曲线交点里程为 12 + 456.25,$R = 120$ m,$\alpha_左 = 38°22'00''$,试求测设圆曲线的主点测试元素和主点桩号。
12. 已知圆曲线交点里程为 5 + 432.25,$R = 100$ m,$\alpha_右 = 38°30'00''$,试求:① 主点桩号;② 用偏角法详细测设圆曲线各整桩的测设数据。整桩距 $l_0 = 20$ m。
13. 已知圆曲线交点里程为 5 + 432.25,$R = 100$ m,$\alpha_右 = 38°30'00''$,试求:① 主点桩号;② 用切线支距法详细测设圆曲线各整桩的测设数据。整桩距 $l_0 = 20$ m。
14. 已知转向角 $\alpha_左 = 40°00'$,缓和曲线长 $l_S = 105$ m,$R = 750$ m,交点的桩号为 162 + 028.77,试求带缓和曲线的圆曲线的主点桩号。

15. 已知转向角 $\alpha_{左} = 40°00'$，缓和曲线长 $l_S = 105$ m，$R = 750$ m，交点的桩号为 162 + 028.77，试求用偏角法详细测设缓和曲线上 $ZH - HY$ 段各整桩号的测设数据。整桩距 $l_0 = 20$ m。

16. 已知转向角 $\alpha_{左} = 40°00'$，缓和曲线长 $l_S = 105$ m，$R = 750$ m，交点的桩号为 162 + 028.77，试求用切线支距法详细测设缓和曲线上 $ZH - HY$ 段各整桩号的测设数据。整桩距 $l_0 = 20$ m。

17. 已知管道主点 A 的坐标为 (65.85, 22.54)，在 A 点附近的已知导线点 1 的坐标为 (81.11, 22.30)，导线点 2 的坐标为 (62.20, 41.90)，试求在 1 点设站，用极坐标法测设 A 点的测设数据。

18. 已知管道主点 A 的坐标为 (65.85, 22.54)，在 A 点附近的已知导线点 1 的坐标为 (81.11, 22.30)，导线点 2 的坐标为 (62.20, 41.90)，试求在 1、2 点分别设站，用角度交会法测设 A 点的测设数据。

19. 已知管道主点 A 的坐标为 (65.85, 22.54)，在 A 点附近的已知导线点 1 的坐标为 (81.11, 22.30)，导线点 2 的坐标为 (62.20, 41.90)，试求在 1、2 点分别设站，用距离交会法测设 A 点的测设数据。

第 11 章 全站仪及其应用

11.1 全站仪概述

全站仪也称为全站型电子速测仪,它主要由电子经纬仪、电磁波测距仪和微处理器组成,是集测角、测距、测高于一体的测量仪器。全站仪除了具有电子经纬仪的测量角度和电磁波测距仪的测量距离功能外,利用它的存储于自身系统中的程序模块,还可以完成点的三维坐标测量、点的放样测量、对边测量和悬高测量等专项测量工作,另外全站仪通过传输接口与计算机、绘图仪连接起来,配以数据处理软件和绘图软件,可以实现测图的自动化。因此,全站仪现已广泛应用于控制测量、工程放样、安装测量、变形观测、地形测绘和地籍测量等领域。

目前我国使用的全站仪主要有日本生产的宾得(PENTAX)系列、索佳(SOKKIA)系列、拓普康(TOPCON)系列、尼康(NIKON)系列,瑞士生产的徕卡(LAICA)系列,以及我国北光、苏光、南方等厂家生产的全站仪。下面对最具代表性的尼康 FALDY-7i 汉显电脑型全站仪和拓普康 GTS-601AF 电脑型全站仪两种类型仪器的构造、操作方法、功能及应用一一介绍。

11.1.1 全站仪的构造

FALDY-7i 的测角精度为 $\pm 2''$,测距精度为 $\pm(2+2D\times 10^{-6}\text{mm})$,图 11.1 为其外形、各部构件及其名称。

GTS-601AF 电脑型全站仪的测角精度为 $\pm 1''$,测距精度为 $\pm(2+2D\times 10^{-6}\text{mm})$,图 11.2 为其外形、各部构件及其名称。

全站仪可大致分为手柄、望远镜、显示器、水准器、电池、基座等部分。

1. 手柄

全站仪的最顶部为手柄,它通过手柄固定螺丝与仪器相连,它是仪器使用者在使用仪器时持有仪器的部位。

2. 望远镜

望远镜的作用是寻找并瞄准目标,放大倍率为 50 倍,它由物镜、物镜调焦螺旋、目镜、目镜调焦螺旋、准星、水平制动螺旋、水平微动螺旋、竖直制动螺旋、竖直微动螺旋等部分组成。

3. 显示器

显示器的作用是读数、输入数据及操作指令,它由显示屏和操作键盘组成。显示屏分为正面和反面,正面具有读数和操作功能,反面只具有读数功能。显示屏全为液晶装置,在观测时显示角度、距离、高程、坐标等测量数据及操作信息,键盘上有数字键、字符键和功能键,一般的仪器都将数字键、字符键和功能键合为一体,使用时靠切换键可以实现数字、字符及操作指令的输入。全站仪具有记忆、存储、输入和输出功能,测量数据能长期保存。全站仪

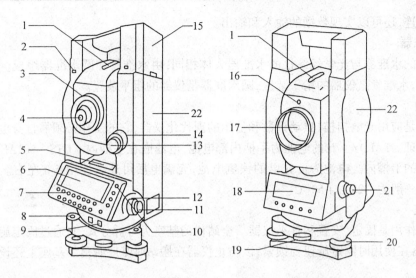

图 11.1 FALDY-7i 汉显电脑型全站仪

1—瞄准器;2—电池安装按钮;3—望远镜调焦环;4—望远镜目镜;5—水准管;6—液晶显示屏(正面);7—操作键盘;8—圆水准器;9—外部通讯接口;10—电源开关;11—望远镜水平微动螺旋;13—水平制动锁定旋钮;13—望远镜竖直微动螺旋;14—竖直制动锁定旋钮;15—手柄内部电池;16—红外线导向灯;17—望远镜物镜;18—液晶显示屏(反面);19—基座安装把手;20—脚螺旋;21—光学对中器;22—仪器中心标记

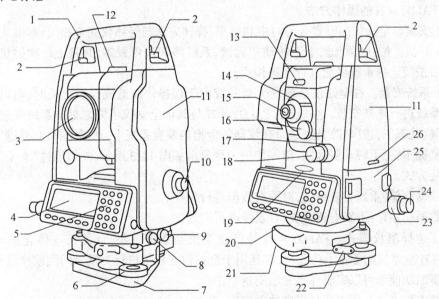

图 11.2 GTS-601AF 电脑型全站仪

1—手柄;2—手柄固定螺丝;3—望远镜物镜;4—显示屏;5—键盘;6—脚螺旋;7—基座底盘;8—串行接口;9—外接电源接口;10—光学对中器;11—仪器中心标志;12—瞄准器;13—自动调焦键;14—望远镜把手;15—目镜;16—手工调焦旋钮;17—垂直制动螺旋;18—垂直微动螺旋;19—水准管;20—圆水准器;21—圆水准器调节螺丝;22—基座固定旋钮;23—水平制动螺旋;24—水平微动螺旋;25—BT-50Q 电池;26—电源开关

和计算机相连，还可以实现数据的输入和输出。

4. 水准器

全站仪的水准器与光学经纬仪的水准器大体相同，由水准管和圆水准器组成。它们的功能也一样，水准管是仪器的精平装置，圆水准器是仪器的粗平装置。

5. 电池

全站仪是应用光电扫描、自动计数和显示的现代化仪器，它的工作必须靠自身电池提供的电力来保证。FALDY-7i 的电池为手柄内部电池，电池嵌在手柄内。GTS-601AF 的电池则装在机身的卡槽内。电池为可充电的镍氢电池，充满电后可连续使用 5 h 左右。全站仪的使用环境一般为 -20~+50 ℃。

6. 基座

基座的作用是固定、安置和整平仪器。全站仪的基座为可拆分式，它通过固定旋钮与仪器相连，仪器在使用时固定旋钮要锁紧，以防止仪器在搬站时基座脱落。基座上还设有光学对中器。

11.1.2 全站仪的操作方法

全站仪在一个测站中操作主要分为仪器安置、开机、选择测量模式并进行现场测量、关机等步骤，但不同型号的仪器却有很大不同。下面对 FALDY-7i 和 GTS-601AF 的操作方法分别介绍。

1. FALDY-7i 的操作方法

(1) 安置。全站仪的安置分为对中和整平，操作方法与经纬仪完全相同，本书从略。

(2) 开机。按[电源]键，上下转动望远镜，系统将天顶角置零，并将上一次关机状态调出。然后按键选择系统界面进行现场作业。

(3) 系统安装。在全站仪系统发生紊乱或由于误操作而造成仪器死机时，可以使用系统卡对系统进行重新安装，这一点是 FALDY-7i 与其他全站仪不同之处。系统安装的过程为：在开机状态下，按[电源]键，这时在仪器的卡槽内装置系统卡，然后选择[1]号键"系统安装"，屏幕提示：上下转动望远镜，请等待……至显示如图 11.3 所示，然后通过"↑↓"键选择系统安装方式。

①数据存储：重新安装系统，对原有数据进行保存。

②数据初始化：重新安装系统，对系统进行刷新。

(4) 选择测量模式。FALDY-7i 是将总系统与数据采集、计算机一体化的全站仪。FALDY-7i 全站仪配备若干功能卡，它是用于全站仪在现场进行测量、计算、放样的程序卡。全站仪借助功能卡可以完成许多专项测量。

系统安装卡——用于系统程序的再安装。

测量观测卡——利用该卡能够进行基准点测量、地籍测量或地形放样、精度评定的作业。

纵横断面观测卡——能够进行纵向、横向断面观测的作业。

测量计算卡——是控制测量计算和交点计算、面积计算等的测量计算用卡，也能用于现场作业中的检查确认。

线形计算卡——能进行特征点计算和中心点桩位宽度的计算，同时还可以用放样键进行作业。

此外,在进行现场作业之前必须完成数据的设定和各种条件的设定,以及准备好适用程序。全站仪数据的设定和各种条件的设定主要包括以下几项:

观测条件设定——它主要包括测距方法是精密测距或是快速测距;竖角区分是天顶角或是高度角;观测时是否输入仪器高和目标高;水平角、竖直角、距离的测回数等。

输入条件设定——数据指示方法(号码/名称)等的设定。

自动计数条件设定——数据输入时的最高计数和计数初始值等的设定。

计算条件设定——数值的四舍五入和计算方法等的设定。

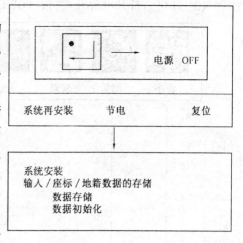

图11.3 系统安装画面

(5)现场测量。除 FALDY-7i 借助它的功能卡可以实现专项测量外,仪器系统本身也具有固有的功能程序,这些固有的功能程序始终驻留仪器内存,在仪器启动后,可以随时通过功能中的"→"键调出功能程序,直到显示系统功能。

"观测"键——使用该功能可以进行水平角测量、竖直角测量及水平距离测量。

"坐标"键——使用该功能可以输入二维坐标、三维坐标,测量二维、三维坐标也用该功能键。

"放样"键——使用该功能可以进行已知坐标点放样。操作过程如下:首先把已知点和放样点的坐标输入仪器内存,然后用"交会"键的功能进行后视方位角的自动设定,此时仪器应对准后视点并归零,再分别输入放样点的点号并依次进行点的放样。

"交会"键——使用该功能可以在放样中利用后方交会法自定测站的坐标,以及利用测站点和后视点的坐标自动设定方位角。

"帮助"键——该功能用于查看目前状态下的操作方法及简单说明。

(6)关机。在开机状态下,按[电源]键,屏幕提示如图11.4,[1]号键对应功能:系统再安装。[3]号键对应功能:节电,将系统调整到耗电量最低状态,按任意键恢复。[—]号键对应功能:撤消关机指令,回到关机前状态。仪器在图11.4画面状态下,按[ENT]键,关闭电源。

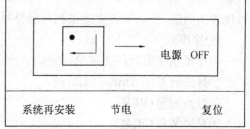

图11.4 FALDY-7i 关机状态画面

2. GTS-601AF 的操作方法

(1)安置。GTS-601AF 电脑型全站仪的安置分为对中和整平,操作方法与经纬仪基本相同,GTS-601AF 的对中除了有垂球对中和光学对点器对中外,还可以采用激光对中。操作方法为:仪器开机后,按★键操作,再按[F6]键屏幕显示第2页[LASER],按[F4]键地面有一光束,平移脚架或转动脚螺旋使其对准测站点,伸缩脚架整平仪器。

(2) 开机。打开电源开关,按[POWER]键,显示主菜单。

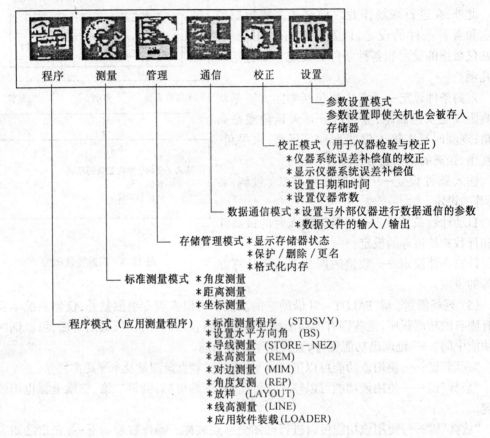

图 11.5　GTS－601AF 全站仪的主菜单

(3) 选择测量模式。GTS－601AF 电脑型全站仪的测量模式主要有星键模式、程序模式、标准测量模式、存储管理模式、数据通讯模式、校正模式和参数设置模式。下面分别介绍。

星键(★)模式:按下★键即可看到仪器若干操作选项。这些选项分两屏显示,按[F6]查看第二页界面,再按[F6]可返回第一页界面。如图 11.6 所示,按★键操作后,仪器显示各符号代表的功能,若调节各功能按相对应符号下的功能键。

程序模式:
①设置水平方向的方向角(BS);
②导线测量(STORE－NEZ);
③悬高测量(REM);
④对边测量(MLM);
⑤角度复测(REP);
⑥放样(LAYOUT);
⑦架空线路测量(LINE);
⑧安装应用软件(LOADER)。
标准测量模式:标准测量模式包括角度测量、距离测量、坐标测量。

第 11 章 全站仪及其应用

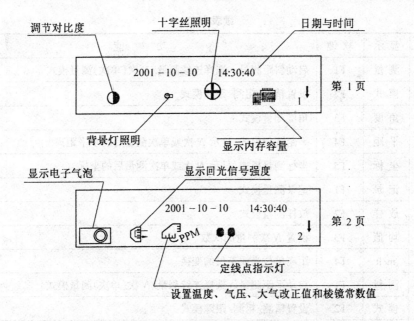

图 11.6 按★键后显示各功能

存储管理模式：该模式用于显示存储器状态、保护/删除/更名、格式化内存。

数据通讯模式：该模式用于设置与外部仪器进行数据通讯的参数、数据文件的输入/输出。

校正模式：该模式用于仪器检验与校正，它包括仪器系统误差补偿值的校正、显示仪器系统误差补偿值、设置日期和时间、设置仪器常数。

参数设置模式：该模式用于仪器参数的设置。

表 11.1 为标准测量模式下各功能键及其功能。

表 11.1 GTS-601AF 功能键

模式	显示	软键	功 能
角度测量	斜距	F1	倾斜距离测量
	平距	F2	水平距离测量
	坐标	F3	坐标测量
	置零	F4	水平角置零
	锁定	F5	水平角锁定
	记录	F1	记录测量数据
	置盘	F2	预置一个水平角
	R/L	F3	水平角右角/左角变换
	V/%	F4	垂直角/百分度的变换
	倾斜	F5	设置倾斜改正功能开关(ON/OFF)

续表 11.1

模式	显示	软键	功 能
斜距测量	测量	F1	启动斜距测量。选择连续测量/N 次(单次)测量模式
	模式	F2	设置精测/粗测/跟踪模式
	角度	F3	角度测量模式
	平距	F4	平距测量模式,显示 N 次或单次测量后的水平距离
	坐标	F5	坐标测量模式,显示 N 次或单次测量后的坐标
	记录	F1	记录测量模式
	放样	F2	放样测量模式
	均值	F3	设置 N 次测量的次数
	m/ft	F4	距离单位米或英尺的变换
平距测量	测量	F1	启动平距测量。选择连续测量/N 次(单次)测量模式
	模式	F2	设置精测/粗测/跟踪模式
	角度	F3	角度测量模式
	斜距	F4	斜距测量模式,显示 N 次或单次测量后的倾斜距离
	坐标	F5	坐标测量模式,显示 N 次或单次测量后的坐标
	记录	F1	记录测量模式
	放样	F2	放样测量模式
	均值	F3	设置 N 次测量的次数
	m/ft	F4	距离单位米或英尺的变换
坐标测量	测量	F1	启动坐标测量。选择连续测量/N 次(单次)测量模式
	模式	F2	设置精测/粗测/跟踪模式
	角度	F3	角度测量模式
	斜距	F4	斜距测量模式,显示 N 次或单次测量后的倾斜距离
	平距	F5	平距测量模式,显示 N 次或单次测量后的水平距离
	记录	F1	记录测量模式
	高程	F2	输入仪器高/棱镜高
	均值	F3	设置 N 次测量的次数
	m/ft	F4	距离单位米或英尺的变换
	设置	F5	预置仪器测站坐标

(4) 现场测量。GTS-601AF 的现场测量主要包括两个方面:标准测量和程序测量。其中选择标准测量可以进行角度测量、距离测量、坐标测量等,而选择程序测量模式则可以进行导线测量、悬高测量、对边测量、角度复测、坐标放样和悬高测量等。

(5) 关机。当仪器在一个测站完成作业后,需要关机后方可搬站。GTS-601AF关机前须保存观测成果,然后退回到主菜单,按[POWER]键,再按[ENT]键,则仪器关机。

11.2 全站仪的各种功能

11.2.1 角度、距离与高差测量

1. FALDY-7i 的角度、距离与高差测量

FALDY-7i 的角度、距离与高差测量有两种方法:一种是使用系统卡进行作业,用该方法测得的数据不保存在仪器的内存,观测者须自己记录;另一种是使用测量观测卡进行作业,该方法首先需要建立一个文件,观测的数据将被保存在该文件中,所以,观测时观测者不需要记录,而且观测者还可以随时查阅观测成果。这两种方法操作步骤基本相同,现介绍仪器用系统卡进行角度、距离与高差测量的操作步骤。

(1) 角度测量:仪器在"使用"系统界面下,按[→]键调出系统功能进入常规测量状态。然后按"观测"功能键进行水平角和竖直角的观测,如图 11.7 所示,水平角和竖直角读值同时显示。需要指出的是,在水平角测量中,瞄准起始目标点后,需要按"置零"键使水平度盘起始方向归零,此时仪器提示是否归零,按[ENT]键则确认归零。然后瞄准目标后直接读取水平角和竖直度盘读数即可。按[—]键结束测角状态并回到"使用"系统界面。

```
水平角:128-27-16
竖直角:88-10-16
斜距:

精测 速测 A设 置零 水平 结束 →
```

图 11.7 FALDY-7i 的角度测量

(2) 距离、高差测量:在图 11.7 的常规测量模式下,仪器瞄准目标后,如果测量斜距,按[1]键则进行精密斜距测量,按[2]键则进行快速斜距测量。如果测量水平距离和高差,按[5]"水平"键进入水平距离和高差测量状态,显示屏显示为图 11.8 界面,此时按[1]键进行精密水平距离和高差测量,按[2]键进行快速水平距离和高差测量。按[—]键结束测距状态并回到"使用"系统界面。

```
水平角:128-27-16
水平距离:
高差:

精测 速测 A设 置零 斜距 结束 →
```

图 11.8 FALDY-7i 的水平距离和高差测量

2. GTS-601AF 的角度、距离测量

(1) 角度测量:水平角(右角)和垂直角测量见表 11.2。

表 11.2　角度测量的操作

操作步骤	显　示
①确认在角度测量模式下 ②照准第一目标 A	V:87°55′45″ HR:180°44′12″ 斜距　平距　坐标　置零　锁定　P1↓
③瞄准目标 A 的水平角读数为 　0°00′00″,按 F4 置零键和 F6 设置键	V:87°55′45″ HR:0°00′00″ 斜距　平距　坐标　置零　锁定　P1↓
④瞄准第二目标(B),仪器显示目标 B 的水平角和竖直角。	V:87°55′45″ HR:123°45′50″ 斜距　平距　坐标　置零　锁定　P1↓

仪器在测量过程中,左角和右角随时可以转换,转换的方法是:按 F6(↓)键,进入第 2 页功能。然后按 F3(R/L)键,水平角测量右角模式转换成左角模式,再进行左角测量。

(2) 距离测量:在★键模式下设置大气改正值,设置大气改正时,须量取温度和气压,由此即可求得大气改正值。在★键模式下设置棱镜常数,拓普康的棱镜常数为零,因此,棱镜常数应为零,如果使用的是另外厂家的棱镜,则应预先设置相应的棱镜常数。

拓普康的距离测量模式有三种:精测/跟踪/粗测模式。

精测模式(F 模式):是一种正常距离测量模式。观测时间:0.2 mm 方式大约 3.1 s;1 mm 方式大约 1.3 s。最小显示距离为 0.2 mm 或 1 mm。

跟踪模式(T 模式):此模式测量时间要比精测模式短。主要用于放样测量中,在跟踪运动目标或工程放样中非常有用。观测时间:0.4 s,最小显示距离为 10 mm。

粗测模式(C 模式):该模式观测时间短于精测模式。使用该模式测量目标有轻微的不稳定的情况。观测时间:0.7 s,最小显示距离为 1 mm。

在每种测量模式下可分别选择:连续测量模式(R 模式)/单次测量模式(S 模式)/N 次测量模式(N 模式)。选定的测量模式将显示在窗口第四行右面的字母上。

距离测量的主要步骤见表 11.3。

表11.3　距离测量操作

操作步骤	显示
①确认在角度测量模式下	V:90°10′20″ HR:120°30′40″ 斜距　平距　坐标　置零　锁定　P1↓
②选择距离测量模式和测量次数	V:90°10′20″ HR:120°30′40″　　PSM　0.0 HD:　　　　　＜PPM　0.0 VD:　　　　（m）★F.R 测量　模式　角度　斜距　坐标　P1↓
③照准棱镜中心 ④按F1键(斜距键)或F2键(平距键)	V:90°10′20″ HR:120°30′40″　　PSM　0.0 HD:　　716.66　　PPM　0.0 VD:　　　4.001　（m）★F.R 测量　模式　角度　斜距　坐标　P1↓

观测结束后,按F1键可重新进行测量。按F3键返回角度测量模式。

11.2.2　坐标测量

坐标测量功能是全站仪的最重要的功能之一。在不输入仪器高和目标高时,全站仪只测量观测点的二维X、Y坐标,如果在输入仪器高和目标高时,全站仪可以测量观测点的三维X、Y、Z坐标。测量的坐标将长期保存在仪器的内存中,以备随时使用。

(1) FALDY-7i的坐标测量步骤见表11.4。

表 11.4 FALDY-7i 操作步骤

操作步骤	显　　示
①确认在系统界面下,按"坐标"键把已知点的坐标输入仪器内	使用　　　　　/FALDY Ver 1.2 1.存储　　　　4.仪器设定 2.数据管理 3.条件设定 HELP 坐标 放样 观测 交会 结束
②按"交会"键	(SET INT) 已知 A 点 NO[　　:　　] A:128-25-36　V:89-26-48 D[　　]m E[　　]m 记录 有距 入设　　　　结束
③按"入设"键,输入仪器点号和后视点号,照准后视点,然后按"ENT"键确认。	仪器点 NO [　　:　　] 后视点 NO [　　:　　] 后视方位角[　　] 　　　　　　　　　　结束
④按"坐标"键进入坐标测量模式,如选"XY"键则测量观测点的二维坐标,如选"XYZ"键则测量观测点的三维坐标。按"计测"键,测量坐标开始。	〈COOR.IN〉 NO [　　:　　] X [　　] Y [　　] 计测　XYZ　极坐　　　结束

(2) GTS-601AF 坐标测量的步骤见表 11.5。

表 11.5 GTS-601AF 测量操作步骤

操作步骤	显　　示
①设置测站坐标和仪器高/棱镜高	V:90°10′20″ HR:120°30′40″ 斜距 平距 坐标 置零 锁定 P1
②设置已知点 A 的方向角	

续表 11.5

操 作 步 骤	显 示
③照准目标点 B	N:　　　　　〈 E:　　　　PSM　0.0 Z:　　　　PPM　0.0 测量 模式 角度 斜距 平距 P1
④按 F3"坐标"键,观测开始,显示测量结果	N:12345.6789 E:－12345.6789　PSM　0.0 Z:　　10.1234　PPM　0.0 测量 模式 角度 斜距 平距 P1

11.2.3 对边测量

对边测量是测量离开仪器的两个棱镜之间的水平距离 H_D、斜距 S_D 和高差 V_D,如图 11.9 所示。

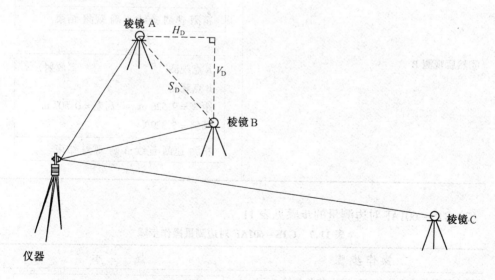

图 11.9 对边测量的原理

(1) FALDY－7i 的对边测量步骤见表 11.6。

表 11.6 FALDY－7i 对边测量操作

操 作 步 骤	显　　示
①确认在系统界面下	使用　　　　　　/FALDY Ver 1.2 1.存储　　　　　4.仪器设定 2.数据管理 3.条件设定 HELP 坐标 放样 观测 交会 结束
②按"观测"键,并下翻页	水平角:156－21－19 垂直角:90－00－00 斜距:37.434 点间 测高　　　条件 结束
③按"点间"键,首先观测 A 点	A 点观测　　　　　　　〈放射〉 B 点观测 距离 =　　m　　高差 =　　m 倾斜 =　　% 精测 速测 连续 A 确 观测 结束
④然后观测 B	A 点观测　　　　　　　〈放射〉 B 点观测 距离 = 9.526 m　　高差 = 0.507 m 倾斜 = 5.329% 精测 速测 连续 A 确 观测 结束

(2) GTS－601AF 对边测量的步骤见表 11.7。

表 11.7 GTS－601AF 对边测量操作步骤

操 作 步 骤	显　　示
①从程序菜单中按 F6 键,进入菜单的第 2 页	【程序】 F1 对边测量 P　　　8/9 F2 角度复测 P F3 坐标放样 P F4 线高测量 P　　　翻页

续表 11.7

操作步骤	显　　示
②按 F1 键,执行对边测量程序	【对边测量】 棱镜高 1.MLM1:(A－B,A－C) 2.MLM2:(A－B,B－C)
③按 F1"MLM1"键,照准棱镜 A 并按 F1 键,显示仪器和棱镜 A 之间的平距	【MLM1】 平距 1 　HD:123.456 m 测量　　　　　　　　　　设置
④照准棱镜 B,按 F1 键,显示仪器至棱镜 B 之间的水平距离	【MLM1】 平距 2 　HD:246.912 m 测量　　　　　　　　　　设置
⑤按 F6 键,显示棱镜 A 与棱镜 B 之间的平距、高差和斜距	【MLM1】 　dHD:123.456 m 　dVD:12.345 m 　dSD:12.456 m 退出　　　平距

11.2.4　悬高测量

悬高测量是用于测量离开仪器的某一高处目标与地面之间的垂直高度的。如图 11.10 所示,高处目标点 K、棱镜中心 P、目标 K 点的地面垂足 G 三点在同一铅垂线上,通过悬高测量程序可以获得高处目标相对于棱镜的垂直距离 KP 及离开地面的高度 KG。

GTS－601AF 的悬高测量的步骤见表 11.8。

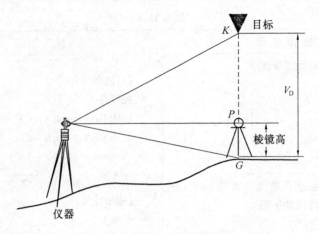

图 11.10 悬高测量的原理

表 11.8　GTS－601AF 悬高测量步骤

操作步骤	显　示
①确认在程序菜单下	【程序】 F1 标准测量 P　　　4/9 F2 设置方向 P F3 导线测量 P F4 悬高测量 P　　　翻页
②按 F4 键,执行悬高测量程序	【悬高测量】 棱镜高 1.有 2.无
③按 F1"有"键,输入棱镜高,按 ENT 键	【悬高测量】 棱镜高 (2)平距 HD:　　　m 测量　　　　　　设置
④照准棱镜,按 F1 键,测距开始,显示仪器至棱镜之间的水平距离	【悬高测量】 棱镜高 (2)平距 HD:123.456 m 测量　　　　　　设置

第 11 章 全站仪及其应用

续表 11.8

操 作 步 骤	显　　示
⑤按 F6 键,棱镜位置即被确定。照准目标点 K,显示垂直距离。	【悬高测量】 VD:0.234 m 退出　镜高　平距

11.2.5　坐标放样测量

(1)FALDY-7i 坐标放样测量具体操作见表 11.9。

表 11.9　FALDY–7i 坐标放样测量操作

操 作 步 骤	显　　示
①当坐标输入完成后,确认在系统界面下	使用　　　　　　/FALDY Ver 1.2 1.存储 2.数据管理 3.条件设定 4.仪器设定 HELP 坐标 放样 观测 交会 结束
②按"放样"键,输入测站点号,后视点号,照准后视点,按[ENT]键确认,再按"置零"键把水平角置零,按[ENT]键确认。	〈LAY OUT〉 STATION　[1:　　] BACK　　　[2:　　] LAY　　　　[　:　　] 置零 精测 速测 器终 结束
③输入放样点号,按[ENT]键确认。系统根据坐标,反算出该点与测站点间的平距(E)及与后视方向的夹角(A),同时在界面上给予转角的提示。角度设置完成后,按"速测"键或"精测"键进行距离的放样,前移或后移距离。当一个点放样完成后,按"↓"或"↑"键进入下一个点的放样。	〈LAY OUT〉 STATION　[1:　　] BACK　　　[2:　　] LAY　　　　[13:　　] A:180 – 00 – 00　　E56.398 ←136 – 39 – 36　　↓6.201 置零 精测 速测 器终 结束

(2)GTS-601AF 的坐标放样测量步骤见表 11.10。

首先按"F1"键进入"标准测量"程序,在"点编辑"程序中把后视点、测站点及放样点输入仪器内存。

表 11.10 GTS-601 坐标放样测量操作

操作步骤	显示
①当后视点、测站点、放样点坐标输入完成后,选择"标准测量"程序中的"放样"程序菜单(SET OUT),首先设置测站点(OCC PT),再设置后视点(BKS PT)。	SETUP RECORD EDIT XEFR PROG OCC PT SET OUT BKS PT POINTS STRINGS ALIGN X-SECTS
②选择"点放样"(POINTS)程序,按[OK]键,在屏幕的右边显示内存中所有的点号及其大致位置。	SETUP RECORD EDIT XETR PROG Pt No 10 R Ht 1.354 ALPH ← → ↓ SPC ← BS
③输入放样点的点号并按[ENT]键,再输入棱镜高,按[ENT]键,便显示测站点到放样点的方位角(Req),从当前方向到放样点的水平角(Turn)角度,以及棱镜到放样点的距离(Away)。按[MEAS]键,便显示此时放样点的高程偏差(Cut)	SETUP RECORD EDIT XEFR PROG Peq 125.354 Turn 0.0124 Away 5.135 Cut ANGLE CRS SINGLE MEAS
④按[ENT]键进入下一点放样	

11.3 全站仪数字化测图

随着测绘仪器、计算机硬软件技术的快速发展,数字化技术已广泛应用于测绘遥感、土木工程等方面,特别是在大比例尺地形图的测绘方面的应用更为成熟,而传统的白纸测图则较少使用。目前,应用于测量中的测绘软件比较多,本书重点介绍 SOARS 数字化测绘系统和 WALK 数字化测绘系统。

11.3.1 SOARS 数字化测绘系统

1. SOARS 数字化测绘系统的组成

SOARS 数字化测绘系统是上海杰科测绘系统有限公司与日本 JEC 株式会社共同开发设计的,集软、硬件于一体的测绘系统。SOARS 系统的基本组成如图 11.11 所示。

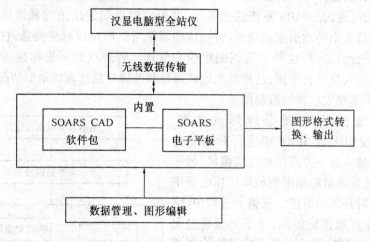

图 11.11 SOARS 系统的基本组成

SOARS 系统对软、硬件的集成解决了由于软硬件随机搭配而可能造成的数据不能完整通讯及处理的问题,它将测量、计算、绘图、数据管理有机地结合成为一个系统,具有强大的测绘专业 CAD 编辑功能,并且保证无线数据传输的安全性。该系统的核心是电子平板,它具有以下特点:

(1) 采用无键盘、无鼠标的工作方式,用光笔代替鼠标进行现场编辑成图,工作方式简单,工作效率高;

(2) 质量轻(1 kg),体积小(书本大小),适合随身携带;

(3) 具有容量为 20 MB 的测绘专业编辑 CAD 软件,并可随时调用;

(4) 可以独立进行数据管理,即将软件处理过的所有数据文件在软件包中进行分类管理,随时调用,保证用户可以轻松管理大量文件;

(5) 通讯设备部分的无线 MODEM 传输,它不同于无线对讲机,是一种专用的数据传输设备,具有双向通讯功能,充分保证了数据传送的可靠性和准确性,而且其传送时间仅为 4 s。

2. 内外业一体化作业模式

SOARS 系统采用的作业模式是实现内外业一体化的"镜站"指挥"测站"的作业模式:汉显电脑型全站仪+便携机式的电子平板+SOARS 测绘软件包+无线数据通讯设备。在作业人员充分了解镜站情况的前提下,实施外业成图,处理现场所有问题,使测、算、绘一次完成,既保证了作业效率与成果的精度和质量,又极大地减轻了测绘人员的工作强度。在这一作业模式中,汉显电脑型全站仪负责外业的数据采集;无线数据通讯设备保证安全自由和畅通无阻的数据通讯;内置 SOARS 软件的电子平板可以实时成图,所显示内容即所测内容,若出现错误,现场可以很方便地实现及时纠正,从而使测绘作业的质量与效率得到有效保证。

由于野外采集的复杂性和多样性，要求作业人员必须充分了解镜站的情况，才能迅速准确地完成野外数据采集，现场编辑成图，从而真正实现内外业一体化。所以，SOARS 的作业模式解决了测站与镜站间的拓扑关系，实现了现场即测即绘，减轻了测绘人员的工作强度。

3. SOARS 系统的数据采集

SOARS 系统为野外数据的采集与编辑提供了非常强大的功能，小范围的数字地面点和数字高程点均可通过 SOARS 系统快速采集，并可实时地勾绘出地物和地貌。在采集过程中，SOARS 能给采集的地形点相应的属性，这些属性与图形构成对应关系，它有助于对采集的地形数据进行后处理，也便于数据的组织和管理。野外点的采集和控制完全通过无线 MODEM 由镜站人员负责掌握，这样就能比较清楚和准确地描述现场地形情况。图 11.12 所示为地形点采集建立过程的流程图。

在整个过程中，关键是地形点采集。SOARS 由于使用无线 MODEM 进行数据的传输，就使得镜站人员一方面按地性线跑尺，另一方面又清楚地使测量数据很快地反应在电子平板中，以便及时补测和更正。在整个过程中，镜站人员无须干扰数据的传输，电子平板通过无线 MODEM 接收到数据后会自动按属性绘制相应图形，从而减轻了跑尺人员的工作强度。

SOARS 系统生成的地形图以 HEI 形式保存，并可以随时转换成 DXF 或 DWG 形式被其他图形编辑系统调用。

11.3.2 WALK 数字化测绘系统

WALK 数字化测绘系统是上海数维信息系统工程有限公司和上海天测科技有限公司联合推出的新一代测绘软件。WALK 体系是面向对

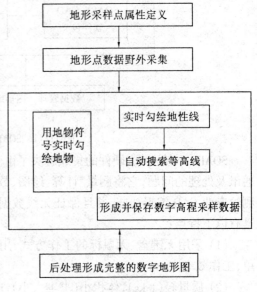

图 11.12 地形点采集建立过程

象、基于网络和数据库的，空间数据具有图属一体化的特点。WALK 是用工作空间和层来组织和管理数据，用数据库来存储时间数据，按实体概念来描述现实世界，用地物来表示现实世界中的实体的。WALKFIELD 是 WALK 系列中面向地形测量的数字化测绘软件，解决地形测量的外业和内业常规作业以及测图和制图的问题。WALKFIELD 面向的使用者是测量小组，作用于小组测量的全过程：图根测量、设置测站、碎部测量、地物编辑、地模和等高线生成、专题属性编辑、小组接边、碎部检查、图面修饰和制图输出等。

1. WALKFIELD 的界面

WALKFIELD 具有 WINDOWS 风格的界面，整个界面由菜单栏、工具栏、输入栏、编辑栏、状态栏、捕捉栏、图例栏、绘图栏、绘图区和比例尺几部分组成，界面简洁，见图 11.13。

2. WALKFIELD 最基本操作

(1) 选择地物和文字。对地物和文字进行复制、剪切、删除或对地物进行顶点编辑、线段编辑时，都需要首先将其选中，选择地物有以下几种情况：选择单个地物、选择多个地物、多边形选择、选择同类式样的地物、选择整个层上的地物和文字、全选、控制选择内容。选择

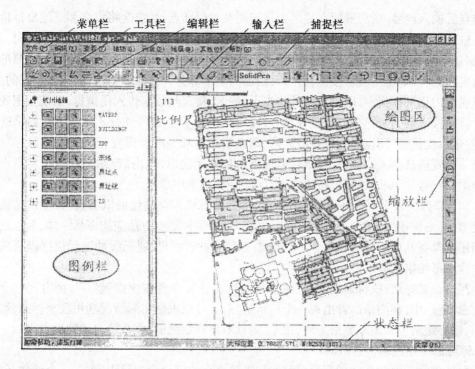

图 11.13 WALKFIELD 的主界面

文字的操作和选择地物相同。

(2) 屏幕控制。在工作时,需要经常对视图进行放大、缩小和移动或改变视图比例,可通过缩放工具条对屏幕进行控制。

(3) 地物和文字的删除。将所要删除地物所在的层设为可编辑,然后选中要删除的地物和文字,按"DEL"键或单击编辑栏上的"删除地物"按钮,即可将所选地物和文字删除。

(4) 设定捕捉方式。当测好了一些碎部点后,就可以将这些点连线成图,连线时必须要用捕捉,以精确定位这些点,在进行图形编辑时,也需要精确捕捉地物上的点。WALKFIELD 支持最近点捕捉、顶点捕捉、交点捕捉、中点捕捉、垂足点捕捉、切线点捕捉、延长线交点捕捉、平行线点捕捉等几种捕捉方式。

(5) 基本输入。图形的建立是从一个个点、线、面输入开始的,此外还需要输入文字。因为注记也是图的重要内容。WALKFIELD 提供了方便的点、线、面和文字输入功能。基本输入主要包括点状地物输入、线状地物输入、面状地物输入、文字输入及当前点居中显示等。

3. 电子平板野外实时数据采集

当采用全站仪+便携机,使用电子平板野外现场成图时,在准备工作作好后,就可以进行野外碎部测量,其操作流程如下。

(1) 安置仪器。在野外找到测站、照准点后,在测站架设仪器对中,整平,将加密狗插到便携机的并行口上,用通讯电缆将便携机和全站仪连接好,打开便携机,运行 WALKFIELD 软件,打开已建立的工程文件。

(2) 全站仪通讯设置。执行菜单中的"测量→全站仪通讯设置",在出现的对话框中,选择全站仪型号和便携机的通讯接口,然后单击"确定"。

(3) 测站设置。执行菜单中的"测量→全站仪通讯设置",出现相应的对话框,在测站和照准点后输入点号,或用鼠标在视区内指定测站和照准点,系统会将点名和三维坐标拾取进来。输入水平角、仪器高和照准高,然后用全站仪瞄准照准点,设置该方向为零方向。如果在"测量系统设置"中设定了"强制测站检核",则必须进行测站检查,以确定测站和照准点是否与实际相符,单击"检查"按钮,打开对话框的下半部分。在对话框中,输入检查点的点号,或在视区内用鼠标指定,用仪器照准检查点,按 F2 将观测数据传入便携机,系统根据观测数据计算出检查点的坐标并与原坐标比较,比较结果显示在 ΔN、ΔE、Δd 和 Δh 中,如果这些值在"测量系统设置"所设的限差范围之内,则说明测站和照准点设置正确,单击"保存"按钮,将测站设置信息存入文件中,以备日后检查。检核无误后,单击"设站",此时在实测点层生成测站点符号和照准点符号,按快捷键"O"可使测站居中显示。

(4) 碎部点采集。野外全数字化作业,要求计算机与全站仪通讯畅通,并能快速确定地物类型、现场快速编辑、多把尺测量、同地物测量中多种测点方法应能浑然一体,为彻底丢弃草图还要具备其他一些功能。WALKFIELD 以特有的智能尺、通讯缓冲池和快捷键来满足现场快速图形编辑的需求。

测站设置好后,执行菜单中的"测量→通讯测量",或者按快捷键"O",会出现一个对话框,在此窗口中,在测站位置出现一个三角架标志,可以根据实际情况选用极坐标测量、目标遥测、偏心距测量和偏心测量方法,按 F2 键获取仪器观测值,由系统自动解算点坐标。使用 ESC 键可以中断或取消通讯。

野外测量一般为极坐标测量,测量时,需要将全站仪设置为斜距模式,一个地物开始时,在编码输入栏内输入该地物的编码,测完一个点后,在便携机上按 F2 键,观测数据被传入便携机,在点确定之前,操作员可修改这些数值,还可以在最下边的输入栏中输入所测地物的名称,确定后按回车或鼠标右键结束,所测的地物点同时作为一个实测点存入实测点层。

11.4 全站仪在工程测量中的应用

11.4.1 上海杨浦大桥变形观测

杨浦大桥主桥长 1 172 m,是一座跨径为 602 m 的双塔、双索斜拉桥。1993 年 10 月大桥建成通车时,其跨径居世界第一位,它是连接上海市杨浦区与浦东开发区的主要交通枢纽,高峰时桥上的车流量超过 5 000 辆/h。观光旅游者登上桥面即可看到美丽的黄浦江宛若一条流光溢彩的丝带,往来穿梭其上的各种船只有如一颗颗跳动的音符,为她增添了无限生机,回过头来看着桥上南来北往穿梭如织的车流,仿佛正牵动着这座国际大都市经济运行的脉搏。然而,在桥上陶醉在这精美图画中的人们也能够明显地感觉到桥梁的振动与摇晃。

为确保这座特大型桥梁的安全运行,自建桥以来,大桥管理所一直定期对它进行检测和养护维修,用水准仪测量大桥塔、墩的沉降量,用应力传感器检测拉索的索力变化等。实际上,包括挠度在内的大桥主梁的变形,是最能够直接反映出桥梁变化状态的。然而,由于受仪器设备等条件的限制,该管理所在这方面还没有取得过较完整的监测数据。上海欧亚测量系统设备有限公司在 1999~2000 年对杨浦大桥进行为期 1 年的变形观测,其间,经历春、夏、秋、冬四季,以及刮风下雨等特殊气候条件。该公司使用的监测系统包括两套各自配置了 APSWin 自动极坐标系统软件的徕卡 TCA2003 自动全站仪,在笔记本电脑上用 Windows95

定的时刻同步测量大桥两侧的棱镜三维坐标。APSWin 软件中定时器的时间间隔设置为 10 min,观测完一个循环,需要 2 min。用 ATR 自动目标识别模式进行自动照准测量。

参考基准点的观测角与斜距作为其他测点观测值的修正依据,这可以在一定程度上抵消由于测站不稳定、大气折光以及气象条件对观测结果的影响。观测数据以 ASCII 码文件形式输出,数据记录内容包括:循环号、测点号、点的 X 坐标、Y 坐标、Z 高程、观测日期和测量时间。按时间顺序列表,并显示、打印各测点的变形量值图。

工作人员从 1999 年 8 月 5 日 14:00~8 月 6 日 14:30,对大桥主梁进行了 148 个循环的连续监测。监测结束后得到了一系列的数据和图表,反映出主桥在一昼夜之间,在各种荷载及温度变化下的变形情况(图 11.14)。

观测结果显示:白天因气温较高(36 ℃),桥的拉索伸长,跨中点的高程 Z 比夜间(25 ℃)低 10 cm。主桥的纵向(Y)长度,白天比夜间延伸 6 cm。又因白天大桥交通繁忙,车流量大,反映主桥挠度变化的曲线波动也比夜间明显,可以将波幅与车流量统计联系起来研究等。

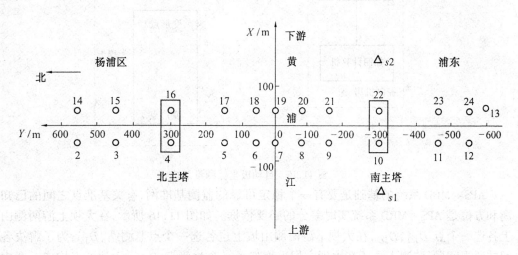

图 11.14 杨浦大桥变形观测点位分布图
△—测站;○—观测点

可以看出,使用这套 TCA + APSWin 仪器在中国国内首次对跨度如此之大的大桥进行的自动监测是非常成功的。

11.4.2 新疆三屯河水库大坝外部变形监测

三屯河水库位于新疆昌吉市以南 32 km 处,距乌鲁木齐市约 70 km,位于天山山脉北侧,主坝轴线为南北走向,地理位置为:经度 86°57′,纬度 43°46′,海拔高程 1 000 m。

三屯河水库是一座以灌溉为主,结合防洪、发电等综合功能的中小型山区拦河水库。水库主坝为 100 # 细石砼浆石重力坝,最大坝高 52 m,大坝总长 274 m,其中主坝长 144 m。正常蓄水位 1 031 m,相应库容 2 600 万 m²;设计蓄水位 1 035 m,相应库容 3355 万 m²。1971 年"民办"上马,1976 年,以"民办公助"形式正式开始水库工程修建。1986 年水库基本建成,1987 年投入运行。

水库投入运行后,即表现出大坝抗滑稳定系数小于规范值、坝体和坝肩渗漏严重、没有大坝变形监测手段等病险隐患。1992年,水利部批准大坝的加固除险立项项目。经充分调研,有关部门决定,大坝外部变形监测采用徕卡仪器+自动极坐标实时差分软件监测系统(APS+MRD)进行。

APS+MRD变形监测系统构成如图11.15所示。

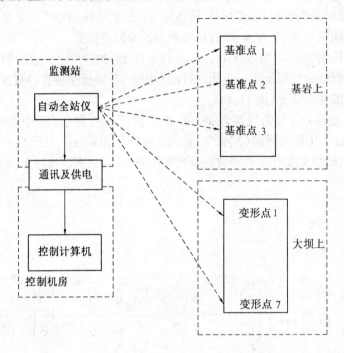

图11.15　自动极坐标测量系统

APS+MRD系统的基础是要有一个稳定可靠的监测基准网,有关基准点之间的已知距离和方位是APS+MRD系统实时差分的必要依据。如图11.16所示,在大坝上游两侧山坡上各选一个点D_{JZ1}、D_{JZ2},在大坝下游两侧山坡上也各选一个点监测站、D_{JZ3};为了解决各点间的通视问题,监测人员还在大坝主坝上增选了一个过渡点D_{GD}。上述5点构成一个中点多边形,该多边形覆盖了整个坝区,范围约为120 m×320 m。

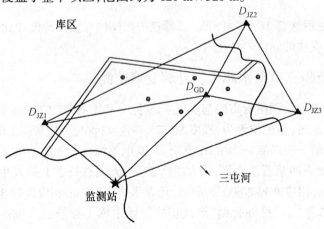

图11.16　三屯河水库大坝变形监测点位分布图

徕卡 TCA2003 是当今世界上测量精度最高的全站仪之一,标称测角精度为 ±0.5″,测距精度为 $\pm(1+D\times10^{-6})$mm,自动目标识辨测量在 200 m 距离内优于 ±1 mm。自动极坐标监测系统以 D_{JZ1}、D_{JZ2}、D_{JZ3} 三个基准点,按多重差分的原理测量大坝上 7 个变形点的三维坐标。

三屯河水库大坝变形监测系统于 1999 年 11 月 8 日开始运行,根据系统采集 7 d 及 1 个月的测量数据计算分析,三维坐标测量中误差都达到了比较高的精度。

思考题与习题

1. 简述全站仪的基本构造。
2. 全站仪有哪些基本功能?
3. 全站仪数字化测图与平板仪测图比较有哪些优点?

第 12 章 全球定位系统

全球定位系统(Global Positioning System—GPS)是美国从 20 世纪 70 年代开始研制,于 1994 年全面建成的新一代全球卫星导航与定位系统,具有海、陆、空全方位实时三维导航与定位的能力。GPS 以其全天候、自动化、高效率、高精度等显著特点,广泛地应用于测绘、导航和地球动力学等相关领域,为测绘科学的发展提供了广阔的空间,给测绘科学带来了革命性的变化。

12.1 全球定位系统的组成

全球定位系统(GPS)的组成包括三部分:空间部分——GPS 卫星星座;地面控制部分——GPS 地面监控系统;用户设备部分——GPS 接收机。

12.1.1 GPS 卫星星座

1. GPS 卫星星座

GPS 空间卫星星座如图 12.1 所示,在轨卫星数为 21+3,其中 3 颗为备用卫星。24 颗卫星平均分布在 6 个轨道上。各卫星轨道面相对于地球赤道面的倾角为 55°,轨道平均高度为 20 200 km,卫星运行周期为 11 h 58 min,对地面观测者来说,每天将提前 4 min 观测到同一颗卫星,卫星可见时间为 5 h。地球表面上任何地点,在地平线以上同时可以观测到最少 4 颗卫星,最多 11 颗卫星。在 GPS 卫星导航定位时,为了解算测站点的三维坐标,就必须同时观测到 4 颗卫星,这 4 颗卫星在观测期间的分布位置,对定位精度有一定的影响。

2. GPS 卫星构造

GPS 卫星的主体为圆柱形,其直径约为 1.5 m,质量约为 774 kg,两侧设有太阳能电池板,可自动对日定向,为卫星正常工作提供电能。GPS 卫星的构造如图 12.2 所示。每颗 GPS 卫星上装有 2 台铷原子钟和 2 台铯原子钟,由其中一台原子钟发射标准频率信号,为 GPS 定位提供高精度的时间标准。

3. GPS 卫星信号

GPS 卫星信号是 GPS 卫星向广大用户发送的用于导航定位的调制波,其中包括有:载波、测距码和数据码。这些信号分量都是由基本频率 $f_0 = 10.23$ MHz 控制下产生的。

GPS 卫星信号使用 L 波段的两种载波频率:

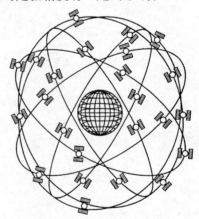

图 12.1 GPS 卫星星座

L_1 载波频率 $f_{L_1}/\text{MHz} = 154 \times f_0 = 1\,575.42$,其波长 $\lambda_{L_1}/\text{cm} = 19.031$。

L_2 载波频率 $f_{L_2}/\text{MHz} = 120 \times f_0 = 1\,227.60$,其波长 $\lambda_{L_2}/\text{cm} = 24.420$。

在 L_1 载波上调制有 C/A 码、P 码和数据码,在 L_2 载波上调制有 P 码和数据码。

4. GPS 卫星的基本功能

(1)用 L_1、L_2 两个波段(19 cm 和 24 cm 波段)无线载波向用户接收机连续发送导航定位信号。每个载波都由导航电文信息和伪随机码(PRN)测距信息调制而成,由导航电文可知该卫星当前的位置和工作情况。伪随机码分为用于粗略定位的测距码——C/A 码和用于精密定位的测距码——P 码;

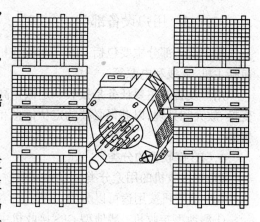

图 12.2 GPS 卫星构造示意图

(2)接收地面注入站发来的导航信息;

(3)接收地面主控站经由注入站发来的控制指令,适时改正运行偏差和启用备用卫星;

(4)向用户发送导航定位信息;

(5)通过星载高精度铷原子钟和铯原子钟提供精密的时间标准。

12.1.2 地面监控部分

GPS 地面监控部分主要由分布在全球的 5 个地面站组成,包括 1 个主控站,3 个注入站和 5 个监控站。

1. 主控站

主控站位于美国科罗拉多州,主要任务是:

(1)收集、处理本站和各监控站收到的全部信息,编算出各 GPS 卫星的星历、卫星钟差和大气层的修正参数等,并把这些数据传送到注入站;

(2)提供全球定位系统的时间标准,测出各监控站和各 GPS 卫星与主控站的原子钟之差,将这些钟差信息编入导航电文,传送到注入站;

(3)调整卫星的轨道偏离,使其沿预定轨道运行;

(4)调度备用卫星代替失效的卫星。

2. 注入站

注入站有 3 个,分别位于南太平洋的卡瓦加兰、南大西洋的阿松森群岛和印度洋的迭哥伽西亚,其主要任务是将主控站发来的卫星星历、钟差、导航电文及其他控制指令注入到相应 GPS 卫星的存储器。

3. 监控站

监控站除位于主控站和注入站的 4 个站之外,还在夏威夷设立了一个监控站。监控站的主要任务就是用双频 GPS 接收机,对每颗可见卫星进行连续观测,采集观测数据和监测每颗可见卫星的工作状态,并采集气象要素数据。上述数据经由计算机初步处理、存储,并传送到主控站,用于确定卫星的轨道。

12.1.3 用户设备部分

用户设备部分主要包括 GPS 信号接收机的硬件和数据处理软件。GPS 信号接收机硬件包括主机、天线和电源等。

用户设备的主要任务是接收一定截止高度角的可见 GPS 卫星信号,并对 GPS 信号进行变换、放大和处理,以获得必要的定位信息和观测数据,经处理计算出测站点的三维坐标位置。

1. GPS 接收机的分类

(1) 按接收机的用途分类。

GPS 接收机按用途可以分为:

①测地型接收机:测地型 GPS 接收机主要用于精密大地测量、精密工程测量、变形观测和地球动力学研究等领域,测地型接收机主要采用载波相位观测值进行相对定位,特点是定位精度高。

②导航型接收机:导航型 GPS 接收机主要用于运动载体的导航定位,可实时测出运动载体的位置和速度。导航型 GPS 接收机通常采用 C/A 码伪距测量,实时单点定位精度较低。导航型接收机按照运动载体的不同,又可分为:车载型——用于车辆导航定位;航海型——用于船舶导航定位;机载型——用于飞行器导航定位;星载型——用于卫星导航定位。

(2) 按接收机的载波频率分类。

①双频接收机:双频 GPS 接收机可以同时接收到 L_1、L_2 载波信号。由于 L_1、L_2 载波对电离层延迟不同,可以有效地消除电离层对电磁波信号延迟的影响,可用于长基线(几千公里)精密定位。

②单频接收机:单频 GPS 接收机只能接收到 L_1 载波信号,不能有效地消除电离层对电磁波信号延迟影响。一般只适用于短基线(小于 15 km)精密定位。

2. GPS 接收机的组成

GPS 接收机主要由 GPS 接收机天线、GPS 接收机主机和电源三部分组成。

(1) GPS 接收机天线。GPS 接收机天线由接收机天线和前置放大器两部分组成,通常这两部分是结合在一起的。天线的主要作用是接收来自 GPS 卫星的极微弱的电磁波信号,并将电磁波信号转化为电信号。前置放大器的作用是将电信号予以放大,以便接收机对 GPS 卫星信号进行跟踪、处理和量测。

(2) GPS 接收机主机。GPS 接收机主机主要由信号通道、微处理器、存储器和显示器组成。

信号通道:信号通道是 GPS 接收机的核心部分,其主要作用是跟踪、处理和量测各卫星信号,以获得定位所需要的数据和信号。信号通道主要由硬件和相应的软件共同组成,共同完成对卫星信号的跟踪和处理。信号通道越多,则每个通道就都可以连续地跟踪一个卫星信号,即通道越多,同步连续观测的卫星数就越多。因此,可以连续地对卫星信号的测距码和载波相位进行量测。有利于快速进行测量定位。

存储器:GPS 接收机内均设有存储器,以保存卫星星历、测码伪距观测值和载波相位观测值等。同时,存储器内还安装有多种工作软件:自检测试软件、卫星预报软件、卫星导航电文解码软件和绝对定位(单点定位)软件等。

微处理器：GPS 接收机的主要工作都是由微处理器来完成的。在微处理器的控制下，GPS 接收机可完成以下工作：GPS 接收机自检；接收并保存用户输入信息，如测站名、测站号、天线高和气象参数等；对卫星进行搜索、捕捉卫星，并对捕捉到的卫星进行跟踪和量测，计算测站点的概略坐标；根据卫星星历和测站点的坐标，计算并预报各卫星的观测时间等；对于导航型接收机，可实时计算出相应导航定位信息。

显示器：显示器主要用于显示接收机的工作状态和定位信息。

(3)电源。GPS 接收机电源用于为接收机提供电能，分内置电源和外接电源两种。

12.2 坐标系统和时间系统

12.2.1 坐标系统

1. 大地坐标系

在大地测量中，地面点的位置常用大地坐标系中的大地坐标表示。大地坐标系通常用一个旋转椭球面(参考椭球面)来建立，该旋转椭球面是一长半轴为 a、短半轴为 b 的椭圆，以短轴为旋转轴，经旋转而成的椭球面。要求椭球的中心与地球的质心重合，椭球的短轴与地球的自转轴重合。在大地坐标系中，采用大地坐标(大地纬度 B、大地经度 L 和大地高程 H)来表示地面点的位置，如图 12.3 所示。

大地纬度 B——过地面点 P 的椭球面法线与椭球赤道面的夹角。

大地经度 L——过地面点 P 的椭球子午面与格林威治平大地子午面之间的夹角。

大地高程 H——地面点 P 沿椭球面法线到椭球面的距离。

2. 空间直角坐标系

空间直角坐标系定义为：坐标系的原点 O 与地球的质心重合，Z 轴指向地球的北极，X 轴指向格林威治平大地子午面与地球赤道面的交点 E，Y 轴垂直于 XOZ 平面，且构成右手直角坐标系。在空间直角坐标系中，地面点的位置采用三维空间直角坐标 (X,Y,Z) 表示，如图 12.3 所示。

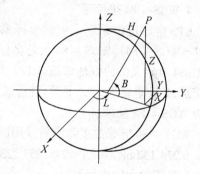

图 12.3 大地坐标系与空间直角坐标系

3. 高斯平面直角坐标系

在各种比例尺地形图测绘和工程测量中，都是以平面为基础进行相应的测量工作。而地面控制点的大地坐标 (B,L) 不能直接用于平面控制测量。因此，必须将控制点的大地坐标 (B,L) 按一定的投影要求投影到平面上，用平面直角坐标 (x,y) 表示。

设地面点在椭球面上的大地坐标为 (B,L)，在平面直角坐标系中的平面直角坐标为 (x,y)，则两者之间的关系为

$$\begin{cases} x = F_1(B,L,a,b) \\ y = F_2(B,L,a,b) \end{cases} \tag{12.1}$$

其中，F_1,F_2 为投影函数。根据投影要求的不同，F_1,F_2 有不同的数学函数形式，从而得到不同的平面直角坐标系。

高斯投影是众多地图投影形式中的一种，是一种横轴、椭圆柱面、等角投影。投影时，椭圆柱面与地球椭球在经度为 L_0 的某一子午线处相切，这条子午线称为投影的中央子午线。中央子午线投影到平面上是一条直线，定义为高斯平面直角坐标系的 x 轴（纵轴），椭球赤道线投影到平面上也是一条直线，且与 x 轴正交，定义为高斯平面直角坐标系的 y 轴（横轴），交点定义为高斯平面直角坐标系的原点 O，而建立的坐标系称为高斯－克吕格平面直角坐标系，简称高斯平面直角坐标系。

由于地球椭球面是一个不可展的曲面，即不能毫不变形地将其展开成为一个平面。也就是说，无论如何选择投影函数 F_1,F_2 进行投影，椭球面上的元素投影到平面上，都会产生一定的变形。

高斯投影对投影函数 F_1,F_2 提出以下三方面要求：

(1) 椭球面上的角度投影到平面上保持不变，即等角投影；

(2) 中央子午线投影到平面上是一条直线，并且是投影点的对称轴；

(3) 中央子午线投影到平面上，其长度不变。

根据上述三条要求，高斯-克吕格确定了投影函数 F_1,F_2 的形式。但在投影时只能保证中央子午线投影长度不变。除此之外，都将发生长度变形，而且离中央子午线越远，其长度变形越大。为了限制这种长度变形的程度，高斯-克吕格采用分带投影的方法，即取中央子午线两侧各 3° 的 6° 带投影和两侧各 1.5° 的 3° 带投影。

4. WGS－84 坐标系

GPS 全球定位系统采用的坐标系是 1984 年世界大地坐标系统（World Geodetic System 1984—WGS－84）。WGS－84 大地坐标系的几何定义是：原点 O 位于地球的质心，Z 轴指向 BIH1984.0 定义的协议地球极（CTP）方向，X 轴指向 BIH1984.0 的零子午面和协议地球赤道的交点，Y 轴垂直于 XOZ 平面，且构成右手坐标系。与 WGS－84 大地坐标系对应的地球椭球称为 WGS－84 椭球。

WGS－84 椭球的主要参数采用国际大地测量和地球物理联合会第 17 届年会推荐值：$a = 6\ 378\ 137\ \text{m},\alpha = 1:298.257\ 223\ 563$。

5. 我国的大地坐标系

目前，我国采用的国家大地坐标系有 1954 年北京坐标系和 1980 年国家大地坐标系。

(1) 1954 年北京坐标系。1954 年北京坐标系采用前苏联克拉索夫斯基椭球元素：$a = 6\ 378\ 245\ \text{m},\alpha = 1:298.3$，并与前苏联 1942 年普尔科沃坐标系进行联测，通过计算建立的我国大地坐标系——1954 年北京坐标系。两者之间在大地原点和椭球参数上是一致的，但高程系统是有区别的，我国的高程系统是以 1956 年青岛验潮站计算出的黄海平均海水面作为高程基准面（大地水准面）。

(2) 1980 年国家大地坐标系。1980 年国家大地坐标系采用了新的椭球参数和新的大地原点，大地原点设在我国中部，位于陕西省泾阳县永乐镇。椭球参数采用 1975 年国际大地测量与地球物理联合会第十六届年会推荐值：$a = 6\ 378\ 140\ \text{m},\alpha = 1:298.257$。

1980 年国家大地坐标系定义为：原点位于参考椭球的中心，而非地球质心，椭球短轴平行于由地球地心指向 1968.0 地极原点的方向，大地起始子午面平行于格林威治平均子午面,X轴在大地起始子午面内与Z轴垂直,指向经度$0°$方向,Y轴与Z、X轴构成右手坐标系。

12.2.2 GPS时间系统

在GPS卫星定位中,时间具有重要的意义。GPS作为运动的观测目标,其位置在不断地迅速变化。因此,地面跟踪站在进行卫星轨道定轨时,在给出GPS卫星位置的同时,必须给出相应的时刻。地面接收机在进行定位测量时,由接收机接收、处理GPS卫星发射的卫星信号,为确保定位精度,必须精确测定接收机至观测卫星之间信号的传播时间。按光速乘以时间计算出观测时刻接收机到卫星之间的距离,同时按距离交会的方法,确定接收机的位置。

为得到高精度的测量定位结果,必须有一个高精度的时间系统,保证时间测量精度,从而提高测量定位结果精度。

GPS时间系统规定有时间单位和时间原点(起始历元)。有了原点和时间单位,就惟一确定了时刻和时间间隔的意义。时刻是指发生某一现象的瞬间。在GPS卫星定位中,时刻又称为历元。GPS卫星发射卫星信号的时刻,称为发射历元。接收机接收卫星信号的时刻,称为观测历元。时间间隔是指发生某一现象所经历的过程,是指这一过程起始和结束时刻之差。因此,时刻测量又称为绝对时间测量。时间间隔测量又称为相对时间测量。

为满足精密导航和测量定位的需要,GPS全球定位系统建立了专用的GPS时间系统。该系统由地面主控站的原子钟控制。在GPS时间系统中,时间单位秒常以国际秒(SI)的时间单位为准。原点定义为1980年1月6日0时。

12.3 GPS卫星定位的基本原理

在GPS卫星定位系统中,地面控制站时钟、卫星时钟和接收机时钟均采用稳定而连续的GPS时间系统。并要求各监控站时钟、各卫星时钟和各接收机时钟都应与主控站铯原子钟保持一致。各卫星时钟的钟差由主控站对卫星钟运行状态进行连续监测,精确地确定,并以二阶多项式的形式通过卫星导航电文提供给用户。

12.3.1 概述

GPS卫星定位原理是利用距离交会的原理确定点的位置,即在地面未知点安置GPS卫星接收机,在某一时刻同时接收3颗以上空间位置已知的GPS卫星发射的测距信号,测量出测站点(GPS接收机天线中心)至3颗以上GPS卫星的距离,同时从卫星导航电文中解算出该时刻各卫星的空间坐标,利用距离交会原理解算出测站点的坐标。如图12.4所示,设某一时刻t,在测站点P处,用GPS接收机同时测得测站点P至3颗卫星S^1、S^2、S^3的距离ρ_1、ρ_2、ρ_3,根据接收到的各卫星的导航电文解算出该时刻各卫星的三维坐标(X^j, Y^j, Z^j),$j=1,2,3$,则可建立的观测方程为

$$\rho_1^2 = (X^1 - X)^2 + (Y^1 - Y)^2 + (Z^1 - Z)^2$$
$$\rho_2^2 = (X^2 - X)^2 + (Y^2 - Y)^2 + (Z^2 - Z)^2 \qquad (12.2)$$
$$\rho_3^2 = (X^3 - X)^2 + (Y^3 - Y)^2 + (Z^3 - Z)^2$$

经解算,得出测站点P的三维坐标(X, Y, Z)。

在 GPS 卫星定位中，按测距方式的不同，GPS 卫星定位原理和方法主要分为伪距测量定位、载波相位测量定位和差分 GPS 定位等。按接收机状态的不同，又可分为静态定位和动态定位两种。静态定位是指待定点静止不动，GPS 接收机安置其上，连续观测数分钟或更长时间，以确定待定点的三维坐标，又称为绝对定位。若同时用两台 GPS 接收机分别安置在两个固定点上，连续观测一定时间，则可确定两点之间的相对位置（三维坐标差 $\Delta X, \Delta Y, \Delta Z$），称为相对定位。动态

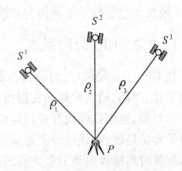

图 12.4 GPS 卫星定位原理

定位是指至少有一台 GPS 接收机是处于运动状态下所测定的各观测时刻运动中的 GPS 接收机的位置（绝对位置或相对位置）。

在 GPS 卫星定位中，存在卫星的轨道误差、卫星钟差、接收机钟差，以及对流层和电离层对卫星信号的折射和延迟误差。为减弱上述误差对卫星定位的影响，通常采用相对定位方法，并对载波相位观测值进行求差，得到差分观测值，以求得两点之间高精度的基线向量（三维坐标差 $\Delta X, \Delta Y, \Delta Z$）。最后由数据处理软件经平差计算得出各点的三维坐标。

12.3.2 伪距测量

伪距法定位是由 GPS 接收机在某一时刻，测定其到 4 颗以上位置已知的 GPS 卫星之间的伪距，采用距离交会法解算出 GPS 接收机天线所在点的三维坐标。

伪距是指光速与 GPS 卫星发射的测距码信号传播到 GPS 接收机所用时间的乘积。GPS 接收机实测距离 ρ' 中含有卫星钟差、接收机钟差，以及对流层和电离层对卫星信号的折射和延迟误差的影响。因此，实测距离 ρ' 与卫星到 GPS 接收机之间的几何距离 ρ 存在一个差值，通常称实测距离 ρ' 为伪距。用伪距法定位精度较低，但定位速度快，是 GPS 导航定位的基本方法。

设 GPS 卫星 j 在 GPS 标准时间下的发射历元 T^j 发出一测距码，此时卫星钟面时间为 t^j，经过 GPS 标准时间间隔 $\Delta\tau$ 后，于 GPS 标准时间下的观测历元 T_k 传播到接收机 k，此时接收机钟面时间为 t_k。实测时间延迟为 $\Delta\tau' = t_k - t^j$，该时间延迟 $\Delta\tau'$ 就是 GPS 卫星信号从卫星传播到接收机的实际所用时间。因此，卫星到接收机之间的伪距 $\rho' = c\Delta\tau'$。而 GPS 卫星信号从卫星传播到接收机的所用标准时间为 $\Delta\tau = T_k - T^j$，则卫星到接收机之间的几何距离为 $\rho = c\Delta\tau$。

设 GPS 卫星 j 钟差为 δt^j，接收机 k 钟差为 δt_k，则有

$$t^j = T^j + \delta t^j$$
$$t_k = T_k + \delta t_k$$
$$\Delta\tau' = t_k - t^j = (T_k + \delta t_k) - (T^j + \delta t^j) = \Delta\tau + \Delta t$$

其中，$\Delta t = \delta t_k - \delta t^j$。

将上式两边同时乘以光速 c，可得伪距 ρ' 与卫星到 GPS 接收机之间的几何距离 ρ 的关系，即

$$\rho' = \rho + c\Delta t$$

则 $\rho = \rho' - c\Delta t$。

若顾及对流层和电离层对卫星信号的折射和延迟误差的影响,则上式可写为

$$\rho = \rho' + \delta\rho_1 + \delta\rho_2 - c(\delta t_k - \delta t^j) = \rho' + \delta\rho_1 + \delta\rho_2 - c\delta t_k + c\delta t^j \tag{12.3}$$

式中 $\delta\rho_1$——对流层折射影响;

$\delta\rho_2$——电离层延迟影响。

$\delta\rho_1$、$\delta\rho_2$ 可按一定的模型进行计算,卫星钟差 δt^j 可从卫星导航电文中获得。

卫星到 GPS 接收机之间的几何距离 ρ 与卫星位置 (X^j, Y^j, Z^j) 和接收机位置 (X, Y, Z) 之间的关系为

$$\rho = \sqrt{(X^j - X)^2 + (Y^j - Y)^2 + (Z^j - Z)^2}$$

将接收机钟差 δt_k 作为未知数,则式(12.3)可改写为

$$\sqrt{(X^j - X)^2 + (Y^j - Y)^2 + (Z^j - Z)^2} + c\delta t_k = \rho' + \delta\rho_1 + \delta\rho_2 + c\delta t^j \tag{12.4}$$

式(12.4)中共有 4 个未知数。因此,至少要观测 4 颗卫星才能解算。

12.3.3 载波相位测量

伪距测量是 GPS 全球定位系统的基本测量方法,但由于测距码的码元较长,测量定位精度较低。一般情况下,C/A 码测距精度约为 3 m,P 码测距精度约为 0.3 m。因此,无法满足高精度测量定位的要求。

如同测距仪的工作原理一样,采用载波作为 GPS 测距信号,可提高距离测量的精度。在 GPS 定位系统中,载波信号的频率为:L_1 载波频率 $f_{L_1} = 1\ 575.42$ MHz,L_2 载波频率 $f_{L_2} = 1\ 227.60$ MHz,相应波长为 $\lambda_{L_1} = 19.032$ cm,$\lambda_{L_2} = 24.420$ cm。利用载波相位测量,其精度可达到 1 ~ 2 mm。

载波相位测量的观测值是 GPS 接收机所接收的来自 GPS 卫星的载波信号与接收机的参考信号的相位差。

设 GPS 卫星 j 在 GPS 标准时间下的发射历元 T^j 发出一载波信号,其相位为 $\varphi^j(T^j)$,经过 GPS 标准时间 $\Delta\tau_k^j$ 后,于 GPS 标准时间下的观测历元 T_k 传播到接收机 k,接收机 k 在 GPS 标准时间下的观测历元 T_k 时参考信号的相位为 $\varphi_k(T_k)$,则相位差为

$$\Phi_k^j(T) = \varphi_k(T_k) - \varphi^j(T^j) \tag{12.5}$$

相应时间延迟 $\Delta\tau_k^j = T_k - T^j$。

对于一个稳定性好的振荡器,其相位与频率的关系为

$$\varphi(t + \Delta t) = \varphi(t) + f\Delta t$$

式中,f 为信号频率,Δt 为一微小的时间间隔。

若设卫星发射的载波信号与接收机参考信号的频率相同,用 f 表示,则

$$\Phi_k^j(T) = \varphi_k(T_k) - \varphi^j(T^j) = f\Delta\tau_k^j \tag{12.6}$$

$\Delta\tau_k^j$ 是在 GPS 标准时间下,卫星信号的传播时间,与卫星信号发射的标准历元 T^j 和接收机接收该信号的标准历元 T_k 有关。由于卫星信号发射的标准历元 T^j 是未知数,则 $\Delta\tau_k^j$ 可按下述方法计算。

设卫星与接收机之间的几何距离为 $\rho_k^j(T_k, T^j)$,是 T_k 和 T^j 的函数。若忽略大气折射影响,则

$$\Delta \tau_k^j = \rho_k^j(T_k, T^j)/c \tag{12.7}$$

因为 T^j 是未知数,但可用 $\Delta \tau_k^j$ 来表示: $T^j = T_k - \Delta \tau_k^j$,所以式(12.7)可按级数展开,并略去二次项,结果为

$$\Delta \tau_k^j = \frac{1}{c}\rho_k^j(T_k) - \frac{1}{c}\dot\rho_k^j(T_k)\Delta \tau_k^j$$

由于接收机观测历元 t_k 与标准历元 T_k 之间存在一个接收机钟差,即 $T_k = t_k - \delta t_k$,可将上式改写为

$$\Delta \tau_k^j = \frac{1}{c}\rho_k^j(t_k) - \frac{1}{c}\dot\rho_k^j(t_k)\delta t_k - \frac{1}{c}\dot\rho_k^j(t_k)\Delta \tau_k^j$$

取 $\Delta \tau_k^j = \frac{1}{c}\rho_k^j(t_k)$ 进行一次迭代计算得

$$\Delta \tau_k^j = \frac{1}{c}\rho_k^j(t_k)[1 - \frac{1}{c}\dot\rho_k^j(t_k)] - \frac{1}{c}\dot\rho_k^j(t_k)\delta t_k \tag{12.8}$$

若顾及对流层和电离层对卫星信号的折射和延迟误差的影响,则卫星载波信号的传播时间为

$$\Delta \tau_k^j = \frac{1}{c}\rho_k^j(t_k)[1 - \frac{1}{c}\dot\rho_k^j(t_k)] - \frac{1}{c}\dot\rho_k^j(t_k)\delta t_k + \frac{1}{c}\delta\rho_1 + \frac{1}{c}\delta\rho_2 \tag{12.9}$$

因为卫星时钟和接收机时钟都存在钟差,而且不同卫星、不同接收机,其钟差又各不相同。所以,在计算卫星发射载波信号的相位 $\varphi^j(t^j)$ 与接收机参考信号的相位 $\varphi_k(t_k)$ 之差时,应考虑到卫星钟差 δt^j 和接收机钟差 δt_k 的影响,则式(12.6)应改写为

$$\Phi_k^j(T) = f\Delta \tau_k^j + f\delta t_k - f\delta t^j \tag{12.10}$$

将式(12.9)代入式(12.10),则得到接收机在观测历元 t_k 的相位差为

$$\Phi_k^j(t_k) = \frac{f}{c}\rho_k^j(t_k)[1 - \frac{1}{c}\dot\rho_k^j(t_k)] + f[1 - \frac{1}{c}\dot\rho_k^j(t_k)]\delta t_k + f\delta t^j + \frac{f}{c}\delta\rho_1 + \frac{f}{c}\delta\rho_2 \tag{12.11}$$

在实际测量时,由于只能测量出观测历元 t_k 的接收机参考信号与接收到的卫星载波信号的相位差,是一个不足整周的小数部分 $\delta\varphi_k^j(t_k)$。因此,必须知道观测历元 t_k 相位差的整周数 $N_k^j(t_k)$,才能得到总的相位差,即

$$\Phi_k^j(t_k) = N_k^j(t_k) + \delta\varphi_k^j(t_k) \tag{12.12}$$

如图12.5所示,对于起始观测历元 t_0,有相应的整周数 $N_k^j(t_0)$ 和相位差的小数部分 $\delta\varphi_k^j(t_0)$,则观测历元 t_0 的总相位差为

$$\Phi_k^j(t_0) = N_k^j(t_0) + \delta\varphi_k^j(t_0) \tag{12.13}$$

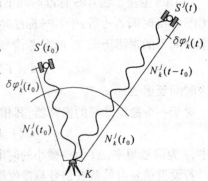

图12.5 载波相位测量原理

当接收机在起始观测历元 t_0 跟踪锁定卫星 j 后,接收机开始自动连续计数载波相位的整周数。至观测历元 t 时,整周数计数为 $N_k^j(t-t_0)$,相位差的小数部分 $\delta\varphi_k^j(t)$,则观测历元 t 的总相位差为

$$\Phi_k^j(t) = N_k^j(t_0) + N_k^j(t-t_0) + \delta\varphi_k^j(t) \tag{12.14}$$

在观测历元 t，载波相位的实际观测值 $\varphi_k^j(t)$ 为

$$\varphi_k^j(t) = N_k^j(t-t_0) + \delta\varphi_k^j(t)$$

则 $\Phi_k^j(t) = N_k^j(t_0) + \varphi_k^j(t)$，或

$$\varphi_k^j(t) = \Phi_k^j(t) - N_k^j(t_0) \tag{12.15}$$

在观测历元 t_0 至 t 期间，只要跟踪的卫星不失锁，$N_k^j(t_0)$ 就是一个常数，且只与起始观测历元 t_0 有关。将式(12.11)代入式(12.15)，可得载波相位的观测方程，即

$$\varphi_k^j(t) = \frac{f}{c}\rho_k^j(t)[1-\frac{1}{c}\dot{\rho}_k^j(t)] + f[1-\frac{1}{c}\dot{\rho}_k^j(t)]\delta t_k(t) - f\delta t^j(t) -$$

$$N_k^j(t_0) + \frac{f}{c}\delta\rho_1 + \frac{f}{c}\delta\rho_2 \tag{12.16}$$

用 $f/c = 1/\lambda$ 代入式(12.16)，经整理得出测相伪距的观测方程为

$$\lambda\varphi_k^j(t) = \rho_k^j(t)[1-\frac{1}{c}\dot{\rho}_k^j(t)] + c[1-\frac{1}{c}\dot{\rho}_k^j(t)]\delta t_k(t) - c\delta t^j(t) -$$

$$\lambda N_k^j(t_0) + \delta\rho_1 + \delta\rho_2 \tag{12.17}$$

在相对定位中，式(12.16)、(12.17)可进一步简化为

$$\varphi_k^j(t) = \frac{f}{c}\rho_k^j(t) + f\delta t_k(t) - f\delta t^j(t) - N_k^j(t_0) + \frac{f}{c}\delta\rho_1 + \frac{f}{c}\delta\rho_2 \tag{12.18}$$

$$\lambda\varphi_k^j(t) = \rho_k^j(t) + c\delta t_k(t) - c\delta t^j(t) - \lambda N_k^j(t_0) + \delta\rho_1 + \delta\rho_2 \tag{12.19}$$

式(12.18)为 GPS 载波相位观测方程的基本形式，式(12.19)为 GPS 测相伪距观测方程的基本形式。

12.4 GPS 绝对定位和相对定位

GPS 绝对定位又称为单点定位，就是 GPS 接收机在相同的观测历元内，同步观测 4 颗以上的公共卫星，利用接收机所测伪距，直接确定接收机天线中心在 WGS-84 坐标系中的坐标。绝对定位依据接收机的状态又分为静态绝对定位和动态绝对定位。动态绝对定位一般精度较低，为 10~40 m，只能用于导航定位。

GPS 相对定位又称为差分 GPS 定位，是用两台（或两台以上）GPS 接收机同步观测 4 颗以上的公共卫星，以确定各接收机之间的相对位置（三维坐标差）。由于在相对定位中可消除或减弱卫星轨道误差、卫星钟差、对流层和电离层对卫星信号的折射和延迟误差的影响，是 GPS 卫星定位中精度最高的方法，得到广泛应用。

12.4.1 静态绝对定位

静态绝对定位是指接收机天线处于静止状态，对所有可见卫星进行同步连续观测，测定接收机天线与各卫星之间的伪距观测值，通过数据处理，计算出测站点的绝对坐标。

静态绝对定位采用伪距测量方法，以伪距为观测值。用多个历元对 4 颗以上卫星进行同步观测，按式(12.4)组成伪距观测方程，即

$$\sqrt{(X^j-X)^2 + (Y^j-Y)^2 + (Z^j-Z)^2} + c\delta t_k = \rho^{\prime j} + \delta\rho_1 + \delta\rho_2 + c\delta t^j$$

设

$$\begin{bmatrix} X \\ Y \\ Z \end{bmatrix} = \begin{bmatrix} X_0 \\ Y_0 \\ Z_0 \end{bmatrix} + \begin{bmatrix} \delta x \\ \delta y \\ \delta z \end{bmatrix} \qquad (12.20)$$

将上式线性化,令

$$\begin{cases} l^j = (\dfrac{\mathrm{d}\rho}{\mathrm{d}X})_{X_0} = \dfrac{X^j - X_0}{\rho_0^j} \\ m^j = (\dfrac{\mathrm{d}\rho}{\mathrm{d}Y})_{Y_0} = \dfrac{Y^j - Y_0}{\rho_0^j} \\ n^j = (\dfrac{\mathrm{d}\rho}{\mathrm{d}Z})_{Z_0} = \dfrac{Z^j - Z_0}{\rho_0^j} \end{cases} \qquad (12.21)$$

其中 $\rho_0^j = \sqrt{(X^j - X_0)^2 + (Y^j - Y_0)^2 + (Z^j - Z_0)^2}$

则伪距观测方程的线性化形式为

$$\rho_0^j - \begin{bmatrix} l^j & m^j & n^j \end{bmatrix} \begin{bmatrix} \delta x \\ \delta y \\ \delta z \end{bmatrix} + c\delta t_k = \rho'^j + \delta\rho_1 + \delta\rho_2 + c\delta t^j \qquad (12.22)$$

对于任一历元 t_i,接收机同步观测 4 颗以上卫星 $j = 1,2,\cdots,r$,则组成一组观测值的误差方程为

$$\begin{bmatrix} v^1 \\ v^2 \\ \vdots \\ v^r \end{bmatrix} = \begin{bmatrix} l^1 & m^1 & n^1 & -1 \\ l^2 & m^2 & n^2 & -1 \\ \vdots & \vdots & \vdots & \vdots \\ l^r & m^r & n^r & -1 \end{bmatrix} \begin{bmatrix} \delta x \\ \delta y \\ \delta z \\ \delta \rho_t \end{bmatrix} + \begin{bmatrix} \rho'^1 + \delta\rho_1^1 + \delta\rho_2^1 - c\delta t^1 - \rho_0^1 \\ \rho'^2 + \delta\rho_1^2 + \delta\rho_2^2 - c\delta t^2 - \rho_0^2 \\ \vdots \\ \rho'^r + \delta\rho_1^r + \delta\rho_2^r - c\delta t^r - \rho_0^r \end{bmatrix} \qquad (12.23)$$

其中,$\delta\rho_t = c\delta t_k$,令

$$V_i = \begin{bmatrix} v^1 & v^2 & \cdots & v^r \end{bmatrix}^{\mathrm{T}}$$

$$A_i = \begin{bmatrix} l^1 & m^1 & n^1 & -1 \\ l^2 & m^2 & n^2 & -1 \\ \vdots & \vdots & \vdots & \vdots \\ l^r & m^r & n^r & -1 \end{bmatrix}$$

$$\delta X = \begin{bmatrix} \delta x & \delta y & \delta z & \delta\rho_t \end{bmatrix}^{\mathrm{T}}$$

$$L^j = \rho'^j + \delta\rho_1^j + \delta\rho_2^j - c\delta t^j - \rho_0^j$$

$$L_i = \begin{bmatrix} L^1 & L^2 & \cdots & L^r \end{bmatrix}^{\mathrm{T}}$$

将式(12.23)用矩阵形式表示为

$$V_i = A_i \delta X + L_i$$

按最小二乘法组成法方程为

$$(A_i^{\mathrm{T}} A_i) \delta X + (A_i^{\mathrm{T}} L_i) = 0$$

解法方程得

$$\delta X = -(A_i^{\mathrm{T}} A_i)^{-1}(A_i^{\mathrm{T}} L_i)$$

观测值的中误差

$$\sigma_0 = \pm \sqrt{\dfrac{V^{\mathrm{T}} V}{r - 4}} = \pm \sqrt{\dfrac{[vv]}{r - 4}}$$

其中
$$V^T V = [vv] = (v_i^1)^2 + (v_i^2)^2 + \cdots + (v_i^r)^2$$

未知数 δX 的权系数阵为

$$Q_{XX} = (A_i^T A_i)^{-1} = \begin{bmatrix} q_{11} & q_{12} & q_{13} & q_{14} \\ q_{21} & q_{22} & q_{23} & q_{24} \\ q_{31} & q_{32} & q_{33} & q_{34} \\ q_{41} & q_{42} & q_{43} & q_{44} \end{bmatrix}$$

为评定定位结果的可靠性,更好地选择观测时间,通常定义精度因子 DOP(Dilution of Precision),也称为精度衰减因子,则精度 m 与精度因子的关系为

$$m = \text{DOP} \cdot \sigma_0$$

空间位置精度因子 PDOP(Position DOP) 及相应定位精度为

$$\text{PDOP} = \sqrt{q_{11} + q_{22} + q_{33}}$$

$$m_P = \text{PDOP} \cdot \sigma_0$$

接收机钟差因子 TDOP(Time DOP) 及相应钟差精度为

$$\text{TDOP} = \sqrt{q_{44}}$$

$$m_T = \text{TDOP} \cdot \sigma_0$$

几何精度因子 GDOP(Geometric DOP) 是用于描述空间位置误差和时间误差的综合影响的精度因子。几何精度因子和相应几何精度为

$$\text{GDOP} = \sqrt{q_{11} + q_{22} + q_{33} + q_{44}}$$

$$m_G = \text{GDOP} \cdot \sigma_0$$

在权系数阵 Q_{XX} 中,相应空间坐标未知数的权系数阵为

$$Q_x = \begin{bmatrix} q_{11} & q_{12} & q_{13} \\ q_{21} & q_{22} & q_{23} \\ q_{31} & q_{32} & q_{33} \end{bmatrix}$$

转换成大地坐标 (B, L, H) 的权系数阵为

$$Q_B = \begin{bmatrix} q'_{11} & q'_{12} & q'_{13} \\ q'_{21} & q'_{22} & q'_{23} \\ q'_{31} & q'_{32} & q'_{33} \end{bmatrix}$$

$$Q_B = R Q_x R^T$$

其中

$$R = \begin{bmatrix} -\sin B \cos L & -\sin B \sin L & \cos B \\ -\sin L & \cos L & 0 \\ \cos B \cos L & \cos B \sin L & \sin B \end{bmatrix}$$

平面精度因子 HDOP(Horizontal DOP) 及相应的平面位置精度为

$$\text{HDOP} = \sqrt{q'_{11} + q'_{22}}$$

$$m_H = \text{HDOP} \cdot \sigma_0$$

高程精度因子 VDOP(Vertical DOP) 及相应高程精度为

$$VDOP = \sqrt{q'_{33}}$$
$$m_V = VDOP \cdot \sigma_0$$

精度因子的数值与所测卫星的几何分布有关。在 GPS 定位中，所测卫星与观测站组成的几何图形，其图形强度因子可用空间位置因子 PDOP 来代表。所测卫星在空间的几何分布范围越大，空间位置因子 PDOP 的值越小，定位结果的精度越高。因此，无论是绝对定位还是相对定位，要求 PDOP 值应小于 6。在选择最佳观测时段时，应选择可观测卫星数大于 4 颗，且分布均匀，PDOP 值小于 6 的时段，作为最佳观测时段。

12.4.2 静态相对定位

GPS 相对定位也叫差分 GPS 定位，其基本原理是利用两台 GPS 接收机分别安置在待测基线的两端点处，同步观测相同的 GPS 卫星，以确定基线两端点在 WGS-84 坐标系中的相对位置或基线向量 $(\Delta X, \Delta Y, \Delta Z)$，如图 12.6 所示。如果采用多台 GPS 接收机，分别安置在若干待测基线的两端，同步观测相同的 GPS 卫星，则可确定多条基线向量 $(\Delta X, \Delta Y, \Delta Z)$。

在进行相对定位时，由于各测站 GPS 接收机同步观测相同的 GPS 卫星，则在载波相位观测值中，有关卫星轨道误差、卫星钟差、对流层和电离层对卫星信号的折射和延迟误差等，对观测值的影响具有一定的相关性。因此，可以对各观测值按一定的原则求差，来消除或减弱上述误差的影响，提高相对定位的精度。

GPS 载波相位观测值求差可以在接收机间求差；在卫星间求差；在不同的观测历元间求差；在一次差间求二次差；在二次差间求三次差。

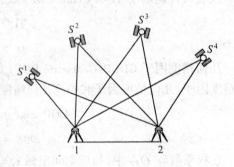

图 12.6 静态相对定位原理

1. 单差(Single Difference—SD)观测方程

单差(SD)是在不同的观测站，同步观测相同的 GPS 卫星所得载波相位观测值之间求差。

如图 12.7 所示，设两台 GPS 接收机分别安置在基线的两端点 1,2 处，在观测历元 t，观测卫星 s^j，测得载波相位观测值为 $\varphi_1^j(t), \varphi_2^j(t)$，则单差观测值为

$$SD_{12}^j(t) = \varphi_2^j(t) - \varphi_1^j(t) \quad (12.24)$$

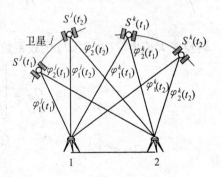

图 12.7 求差法原理图

将式(12.18)代入式(12.24)得

$$SD_{12}^j(t) = \frac{f}{c}[\rho_2^j(t) - \rho_1^j(t)] + f[\delta t_2(t) - \delta t_1(t)] - [N_2^j(t_0) - N_1^j(t_0)] + \frac{f}{c}[\delta\rho_{12}^j(t) - \delta\rho_{11}^j(t)] + \frac{f}{c}[\delta\rho_{22}^j(t) - \delta\rho_{21}^j(t)]$$

令

$$\Delta t(t) = \delta t_2(t) - \delta t_1(t)$$
$$\Delta N^j = N_2^j(t_0) - N_1^j(t_0)$$

$$\Delta\rho_1(t) = \delta\rho_{12}(t) - \delta\rho_{11}(t)$$
$$\Delta\rho_2(t) = \delta\rho_{22}(t) - \delta\rho_{21}(t)$$

则上式为

$$SD_{12}^j(t) = \frac{f}{c}[\rho_2^j(t) - \rho_1^j(t)] + f\Delta t(t) - \Delta N^j + \frac{f}{c}[\Delta\rho_1(t) + \Delta\rho_2(t)]$$

对流层和电离层产生的影响可利用模型或双频技术进行修正,则修正后的残差之差 $\Delta\rho_1(t),\Delta\rho_2(t)$ 的影响可以忽略不计,所以,单差观测方程可简写为

$$SD_{12}^j(t) = \frac{f}{c}[\rho_2^j(t) - \rho_1^j(t)] + f\Delta t(t) - \Delta N^j \tag{12.25}$$

将各观测方程线性化,列出相应误差方程,按最小二乘法组成法方程,解法方程得出待定点的坐标改正数、钟差和整周未知数。计算两点间的相对位置或基线向量。

2. 双差(Double Difference—DD)观测值的误差方程

将单差观测值对不同的卫星进行求差即得双差观测值。如图12.8所示,设两台GPS接收机分别安置在基线的两端点1,2处,在观测历元 t,观测卫星 s^j,s^k,按式(12.25)分别计算单差观测方程,即

$$SD_{12}^j(t) = \frac{f}{c}[\rho_2^j(t) - \rho_1^j(t)] + f\Delta t(t) - \Delta N^j$$

$$SD_{12}^k(t) = \frac{f}{c}[\rho_2^k(t) - \rho_1^k(t)] + f\Delta t(t) - \Delta N^k$$

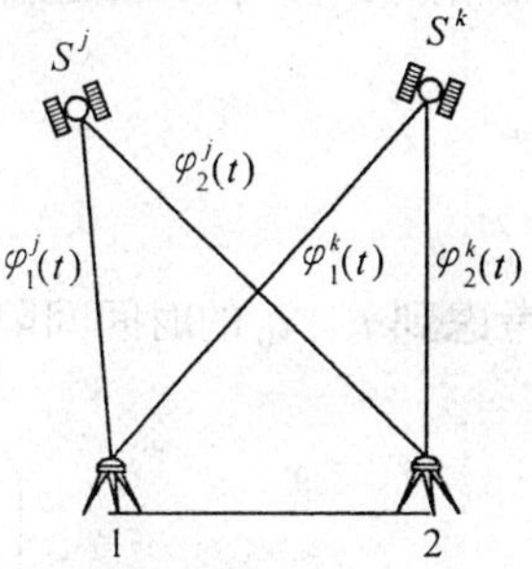

图 12.8 双差法原理图

将上式求差,得双差观测值为

$$DD_{12}^{jk}(t) = \frac{f}{c}[\rho_2^k(t) - \rho_2^j(t) - \rho_1^k(t) + \rho_1^j(t)] - \Delta\Delta N^{jk} \tag{12.26}$$

其中
$$\Delta\Delta N^{jk} = \Delta N^k - \Delta N^j$$

由式(12.26)可以看出,双差观测方程中已消除了接收机钟差的影响,减少了未知数的个数和法方程的阶数,从而减少了解算的工作量。

12.5　差分GPS定位原理

差分技术被广泛应用于相对定位中,例如,在一个测站上对两颗GPS卫星进行同步观测,将观测值求差或对同一卫星不同历元观测,进行观测值间求差;在两测站上对同一颗GPS卫星进行同步观测,将观测值求差,求差的目的是消除或减弱卫星轨道误差、卫星钟差、接收机钟差、对流层折射和电离层延迟误差的影响,提高定位精度。前面讲过的静态相对定位就是在两个测站进行同步观测相同的卫星,对观测值求差以确定高精度的基线向量(三维坐标差)的方法。

差分技术的另一种应用形式是将一台GPS接收机安置在基准站上,静止不动,对所有可见卫星进行连续观测,根据基准站的已知坐标,计算相应的改正数,并由基准站电台实时地将其发送给用户接收机。用户接收机在观测GPS卫星的同时,也接收来自基准站的改正数,并对观测结果进行改正,提高定位结果的精度。

差分GPS定位技术按基准站发送的改正数的不同,分为位置差分、伪距差分和载波相位

差分三种形式。

12.5.1 位置差分

设基准站的已知三维坐标为(X_0, Y_0, Z_0),基准站接收机在t_0时刻对5颗以上GPS卫星进行观测,计算出基准站的三维坐标为(X, Y, Z),则坐标改正数为

$$\begin{cases} \Delta X = X_0 - X \\ \Delta Y = Y_0 - Y \\ \Delta Z = Z_0 - Z \end{cases} \tag{12.27}$$

用户接收机在对相同的GPS卫星进行观测的同时,接收基准站电台发送来的位置改正数,适时改正用户站的位置。设用户接收机在t时刻获得位置改正数为$(\Delta X, \Delta Y, \Delta Z)$,同时测得测站点$P$测得的三维坐标为$(X'_P, Y'_P, Z'_P)$,则改正后$P$点的三维坐标为

$$\begin{cases} X_P = X'_P + \Delta X \\ Y_P = Y'_P + \Delta Y \\ Z_P = Z'_P + \Delta Z \end{cases} \tag{12.28}$$

考虑到$t - t_0$的时间间隔,引起用户接收机位置改正数的变化,则改正后P点的三维坐标为

$$\begin{cases} X_P = X'_P + \Delta X + \dfrac{\mathrm{d}(\Delta X)}{\mathrm{d}t}(t - t_0) \\ Y_P = Y'_P + \Delta Y + \dfrac{\mathrm{d}(\Delta Y)}{\mathrm{d}t}(t - t_0) \\ Z_P = Z'_P + \Delta Z + \dfrac{\mathrm{d}(\Delta Z)}{\mathrm{d}t}(t - t_0) \end{cases} \tag{12.29}$$

经改正后的用户站坐标就消除了基准站与用户站共有的误差,提高了定位精度。但要求基准站和用户站接收机必须同步观测5颗以上相同的GPS卫星,才能进行差分定位。

12.5.2 伪距差分原理

伪距差分的原理是在基准站上根据基准站的已知三维坐标为(X_0, Y_0, Z_0)和各观测卫星在观测时刻的坐标(X^j, Y^j, Z^j),$j = 1, 2, \cdots$,计算出该时刻各观测卫星到基准站的几何距离为

$$\rho^j_{b0} = \sqrt{(X^j - X_0)^2 + (Y^j - Y_0)^2 + (Z^j - Z_0)^2} \tag{12.30}$$

伪距改正数为$\Delta \rho^j$,即ρ^j_{b0}与该时刻实测伪距ρ^j_b之差

$$\Delta \rho^j = \rho^j_{b0} - \rho^j_b \tag{12.31}$$

相应伪距改正数的变化率为

$$\mathrm{d}(\Delta \rho^j) = \frac{\Delta \rho^j}{\Delta t} \tag{12.32}$$

用户接收机在伪距测量的同时,接受基准站电台发来的每颗观测卫星的伪距改正数和相应的变化率,并对所测伪距进行改正,改正后伪距为

$$\rho^j_{P0} = \rho^j_P + \Delta \rho^j + \mathrm{d}(\Delta \rho^j)(t - t_0) \tag{12.33}$$

改正后伪距与相应几何距离的关系为

$$\rho_{P0}^j = R_{P0}^j + c\Delta t + V = \sqrt{(X^j - X_P)^2 + (Y^j - Y_P)^2 + (Z^j - Z_P)^2} + c\Delta t + V$$

将上式代入式(12.33)得

$$\sqrt{(X^j - X_P)^2 + (Y^j - Y_P)^2 + (Z^j - Z_P)^2} + c\Delta t + V = \\ \rho_P^j + \Delta\rho^j + d(\Delta\rho^j)(t - t_0) \tag{12.34}$$

经计算即可得到用户站的坐标。

12.5.3 载波相位差分原理

载波相位差分技术又称 RTK(Real Time Kinematic) 技术,是实时处理两个观测站载波相位测量的差分方法。其原理是将基准站采集的载波相位观测值用电台发送给用户接收机,用户将基准站的载波相位观测值与用户站采集的载波相位观测值求差,根据基准站的已知坐标,实时解算用户坐标。按载波相位差分,可提高定位精度,RTK 技术定位精度能达到厘米级。对观测卫星的要求:基准站和用户站接收机同步观测 5 颗以上相同的卫星,即可进行实时定位。其基本原理如下:

对于基准站

$$\rho_{b0}^j = \lambda(N_{b0}^j + \Delta N_b^j + \varphi_b^j) \tag{12.35}$$

基准站伪距改正数

$$\Delta\rho_b^j = R_{b0}^j - \rho_{b0}^j = R_{b0}^j - \lambda(N_{b0}^j + \Delta N_b^j + \varphi_b^j) \tag{12.36}$$

对于流动站

$$\rho_P^j = \lambda(N_{P0}^j + \Delta N_P^j + \varphi_P^j) \tag{12.37}$$

流动站改正后的伪距

$$\rho'^j_P = \rho_P^j + \Delta\rho_b^j = R_P^j + \delta\rho_P \tag{12.38}$$

将式(12.36),(12.37)代入(12.38),得

$$\sqrt{(X^j - X_P)^2 + (Y^j - Y_P)^2 + (Z^j - Z_P)^2} + \delta\rho_P = \lambda(N_{P0}^j + \Delta N_P^j + \varphi_P^j) + \\ R_{b0}^j - \lambda(N_{b0}^j + \Delta N_b^j + \varphi_b^j)$$

即

$$\sqrt{(X^j - X_P)^2 + (Y^j - Y_P)^2 + (Z^j - Z_P)^2} + \delta\rho_P = R_{b0}^j + \lambda(N_{P0}^j - N_{b0}^j) + \\ \lambda(N_P^j - N_b^j) + \lambda(\varphi_P^j - \varphi_b^j) \tag{12.39}$$

其中,$\delta\rho_P$ 为同一观测历元各项残差之和,经计算即可得到用户站的坐标。

12.6 GPS 测量的实施

GPS 测量工作按其性质可分为:外业工作和内业工作。外业工作包括观测点选择、建立标志、测量作业及成果检核;内业工作包括 GPS 测量技术设计、数据处理等。若按测量工作程序则可分为:GPS 网的图形设计、选点及建立标志、野外观测、测量成果检核和数据处理等工作。

12.6.1 GPS 网的图形设计

在进行 GPS 网的图形设计时,一般应遵循以下原则:

(1)GPS网一般应采用由独立观测基线构成闭合图形,如三角形、四边形等多边形或在两起算点之间构成附合线路,增加检核条件,提高网的可靠性。

(2)GPS网点在可能的情况下,尽量与地面控制网点重合,重合点一般应不少于3个,且重合点在GPS网中分布均匀,以便于确定GPS网与地面网之间的转换参数。

(3)GPS网点应考虑与水准点重合或进行一定量的水准联测,以便为大地水准面的研究提供资料。

(4)为便于GPS观测,方便水准联测,GPS网点一般应布设在视野开阔和交通便利的地方。

(5)为方便常规测量方法的联测和扩展,应在GPS网点附近(大于300 m)布设一个通视良好的方位点。

1.GPS网图形的基本形式

在进行GPS测量时,通常要求GPS网中独立观测基线应构成一定的几何图形,增加检核条件,提高网的可靠性。常用的GPS网图形有以下几种形式。

(1)三角形网。如图12.9所示,网中各三角形的边由独立观测基线构成。其优点是网的图形几何结构强,并且具有良好的自检能力,能够有效地发现观测结果的粗差,保障GPS网的可靠性。经平差后,网中相邻点之间基线向量的精度分布均匀。

缺点是外业观测工作量较大,全网的观测时间较长,一般只在GPS网的可靠性和精度要求较高时,才单独采用这种网形。

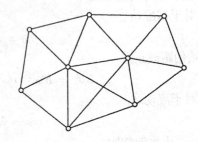

图12.9 三角形网

(2)环形网。由若干个含有多条独立基线边的闭合环(异步环)所组成的网称为环形网,如图12.10所示。这种网形与常规的导线网相似,其图形结构强度较三角形网差。其优点是外业观测工作量较小,具有良好的自检性与可靠性。缺点是网中非直接观测基线的精度比直接观测基线低,且相邻点之间的基线精度分布不均匀。

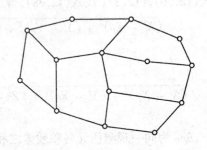

图12.10 环形网

三角形网和环形网是大地测量和精密工程测量中普遍采用的GPS布网形式。

(3)附合路线。在用GPS进行控制网加密或某些线路工程的控制测量中,也可以在两已知起算点之间布设一附合路线。如图12.11所示,要求两已知起算点之间的基线向量应具有较高的精度。为保证GPS测量的精度和可靠性,附合路线的基线边数不能超过一定的限制。

(4)星形网。如图12.12所示,其图形简单,直接观测基线之间一般不构成几何图形,因此,其检验和发现粗差的能力较差。其优点是只需两台GPS接收机即可进行基线观测,一般应用在快速静态相对定位和准动态相对定位模式中,被广泛应用于工程测量、地籍测量、碎部测量等工作中。

2. GPS 网的基准设计

GPS 测量的结果是 GPS 基线向量,是属于 WGS-84 坐标系下的三维坐标差(基线向量),而实际需要的是 GPS 点在国家坐标系或地方坐标系中的坐标,因此,必须明确 GPS 成果在平差计算中所采用的坐标系统,给出已知的起算数据,这项工作称为 GPS 网的基准设计。GPS 网的基准包括网的位置基准、方位基准和尺度基准。GPS 网的位置基准一般由给定的起算点坐标确定;方位基准一般由给定的起算方位角确定,也可将 GPS 基线向量的方位作为方位基准。尺度基准一般由地面上的电磁波测距边确定,也可由 GPS 基线向量距离确定。

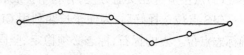

图 12.11 附合路线

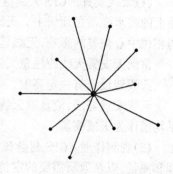

图 12.12 星形网

在进行 GPS 网的基准设计时,应根据实际情况选择以下方法:

(1)为确定 GPS 网点在国家或地方坐标系中的坐标,应选择一定数量的原有控制点作为 GPS 网点,用以确定 GPS 网点的坐标系统,进行坐标转换。

(2)在地面控制点精度较低或无控制点时,可选定网中一点的坐标为固定值,按经典自由网平差法进行平差计算。

(3)若采用地方独立坐标系作为 GPS 网的基准设计时,应考虑以下参数:

①所采用的参考椭球体;

②坐标系的中央子午线经度;

③纵、横坐标的加常数,确保各点纵、横坐标均为正;

④坐标系的投影面高程;

⑤起始点的坐标值。

12.6.2 GPS 测量的外业实施

GPS 测量的外业工作主要包括选点、设置标志及观测等工作。

1. 选点和设置标志

由于 GPS 测量有别于常规控制测量,在选择点时,不要求相邻点之间相互通视,而且网的结构也比较灵活。但是 GPS 点位的选择对保证观测工作的顺利进行,确保观测结果的可靠性具有重要意义。因此,选点工作应遵守以下原则:

(1)了解测区原有控制点的分布情况,尽可能利用原有点。

(2)点位应设在易于安置接收机天线,视野开阔,视场周围 15°以上不应有障碍物的地方。

(3)点位应远离大功率无线电发射台或高压线,距离不小于 200 m,以避免电磁场对 GPS 信号的干扰。

(4)点位附近不能有大面积水域,以及对卫星信号有强烈干扰的物体,以减弱多路径效应的影响。

(5)点位应选在交通方便,有利于扩展和联测的地方。

GPS 点位选择好后,为便于长期利用 GPS 测量结果,应设置具有中心标志的标石,以精确标志点位。点的标石、标志必须稳定、坚固。

2. 观测

GPS 观测工作主要有以下几个步骤:

(1)天线安置。GPS 天线应架设在三脚架上,安置在标志中心的上方直接对中。天线基座上的圆水准器必须居中。天线的定向标志线应指向正北,并顾及当地磁偏角的影响,以减弱相位中心偏差的影响,天线定向误差一般不超过 $\pm(3°\sim5°)$。

雷雨天安置天线应注意天线底盘接地,以防雷击。

天线架设应有一定高度,一般距地面应 1 m 以上。

天线安置好后,应量取天线高,在观测时段前后各量一次,两次差不超过 ±3 mm,取其平均值作为天线高。

(2)观测作业。GPS 测量观测的主要目的就是捕获 GPS 卫星信号,并对其进行跟踪、处理和测量,以获取所需要的定位信息和观测数据。

在天线安置好后,还应正确连接好接收机与天线、接收机与外接电源等的连接电缆,确认无误后,开机并经过预热和静置后才能进行观测。

在外业观测工作中,操作人员应注意以下事项:当确认外接电源电缆及天线等各项连接完好无误后,才能启动接收机。开机后,当接收机有关指示数据显示正常并通过自检后,方能输入有关测站信息。接收机开始记录数据后,应注意查看观测卫星数量、卫星号、相位测量残差、实时定位结果(B,L)及其变化、存储介质记录等情况。

在一时段观测过程中,不允许关闭和重新启动接收机,不准改变天线高,不准改变卫星高度角限值,不准改变数据采样间隔。

在一时段观测过程中,气象元素一般应始、中、末各观测记录一次。

(3)观测记录。观测记录工作由 GPS 接收机自动进行,均自动记录在存储介质上,其内容有:

①载波相位观测值及其相应的观测历元;

②同一历元的测距码伪距观测值;

③GPS 卫星星历及卫星钟差参数;

④实时绝对定位结果;

⑤测站控制信息及接收机工作状态信息。

观测者在观测过程中应随时填写测量手薄,工作结束后应及时将存储介质中的观测资料进行拷贝保存。

12.6.3 GPS 测量的作业模式

随着 GPS 测量后处理软件的发展,用 GPS 技术确定两点之间基线向量的方法已有多种测量方案可供选择,这些不同的测量方案称为 GPS 测量的作业模式。目前,GPS 测量的作业模式主要有静态相对定位、快速静态相对定位、准动态相对定位、动态相对定位、实时动态(RTK)测量技术等。

1. 经典静态相对定位模式

作业方法:采用两台以上 GPS 接收机,分别安置在待测基线的两端点上,同步观测 4 颗以上卫星,根据基线长度和精度要求,每时段长一般为 1~3 h。

定位精度:基线的相对定位精度可达到 $(5+1\times D\times 10^{-6})$ mm,D 为基线长度,以公里计。

特点:网的布设形式如图 12.13 所示,可采用三角形网、环形网,有利于观测成果的检核,增加网的图形强度,提高观测成果的可靠性和精度。

适用范围:建立地壳监测和大型工程的变形监测网;建立国家或地方大地控制网;建立精密工程测量控制网等。

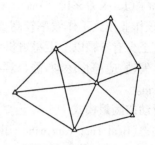

图 12.13 静态定位

2. 快速静态相对定位模式

作业方法:在测区的中部选择一个基准站,安置一台 GPS 接收机,连续跟踪所有可见卫星;另一台 GPS 接收机依次到周围各点流动设站,并静止观测数分钟,如图 12.14 所示。

精度:流动站相对于基准站的基线向量中误差为 $(5+1\times D\times 10^{-6})$ mm。

特点:用于流动站测量的接收机,在流动站之间移动的过程中,不必保持对所有卫星的连续跟踪,但在观测时应确保有 5 颗以上卫星可供观测,要求流动站与基准站之间距离不超过 20 km。

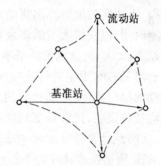

图 12.14 快速静态定位

该作业模式测量速度快、精度高,但直接观测边不能构成闭合环,可靠性较差。

适用范围:小范围控制测量、工程测量、地籍测量、碎部测量等。

3. 准动态相对定位模式

作业方法:在测区内选择一基准站,安置一台 GPS 接收机,连续跟踪所有可见卫星;另一台流动接收机在起点 1 处,静止观测数分钟;在保持对卫星跟踪的情况下,流动接收机依次在 2,3,4,…各点观测数秒钟,如图 12.15 所示。

精度:流动站相对于基准站的基线向量中误差为 $(10\sim 20)$ mm $+(1.0\times D\times 10^{-6})$ mm。

特点:该作业模式工作效率较高。

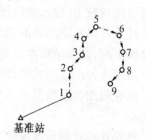

图 12.15 准动态定位

作业时至少有 5 颗以上卫星可供观测,流动接收机在移动时,应保持对卫星的跟踪,一旦卫星信号失锁,应在下一流动点上观测数分钟,要求基准站至流动站之间距离小于 20 km。

适用范围:控制测量的加密、施工放样、碎部测量、线路测量、地籍测量等工作。

4. 动态相对定位模式

作业方法:在测区内选择一基准站,安置一台 GPS 接收机,连续跟踪所有可见卫星;另一台接收机安置在运动的载体上,在起点 1 处,静止观测数分钟;在保持对卫星跟踪的情况下,安置接收机的运动载体从起点开始出发,接收机按照预定的采样间隔,依次在 2,3,4,…各点自动观测,如图 12.16 所示。

精度:运动站相对于基准站的基线测量精度为 $(10\sim20)\text{mm}+(1.0\times D\times10^{-6})\text{mm}$。

特点:该作业模式工作效率较高。

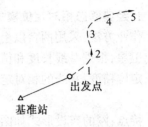

图 12.16 动态定位

作业时至少有 5 颗以上卫星可供观测,接收机在运动过程中,应保持对卫星的跟踪,一旦卫星信号失锁,应停止运动,静止观测数分钟,再继续测量。要求基准站至运动站之间距离小于 15 km。

5. 实时动态测量模式

实时动态(Real Time Kinematic—RTK)测量定位技术是以载波相位测量为根据的实时差分 GPS(RTD GPS)测量技术。前面已经给出了 GPS 测量作业的几种模式,如经典静态、快速静态、准动态和动态相对定位模式。这些测量作业模式的定位结果必须通过测量数据的后处理而获得,无法实时地解算出测站点的定位结果,无法对观测数据进行实时检核,只有通过延长观测时间,以获得大量的多余观测,来保证测量结果的可靠性。

实时动态(RTK)测量定位的基本思想是在基准站上安置一台 GPS 接收机(基准站接收机),对所有可见 GPS 卫星进行连续跟踪观测,并通过无线电发射设备,将观测数据实时地发送给流动的接收机(流动站接收机)。在流动站上,接收机在接收 GPS 卫星信号的同时,通过无线电接收设备,接收基准站发送的同步观测数据,然后以载波相位为观测值,按相对定位原理,实时地计算并显示流动站的三维坐标及其精度。

随着 RTK 测量技术软件的不断开发,其实时定位结果可以按用户的要求,计算和显示用户指定的坐标系下的坐标及其精度,如大地坐标、地方坐标、高斯平面直角坐标和独立平面直角坐标,对 GPS 技术的发展和应用具有重要意义。

实时动态(RTK)测量作业模式,主要有以下几种:

(1)快速静态测量模式。采用快速静态测量模式进行实时定位,要求流动站 GPS 接收机在每一用户站上,静止地进行观测,在观测过程中,连同接收到的基准站的同步观测数据,实时地计算并显示流动站的三维坐标。当解算结果为固定解(结果变化趋于稳定)且满足定位精度要求时,便可结束本站观测工作。快速静态测量定位精度为 $1\sim2$ cm。

采用这种作业模式时,流动站接收机在流动的过程中,不必保持对所有卫星的连续跟踪。但在观测时应确保有 5 颗以上卫星可供观测,要求流动站与基准站之间距离不超过 20 km。

该作业模式测量速度快、精度高,适用于小范围控制测量、工程测量、地籍测量等。

(2)准动态测量模式。采用这种测量模式,通常要求流动站接收机在观测开始前,首先在某一起始点静止地进行观测数分钟,以便用快速确定整周未知数的方法进行初始化。初始化完成后,流动站接收机在每一个观测站上,只需静止观测数个历元,连同接收到的基准站的同步观测数据,实时地计算并显示流动站的三维坐标。准动态测量定位精度可达到厘米级。

该作业模式要求至少有 5 颗以上卫星可供观测,流动站接收机在观测过程中,应保持对

GPS 卫星的跟踪,一旦卫星信号失锁,应重新进行初始化工作。

准动态测量模式主要用于施工放样、碎部测量、线路测量、地籍测量等。

(3)动态测量模式。采用动态测量模式,流动站接收机首先需在某一起始点处静止观测数分钟,以便进行初始化工作。在保持对卫星跟踪的情况下,运动的接收机按照预定的采样间隔自动进行观测,并连同接收到的基准站的同步观测数据,实时地计算并显示流动站的三维坐标。定位精度可达到厘米级。

作业时至少有 5 颗以上卫星可供观测,接收机在运动过程中应保持对卫星的跟踪,一旦卫星信号失锁,应重新进行初始化工作。动态测量主要用于运动目标的导航定位。

12.7　GPS 测量数据处理

GPS 数据处理的目的是从原始的观测结果测码伪距、载波相位观测值、卫星星历等数据出发,得到最终的 GPS 定位结果。整个过程包括数据传输、预处理、基线向量解算和 GPS 网平差计算等几个阶段。GPS 外业观测数据是接收机记录的原始观测数据,内业用随机软件(后处理软件)将观测数据传输给计算机,并进行数据预处理和基线向量解算,进一步对基线向量网进行平差计算,最终获得定位结果。

12.7.1　数据传输

GPS 外业观测的数据被记录在接收机的内存模块上,必须传输到计算机内才能进行后续计算。数据传输就是用专用的数据通讯电缆将 GPS 接收机和计算机连接,在计算机上运行 GPS 接收机随机后处理软件,选择数据传输项,进行数据传输。在进行数据传输的同时,进行数据分流,分别生成载波相位和伪距观测值文件、星历参数文件、电离层参数文件、测站信息文件。

载波相位和伪距观测值文件:记录有所观测的卫星号、卫星高度角和方位角、C/A 码伪距。L_1、L_2 载波相位观测值及其对应的观测历元等。

星历参数文件:记录有所有观测卫星的轨道信息,用于计算任意时刻卫星的位置。

电离层参数文件:记录有电离层参数,用于计算观测值的电离层改正。

测站信息文件:包含有测站名、测站号及其概略坐标、接收机号、天线号、天线高、起止观测历元等。

12.7.2　预处理

GPS 数据预处理的目的,是对观测数据进行平滑滤波检验剔除粗差,并对数据文件格式标准化,包括 GPS 卫星轨道方程标准化、卫星钟差标准化、观测数据文件标准化等,对载波相位观测值进行整周跳修复,对观测值进行电离层、对流层改正等。

1. GPS 卫星轨道方程标准化

在 GPS 卫星星历中,每小时有一组独立的星历参数,计算时必须将卫星轨道方程进行标准化,以便于进行卫星位置计算。GPS 卫星轨道方程标准化一般采用以时间为变量的多项式表示。

已知不同历元 t 的星历参数和卫星位置 $P^i(t)$,则卫星轨道方程标准化形式为

$$P^j(t) = a_0^j + a_1^j t + a_2^j t^2 + \cdots + a_n^j t^n \tag{12.40}$$

利用拟合法解多项式系数,就可计算任一时刻的卫星位置。一般情况下,n 取 $8\sim10$。

2. 卫星钟差的标准化

GPS 卫星钟差是指卫星钟面时间与 GPS 系统标准时间之差 Δt_s,任一历元卫星钟差可用多项式表示为

$$\Delta t_s = a_0 + a_1(t - t_0) + a_2(t - t_0)^2 \tag{12.41}$$

其中,t_0 为参考历元;a_0 表示卫星钟 t_0 参考历元的钟差;a_1 表示卫星钟的钟速;a_2 表示卫星钟的钟速变化率。

这些参数由 GPS 地面监控站根据对卫星跟踪资料和 GPS 标准时间推算出来,用户可在卫星导航电文中获得。

根据卫星钟差就可确定出 GPS 卫星信号的发射历元,从而计算出该历元卫星的位置。

3. 观测数据文件的标准化

不同的接收机其数据记录格式有所不同,在进行基线向量解算之前,必须对观测数据文件进行标准化。

观测数据文件的标准化包括记录格式标准化、记录项目标准化、采样间隔标准化和数据单位的标准化。

记录格式标准化:将各接收机输出的记录数据按统一的标准进行处理,包括记录类型、记录长度和存取方式。

记录项目标准化:每一记录中都应包含有相同的数据项,如果某些数据项缺项,应填"0"代替。

采样间隔标准化:当各接收机采样间隔不一致时,应以采样间隔中大于或等于采样间隔最长的值作为标准。

数据单位的标准化:在数据文件中,同一数据项应具有相同的量纲或单位。

12.7.3 基线向量解算

在 12.4 节中论述了利用载波相位观测值之间的单差、双差进行差分 GPS 相对定位的原理和方法。在 GPS 相对定位中,主要用载波相位的双差观测值求解基线向量,由双差观测值列出误差方程,并按最小二乘法原理,求解基线向量。基线向量的解算一般用随机后处理软件完成。基线向量解算的结果是各直接观测基线的基线向量($\Delta X, \Delta Y, \Delta Z$)及其方差和协方差。

12.7.4 基线向量网平差

在完成基线向量解算后,可由不同观测时段的基线向量构成 GPS 基线向量网。GPS 基线向量网平差是以 GPS 基线向量为观测值进行平差计算。消除 GPS 网中图形闭合条件不符值,求定各 GPS 网点的三维坐标,并进行精度评定。

GPS 基线向量网平差分三种形式:经典自由网平差、非自由网平差、GPS 网与地面网联合平差。

经典自由网平差又称为无约束平差,平差时应选择网中某一点作为固定点,其坐标保持不变。该平差方法可以检验 GPS 网精度,以及可以检验基线向量之间是否存在系统误差。

非自由网平差又称为约束平差,平差时以 GPS 基线向量网中与国家大地坐标系或地方坐标系中重合点的坐标、边长和方位角为约束条件,同时顾及 GPS 网与地面大地网之间的转换参数。

GPS 网与地面大地网联合平差是将 GPS 基线向量和地面常规观测值(边长、方向、高差等)作为观测数据进行平差。

12.7.5　GPS 测量定位结果的转换

GPS 测量定位结果是属于 WGS-84 坐标系下的三维坐标。在实际应用时,必须将其转换为国家大地坐标系下的坐标(三维坐标或大地坐标)或地方独立坐标系下的坐标。

1. GPS 坐标成果转换为国家大地坐标

设国家大地坐标系原点的大地坐标为 (B_0, L_0, H_0),在国家大地坐标系中的三维坐标为

$$\begin{aligned} X_0 &= (N_0 + H_0)\cos B_0 \cos L_0 \\ Y_0 &= (N_0 + H_0)\cos B_0 \sin L_0 \\ Z_0 &= [N_0(1 - e^2) + H_0]\sin B_0 \end{aligned} \tag{12.42}$$

其中, $N_0 = \dfrac{a}{\sqrt{1 - e^2 \sin^2 B_0}}$; a, e^2 为国家大地坐标系参考椭球的长半径和第一偏心率。

设大地原点在 GPS 网中的三维坐标为 (X^0, Y^0, Z^0),该坐标属于 WGS-84 坐标系,则可得在两坐标系中大地原点的坐标平移参数为

$$\begin{aligned} \Delta X &= X_0 - X^0 \\ \Delta Y &= Y_0 - Y^0 \\ \Delta Z &= Z_0 - Z^0 \end{aligned} \tag{12.43}$$

GPS 网中各点在国家大地坐标系中的三维坐标为

$$\begin{aligned} X_i &= X^i + \Delta X \\ Y_i &= Y^i + \Delta Y \\ Z_i &= Z^i + \Delta Z \end{aligned}$$

GPS 网中各点在国家大地坐标系中的大地坐标 (B', L', H') 可按大地坐标反算公式计算,即

$$\begin{aligned} B' &= \arctan\left[\tan\Phi\left(1 + \dfrac{ae^2}{Z}\right)\dfrac{\sin B'}{W}\right] \\ L' &= \arctan\left(\dfrac{Y}{X}\right) \\ H' &= \dfrac{R\cos\Phi}{\cos B'} - N \end{aligned} \tag{12.44}$$

其中

$$N = \dfrac{a}{W}$$

$$W = \sqrt{1 - e^2 \sin^2 B'}$$

$$e^2 = \dfrac{a^2 - b^2}{a^2}$$

$$\Phi = \arctan\left[\frac{Z}{\sqrt{X^2 + Y^2}}\right]$$

$$R = \sqrt{X^2 + Y^2 + Z^2}$$

为使 GPS 网与地面控制网一致，还必须使 GPS 网与地面控制网在起始方位上保持一致。这项工作可利用大地测量学中赫耳默特第一微分公式，使椭球面上两网坐标结果一致。赫耳默特第一微分公式为

$$\mathrm{d}B_1 = p_1\mathrm{d}B_0 + p_3\mathrm{d}s + p_4\mathrm{d}A_0$$
$$\mathrm{d}L_1 = q_1\mathrm{d}B_0 + q_3\mathrm{d}s + q_4\mathrm{d}A_0 + \mathrm{d}L_0 \tag{12.45}$$

式中，$\mathrm{d}B_0$ 为两网原点的纬度差；$\mathrm{d}L_0$ 为两网原点的经度差；$\mathrm{d}s$ 为两网的尺度差；$\mathrm{d}A_0$ 为两网起始方位之差。

在进行坐标平移时，已保证两网原点重合，即

$$\mathrm{d}B_0 = 0$$
$$\mathrm{d}L_0 = 0$$

若设两网尺度差为 $\mathrm{d}s = 0$，则两网起始方位之差为

$$\mathrm{d}A_0 = A_0 - A^0$$

式中，A_0 为地面网原点到起始方位点的大地方位角；A^0 为 GPS 网原点到相应起始方位点的方位角。

则赫耳默特第一微分公式可简写为

$$\mathrm{d}B_1 = p_4\mathrm{d}A_0$$
$$\mathrm{d}L_1 = q_4\mathrm{d}A_0 \tag{12.46}$$

GPS 网中各点最终转换到国家大地坐标系中的大地坐标为

$$B_1 = B'_1 + \mathrm{d}B_1$$
$$L_1 = L'_1 + \mathrm{d}L_1 \tag{12.47}$$

利用高斯平面直角坐标计算公式，可进一步将计算出的 GPS 网点坐标转换为高斯平面直角坐标。

附　　录

附录一　水准仪系列的主要技术参数

项目及单位		等级			
		DS$_{05}$	DS$_1$	DS$_3$	DS$_{10}$
每公里水准测量高差中数偶然中误差/mm		±0.5	±1.0	±3.0	±10.0
望远镜放大倍数/倍		42	38	28	20
望远镜有效孔径/mm		55	47	38	28
望远镜最短视距/m		3.0	3.0	2.0	2.0
符合水准管分划值/((")/2 mm)		10	10	20	20
自动安平补偿器性能	补偿范围/(')	±8	±8	±8	±10
	安平精度/(")	±0.1	±0.2	±0.5	±2
	安平时间/s	2	2	2	2
粗平水准器分划值/((')/2 mm)	直交型管状	2	2	—	—
	圆形	8	8	8	10
测微器(mm)	测量范围	5	5	—	—
	最小格值	0.05	0.05	—	—
主要用途		国家一等水准及地震水准测量	国家二等水准及其他精密水准测量	国家三四等水准及一般工程水准测量	一般工程水准测量
相应精度的常用仪器		Koni 002 Ni 004 N3 HB—2	Koni 007 Ni 2 HA DS$_1$	Koni 025 Ni 030 NA$_2$, N$_2$ DZS$_{3-1}$ DS$_3$	N$_{10}$, Ni 4 HC—2 GK$_1$ DS$_{10}$ DZS$_{10}$

附录二　经纬仪系列的主要技术参数

项目及单位		等级				
		DJ_{07}	DJ_1	DJ_2	DJ_6	DJ_{15}
水平方向测量一测回方向中误差不超过/s		±0.7	±1	±2	±6	±15
望远镜放大率/倍		30,45,55	24,30,45	28,30	20,25	20
物镜有效孔径/mm		65	60	40	35,40	30
望远镜最短视距/m		3	3	2	2	1
水准器分划值/ (($''$)/2 mm)	照准部	4	6	20	30	60
	竖直度盘	10	10	20	30	30
	圆水准器/ (($'$)/2 mm)	8	8	8	8	8
竖直度盘指标自动补偿器	工作范围	—	—	±2$'$	±2$'$	—
	安平中误差	—	—	±0.3$''$	1$''$	—
水平度盘最小格值		0.2$''$	0.2$''$	1$''$	1$'$	1$'$
主要用途		国家一等三角和天文测量	二等三角测量及精密工程测量	三、四等三角测量,等级导线及一般工程测量	一般工程测量,图根及地形测量,矿井导线	一般工程测量及地形测量,矿井次要巷道测量
相应精度的常用仪器		T_4 Theo 003 $TT_{2''/6''}$ DJ_{07}—1	T_3 NO_3 DKM_3A Theo 002 DJ_1	T_2 Theo 010 DKM_2 TH_2 OTC DJ_2	T_1 Theo 020 Theo 030 DKM_1 $TE—D_1$ DJ_6 T_{16}	T_0 DK_1 TH_4 CJY—1

参考文献

[1] 周忠谟.GPS 卫星测量原理与应用[M].北京:测绘出版社,1996.
[2] 徐绍铨.GPS 测量原理及应用[M].武汉:武汉测绘科技大学出版社,2000.
[3] 张正禄.工程测量学[M].武汉:武汉大学出版社,2000.
[4] 熊春宝,姬玉华.测量学[M].天津:天津大学出版社,2001.
[5] 合肥工业大学,重庆建筑大学,哈尔滨建筑大学,清华大学.测量学[M].北京:中国建筑工业出版社,1994.
[6] 陈荣林.测量学[M].哈尔滨:黑龙江科学技术出版社,1994.
[7] 陈述彰,鲁学军,周成虎.地理信息系统导论[M].北京:科学出版社,2000.

参考文献

[1] 陈述彭.地学的探索(第三卷·地图学)[M].上海:测绘出版社,1990.
[2] 俞连笙.GIS支持的地图设计[J].解放军测绘学院测绘科技学生,2001.
[3] 朱近之.王桥,陈俊勇.等.[J].武汉大学出版社,2000.
[4] 祝国瑞.地图学[M].武汉:武汉大学出版社,2004.
[5] 高俊.地图学大学.地图投影[M].北京:解放军出版社,1993;王家耀.普通地图制图综合原理.
    上海:测绘出版社,1998.
[6] 李德仁,龚健雅,[M].北京:测绘出版社,1995.
[7] 胡毓钜,龚剑文.地图投影[M].北京:测绘出版社,2003.